国家重大出版工程项目

U0965363

葡萄酒的品尝

一本专业的学习手册

Wine Tasting

A Professional Handbook

[加]Ronald S. Jackson 著

王君碧 罗 梅 主译

黄卫东 张 平 邱迪文 审校

中国农业大学出版社

主　　译：王君碧　罗梅

翻译人员：（按姓氏笔画为序）
王君碧　王慧玲　车玉芬　罗梅　游义琳

审　　校：黄卫东　张　平　邱迪文

本书简体中文版本翻译自 Ronald S. Jackson 编著的“*Wine Tasting*：*A Professional Handbook*，first edition”。

Translation from the English language edition：

This first edition of Wine Tasting by Ronald S. Jackson is published by arrangement with ELSEVIER LTD，The Boulevard，Langford Lane，Kidlington，Oxford OX5 1GB

Copyright © 2002 ELSEVIER LTD

All right reserved

中文简体版本由 ELSEVIER LTD 授权中国农业大学出版社专有权利在中国出版发行。

No part of this publication may be reproduced，stored in retrieval system，or transmitted in any form or by any means，electronic，mechanical，photocopying，recording，or otherwise，without the prior written permission of the publisher.

本书任何部分之文字及图片，如未获得出版者之书面同意不得以任何方式抄袭、节录或翻译。

著作权合同登记图字：01-2008-3818

中 文 版 序

葡萄酒是一种消费者价值认可范围很宽的食品，它不仅美味，而且有利于人类的健康。它是最古老的饮品，因为自从有人类历史记载，就有葡萄酒的故事了！但是人们又时时把葡萄酒产业叫作朝阳产业，因为它是有生命的，而且充满了旺盛的活力。

目前，葡萄酒越来越受到世界各个国家消费者的喜爱，越来越多的国家重视发展葡萄酒产业。近半个世纪以来，葡萄酒发展的新世界国家（美国、澳大利亚、新西兰、智利、阿根廷、南非）葡萄酒生产取得了巨大的进步，而老世界国家（主要是欧洲的法国、意大利、德国、西班牙等）也不断提高产业质量。我国作为葡萄酒新兴发展中国家，虽然也有悠久的历史，但是，我们的葡萄酒文化产业停滞了太久。一直以来，都是以喝白酒和黄酒为主，20 世纪 80 年代后啤酒发展很快，现在也已成为我们的大众饮品了。如今，随着人们生活水平的提高，对葡萄酒的消费需求不断加大，大大推动了我国葡萄酒和葡萄酒文化产业的发展。

已有一些时候了，常常与业内和市场分析评估专家谈起葡萄酒和文化产业的发展，大家虽然各有高见，但是，一个共识就是：中国葡萄酒的时代到来了！

大家都喜爱足球，但是大家也知道，踢球容易，踢好球很难，而懂足球就更难了。葡萄酒也一样，喝葡萄酒容易，会喝葡萄酒就需要了解一些基本的葡萄酒常识了，而“懂”葡萄酒就很难了，如果我们要收藏葡萄酒并喝出健康，不断享受葡萄酒的多样化美味，陶醉在葡萄酒的文化中，就需要我们用心和用较多的时间来学习和品赏了。因此，和中国农业大学出版社的编辑商量、选择和策划翻译了这本《葡萄酒的品尝》，我们希望为消费者提供一本了解多彩的葡萄酒和葡萄酒文化的入门教材，让喜爱葡萄酒的人士在酒香馥郁中寻找喜悦，享受有品质的生活；也希望为正待涉足葡萄酒和葡萄酒文化产业的人士铺石引路，让已经在耕耘葡萄酒和葡萄酒文化产业的人士分享成功的快乐。

Ronald S. Jackson 教授长期以来一直从事葡萄和葡萄酒的研究、教学和葡萄酒文化传播工作，理论和实践经验丰富，本书着重介绍了葡萄酒品尝和品评的方法和有关基础知识，美食美酒的搭配等相关知识，内容丰富，通俗易懂，是一本很好的葡萄酒品尝入门教材。

由于译者水平有限，书中难免会有不少翻译不够贴切的地方，敬请读者和葡萄酒爱好者、消费者指正。

当与朋友举杯、与家人相聚、与恋人陶醉之时，在漫漫旅途、他乡之地，在您工作成功之时……有这本葡萄酒入门书籍以及其他有关葡萄酒的杂志和葡萄美酒陪伴，您会有一份喜悦、有一些期待！您还会有更多的健康、更多的亲情、更多的友情、更多的激情！

黄卫东

2009 年 7 月

作者简介
About the author

本书作者 Ronald S. Jackson 在皇后大学(Queen's University)获得学士和硕士学位，在多伦多大学获得博士头衔，后在康奈尔大学(Cornell University)休假期间其学术兴趣转向了葡萄栽培和葡萄酒酿造学。在他担任布兰顿大学(Brandon University)植物学院教授兼院长时，开设了全加拿大第一门葡萄酒工艺课程。多年来，他一直担任马尼托巴酒精饮料管理委员会(Manitoba Liquor Control Commission，MLCC)的技术顾问，组织了感官评价测试以训练和评选感官评审团成员。他也是 MLCC 的外来品尝小组(External Tasting Panel，ETP)的常任成员。除了这本书，他还著有《葡萄酒科学：原理，实践，感知》(*Wine Science：Principles，Practice，Perception*，2e. 2000)、《节水，请喝葡萄酒》(*Conserve Water Drink Wine*，1997)和一些技术工艺综述文章，包括《生物科技：食品发酵》(*Biotechnology：Food Fermentation*，1999)的葡萄发酵产物部分，《葡萄酒酿造的现代生物科技：科学评估》(*Modern Biotechnology of Winemaking in Wine：A Scientific Evaluation*，2002)以及农业科学、食品科学和营养百科全书(Encyclopediae of Agricultural Science and Food Sciences and Nutrition)中的一些文章。Jackson 博士从教学岗位上退休后，便与布洛克大学冷凉气候葡萄栽培与酿造研究所(the Cool Climate Oenology and Viticulture Institute，Brock University)合作，投身于葡萄酒相关研究的写作。读者如有任何问题和建议，可通过jackson@globetrotter.net 与他取得联系。

前　言
Preface

书中介绍了人的感知在品评葡萄酒时所表现出的习惯，其目的在于区分感知（人类对感觉到的东西所做出的反应）和感觉本身。将客观反应从主观评价中分离出来需要一定的训练和经验。

本文着重描述了一些用于葡萄酒品评的方法（评判相关风味、与传统品种的一致性或者区域个性）。这些方法对于专业的葡萄酒品尝和成功的葡萄酒酿造是必需的。虽然这些方法偏重于分析，但也适用于餐厅老板、葡萄酒商和那些热衷于全面鉴赏葡萄酒感官品质的普通大众。

首先，本书将指导读者如何一步步地品尝葡萄酒。接下来，将会讨论到人的生理、心理以及神经学方面对感官的反应。之后将讨论品酒的最佳状态，鉴定能力的挑选与训练，如何准备不同类型的品尝活动及品尝的重要性。本文还通过对葡萄酒与食物合理搭配的简短讨论对葡萄酒进行了分类并叙述了葡萄酒各风味的来源。

参考文献主要提供书中最新数据来源，而阅读建议则包括了主要的参考书籍。

R. S. Jackson

致　谢
Acknowledgments

在此我感谢那些不计其数的研究者们，他们倾其一生来揭示人类感官敏感度和葡萄酒复杂性的奥秘。

我也感谢我的学生们、感官测验小组的成员们和 ETP 的成员们，尤其是要感谢 Andy Tekauz，感谢他们对葡萄酒风味敏锐的洞察力和独到的见解。

我还要感谢为我提供帮助的学术出版社（Academic Press）的员工们，特别是 Sara Gorman。在他们的帮助和鼓励下，这本书才得以完成。

最后，谢谢我的夫人，她不得不再次忍受作家夫人寂寞综合症的煎熬。

将我崇高的敬意献给 MLCC 的全体成员。

目　录
Contents

引　言
Introduction

1

■ 品评过程(Tasting Process)

作为生命中最美的享受之一，葡萄酒值得更多的关注。然而，没有一种葡萄酒品尝流程得到普遍认可。大部分有经验的葡萄酒品评师通常都遵循自己的品评流程。尽管对于专业的品尝来讲这些步骤是必需的，但在日常生活中这些过程则过于繁琐，这种区别如同音乐分析与音乐欣赏一样有着天壤之别。鉴定品评依照理论的或实际的标准来评价一种或几种葡萄酒，而进餐时饮用葡萄酒则完全是一种人们对生活的享受。因为集中精力可以提高人们对葡萄酒的品评和欣赏水平，所以品评葡萄酒一般不在餐厅进行，以避免交谈和食物香气的影响。

图 1.1 是一些权威人士(Broadbent，1979；Peynaud，1987；Johnson，1994)的意见以及品酒师们多年的经验集合在一起总结出的一套方法。该提纲对葡萄酒品评来说仅仅是一个起点。没有一种方法可以适用于所有人。对于一个严肃认真的品酒师来讲，也许需具备的最重要的东西应该是自觉自发的态度、对品酒的欲望与热情以及善于将注意力集中于葡萄酒特征的能力。

一些权威人士建议在开始品评之前先用葡萄酒漱口(Peynaud，1987)，这样可以使味蕾熟悉这些葡萄酒的基本特征。当品酒师对某些葡萄酒的特征不是很熟悉的时候，这或许有用，否则不需要如此。另外，Peynaud 还反对在不同样品品尝间歇用清水漱口。他认为水会改变味觉的敏感性，使得所比较的葡萄酒之间的差别更复杂。Peynaud 建议只有当味觉疲乏的时候，再用清水漱口，这与大多数权威的说法并不一致。

大多数葡萄酒样品最好是用晶莹透亮的郁金香形高脚杯(图 1.2)盛装。起泡酒则例外，最好用加长的笛形玻璃杯盛装，以便于对起泡酒泡沫活跃性的观察。品评时，所有的玻璃杯都应该大小一致，盛装同样体积的酒液样品(酒杯体积的 1/4～1/3)，从而保证所有葡萄酒样品取样一致。对于大多数品尝，30～50 mL 葡萄酒就已足够，这不仅仅是从经济的角度考虑，也是因为刚好可以使葡萄酒在杯中达到一个最为合适的倾斜角度(便于观察色泽和澄清度)并容许葡萄酒在杯中充分地旋转起来(便于促进香气的释放)。

每个样品都应该用大小一致、透明的郁金香形高脚杯盛装。每个杯中的葡萄酒体积一致(酒杯体积的 1/4～1/3)。

Ⅰ.外观

1. 将装有酒样的杯子倾斜 30°～45°,在光亮白色的背景下观察酒液;
2. 分别记下葡萄酒的:
   澄清度(是否有混浊);
   色调(暗淡还是鲜亮)和色度(颜色的强度或者色素量);
   黏性(对抗流动的程度);
   泡沫的活跃性(主要是起泡酒)。

Ⅱ.酒杯中的香气(in-glass)

1. 在摇杯之前,把每个样品放在鼻前闻一下气味;
2. 感受学习并记录下香气 * 的特征和强度(图 1.3 和图 1.4);
3. 摇转酒杯,让葡萄酒中的香气物质完全释放出来;
4. 先在杯口闻摇杯后的香气接着再往深处闻杯里的香气;
5. 感受学习并记录下香气的特征和强度;
6. 以上述方法对其他样品进行闻香;
7. 进入品尝葡萄酒的步骤(Ⅲ)。

Ⅲ.口腔内(in-mouth)的感受

(a)味道和口腔的感觉

1. 适中饮一口样酒(6～10 mL);
2. 让葡萄酒在口腔内打转,使其接触到舌头、上腭以及口腔内所有的表面;
3. 记下不同味道(甜味、酸味、苦味)的不同感受部位,以及分别是什么时候感受到的、感觉持续的时间、感觉和强度是如何变化的;
4. 集中注意力体会以下 5 种口腔内感受(mouth-feel):收敛感、刺痛感、酒体厚重感、温度以及热感;
5. 记录下这些感觉以及它们互相结合所给予的综合感受。

(b)气味

1. 记录下在温度较高的口腔内葡萄酒的气味;
2. 吸气使空气穿过口中的葡萄酒从而促使酒中的香气物质释放,感受释放出的香气;
3. 集中注意力体会这些香气的特征、变化以及持续时间的长短。记录下在口腔内和酒杯中感受到的香气的所有不同之处。

(c)回味

1. 让上述步骤中吸入的气体在肺腔中停留 15～30 s;
2. 将酒咽下(或者将其吐到准备好的容器中);
3. 将经过口腔温热后的酒的气味通过鼻腔呼出;
4. 以这种方式感受到的香气则被定义为酒的回味;它通常只能在最好的和最富于芳香的葡萄酒中才可以体会得到。

Ⅳ.余味

1. 集中注意力体会逗留在口腔内的嗅觉和味觉双重感受;
2. 与之前记录的感受相比较;
3. 记录下他们的特征和持续时间。

Ⅴ.重复品评

1. 从步骤Ⅱ.3 开始重新评价所有酒样带来的芳香以及其他有趣的感受——理论上讲最好有几次重复,间隔在 30 min 以上;
2. 感受每个样酒的持续性和它的发展变化(在风味和强度上的变化)。

最后,对葡萄酒的愉悦感、复杂性、微妙感、高雅感、强劲性、平衡感以及难忘程度作一个全面的综合评价。当有了一定的品酒经验,就可以尝试品评葡萄酒的潜力——也就是经过陈酿或者储存一段时间后,酒的风味特征可能发生的变化。

图 1.1 葡萄酒经典品评方法

---

* 尽管香气从专业上讲分为果香(来自于葡萄本身)和发酵香(来自于发酵过程、加工处理过程以及陈酿过程),描述性的术语都可以将其涵盖其中。

外观(Appearance)

除了极个别的情况下颜色不作为影响品评的因素外，一般地，葡萄酒给人的视觉感受是对其的第一评价。观察时为了增加透过的光线，常常使葡萄酒杯在明亮白色背景下倾斜一定角度(一般为 35°～45°)。这样可使葡萄酒在杯中呈现出不同的层次，便于观察酒的全貌。

视觉上的刺激常常激发品评者继续品评的愿望以及对随后感受的预期猜测。外观可能暗示着葡萄酒的风味品质，同时也会反映出一些潜在的缺陷。颜色对葡萄酒可被感知的品质所产生的影响见图 2.5。众所周知，深红的颜色可以增强感知品质，即使对于那些经验丰富的鉴赏家也不例外。因此，一定要谨慎地通过视觉效果来品评葡萄酒，以免造成对葡萄酒的偏颇评价。

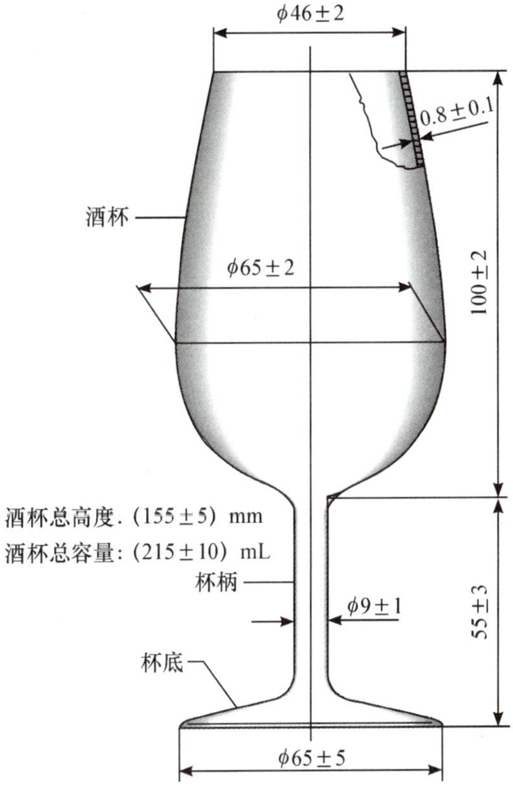

图 1.2 国际标准组织(International Standards Organization)葡萄酒品评专用杯，以 mm 为单位[资料来源：Courtesy of International Standards Organization，Geneva，Switzerland]。

澄清度(Clarity)

所有的葡萄酒都应该是晶莹剔透的。桶装样品若有混浊并无大碍，在装瓶之前会经过澄清处理将其去除。瓶装酒出现混浊则是不可接受的，即使混浊几乎不影响酒的味道和香气特征。由于知道混浊的来源，并且混浊常常是可控制的，所以商业市场上的瓶装酒一般很少见到混浊现象。有年头的瓶装红酒常会出现沉淀，需要小心倾倒，或者事先用滗酒瓶将葡萄酒与沉淀物质分离。

颜色(Color)

葡萄酒的两个最重要的颜色特征是它的色调和色度。色调是指颜色明暗或者色彩基调，而色度是指颜色的相对亮度。葡萄酒颜色的这两个方面都体现了葡萄酒诸如葡萄成熟度、皮渣浸渍时间长短、发酵容器以及酒龄等方面的特征。不成熟的白葡萄酿出的葡萄酒几乎没有颜色，充分成熟的白葡萄酿出的酒则为浅黄色。增加葡萄的成熟度也可以增加红葡萄酒潜在的颜色强度。这种潜在的颜色加深的程度依赖于皮渣浸渍持续的时间长短。在橡木桶中后熟可以加速陈酿相关的颜色变化，但只是暂时增加了颜色的层次感。随着酒龄的增加，白葡萄酒的金黄色逐渐加深，而红葡萄酒的红色则变浅，最后所有的葡萄酒都将呈现为黄褐色。

影响葡萄酒颜色的因素较多，所以很难断言某种特殊的颜色对葡萄酒意味着什么。只有得知了葡萄酒的原料、风格和年龄，才可以用颜色来评价葡萄酒的好坏。非典型的颜色常常是葡萄酒缺陷的体现。对葡萄酒了解得越少，颜色对其的评价所起到的作用就越小。如果颜色会引起对酒的偏见，则最好用黑色玻璃杯盛装葡萄酒从而减少视觉影响。

倾斜酒杯可以更好地呈现葡萄酒颜色的不同层次。以明亮的白色作背景，来观察葡萄酒的一系列颜色特征。一个判断葡萄酒年龄的好办法是观察葡萄酒的边缘。紫色到紫红色边缘是红酒处于新酒阶段的显著特征,而砖红色调则常常是葡萄酒老熟的第一标志。若反过来从上往下观察葡萄酒,则是评价葡萄酒颜色层次感的最佳方式之一。

与颜色相关的评价中最困难的任务就是如何恰到好处地表达出自己的感受。目前还没有对葡萄酒颜色评价的公认术语。颜色术语通常很少能使用一致或者以行之有效的方式记录。很多品酒师则会在品评表中颜色的空格处滴上一滴葡萄酒。尽管这样可暂时性地获得准确的评价,但不能长期保存记录葡萄酒的颜色。

在一套形容颜色的标准术语出台之前,首选的方法是用较少的、简单的、一目了然的语言来形容颜色。如用于形容红酒和白酒的颜色为:紫色、红宝石色、红色、砖红色、茶色、麦秆黄色、黄色、金黄色以及琥珀色,再加以限定性的词如苍白暗淡的、浅的、中等的、深的等就可以分别表示红白葡萄酒标准颜色范围。

黏性(Viscosity)

黏性是指葡萄酒对于流动的抗性。影响黏性的因素主要有糖度、甘油含量以及酒精浓度。一般只有甜酒和高酒精度酒才表现出可检测的黏度差异。因为黏性在多数葡萄酒中的差异较小而且涉及原因很多,所以很少用于酒的评价。黏性常常被很多专业的品酒师忽略掉。

起泡(Spritz)

葡萄酒的起泡现象通常指沿着酒杯底和酒杯壁产生的细腻气泡,可以看到或者被口腔感受到。活跃而持续的气泡只存在于起泡葡萄酒中。对于起泡葡萄酒来说,气泡的大小、数量以及持续时间都是非常重要的品质特征。

如果新发酵的葡萄酒装瓶过早,过多的二氧化碳还未被释放,便会产生轻微的起泡现象。在装瓶后,由于苹果酸乳酸发酵而产生的轻微冒泡很罕见。在历史上,葡萄酒冒泡通常和细菌的败坏相联系。由于目前出现细菌污染几率极低,因此,轻微的气泡对葡萄酒品评没有什么意义。

酒泪(Tears)

酒泪(Rivulets,legs)指摇杯后葡萄酒沿杯壁流下所形成的泪滴形状。酒泪是葡萄酒酒精浓度的天然标志。除了可能产生一些刺激的感觉或者视觉享受外,酒泪是感官评价中细枝末节的部分,并不重要。

气味—杯中(Odor-in-grass)

品尝者常常被告知在摇杯之前闻葡萄酒的气味。这样可以先感受到葡萄酒中最容易挥发的芳香物质。在比较几种葡萄酒的时候,让自己离酒杯有一定的距离去闻酒比把酒杯举到鼻子前闻酒更好,这样可以分辨出每种葡萄酒最浮于表面的芳香品质。

第二步也是比较重要的嗅觉评价阶段是摇杯之后的香味评价。尽管动作简单,但是有效的摇杯仍需要一定的训练。先将杯底放在水平的平面上缓慢地旋转,直到旋转自如再离开平面。这个动作是肩带动手臂的旋转,而不转动手腕。紧握杯柄,施加合适的力量,将酒杯摇起来。当把这个动作练顺手之后,可换成用手腕来摇动。一些品酒内行常常拿着杯底进行摇杯。虽然这是个有效的方法,但不够优雅。

摇动可以增加葡萄酒和空气的接触,促进香气物质的释放。郁金香形的酒杯内壁的曲线不仅有助于葡萄酒在杯中的旋转,而且还可以将释放出来的香气聚集在杯中。一闻在杯口,二闻在杯内。这样可以在不同的浓度下感受酒的芳香,因此其感知亦不同。此时要把主要的注意力集中在鉴别区分葡萄品种、酿造风格以及产区特色上。反复的尝试也是有必要的。葡萄酒的独特风格常常取决于这些最根本的因素,所以芳香鉴赏的学习过程一定要着眼于这些因素。

有时候,也用玻璃或者塑料的盖子*把酒杯盖上。使用盖子的目的有两个。对于芳香浓郁的酒,盖子可以限制香气对酒杯周围空气的污染,这种污染会严重影响香气较淡的酒的品评。然而,使用盖子最初的目的是为使摇杯可以更彻底(如果用食指紧紧捏住杯子摇),这对于香气柔和的葡萄酒的鉴赏很有意义。

品评葡萄酒的时候似乎也不需要特殊的闻香方法。0.5 s 以上的闻香并不能提高对气味的辨别,至少对于单一成分是这样的。对于葡萄酒来说,呼吸大约 2 s 似乎就已经足够了,较长的闻香很可能导致嗅觉疲乏而使感觉迟钝。然而,增加闻香时间能够感觉到香味复杂葡萄酒的更多信息,比如说对于波特酒(Port),一旦嗅觉适应了葡萄酒里的某些香气成分,那么原本被掩盖的芳香感受可能会变得明显起来。如果一种葡萄酒需要闻很多次,每一次的间隔时间最好为 30～60 s。嗅觉感受器官利用这段间隔将其感觉复位。另外,葡萄酒挥发率的测定表明香气填充酒杯上部的空间(酒杯里葡萄酒酒面以上到杯口的部分)需要 15 s 的时间(Fisher *et al.*,1996)。在比较品评时,每一种酒要以一定的次序取样,以避免由于短时间内吸入相同的香气而带来的嗅觉疲乏。

理想的嗅觉品评时间应该持续 30 min 以上。这个时间长度对评估葡萄酒香气的持续性和发展变化等特征是必要的。发展变化的观察就像是在观察一朵花的逐渐开放。香气的发展变化和终止是非常重要的方面,应该得到重视,这点对优质葡萄酒尤为重要。这类酒之所以拥有较高的价格有时仅仅就是因为它们拥有独特的潜在香气。

无论使用哪一种品评方式,能否清晰而精准地记录下对一款酒的印象是非常重要的。这对每个人来讲都是件难事,主要是因为我们没有从小进行语言和嗅觉联系的系统训练。这种不能准确用词汇记录和描述气味的困境很普遍,被贴切地形容为"鼻尖现象"(Lawless and Engen,1977)。

从技巧上讲,可以用一些专门设计好具有特定目的的标准样品来训练品评者,不同香气术语所描绘的不同样品可以提供给受训者感受和学习(见附录 5.4 和附录 5.5)。香气和不良气味图谱(图 1.3 和图 1.4)提供了一些较为普遍一致的葡萄酒术语。在某些场合,这些术语可以帮助描述不同品种葡萄酒的芳香气味的组成。然而,精确地描述葡萄酒香气特征的能力缺乏可能会被不恰当地使用相似的术语所掩盖。

强调描述性术语的重要性往往被人所曲解,尤其是在葡萄酒感官评定课程中。这些图谱仅限于用来调动品尝者在葡萄酒香气特征上的注意力。一旦品尝者意识到学习葡萄酒嗅觉特征的重要性,那么依据某特殊水果、鲜花、蔬菜等气味进行的香气描述将变得不再实用。比如说,古怪词语的使用并不能提供出葡萄酒更多的信息。人们在充分描述嗅觉感受时常常遇到困难,于是增强了发明运用生僻术语的趋势。通常情况下,这样的术语较之口头描述更能使消费者集中精神去分辨葡萄酒品种特征、产品风格和葡萄酒酒龄等的不同之处。若非用于教育目的,仅考虑根本的目的——描述性感官分析,描述性术语词典应完全被抛弃掉。

* 例如,60 mm 的培养皿或者塑料咖啡杯杯盖。

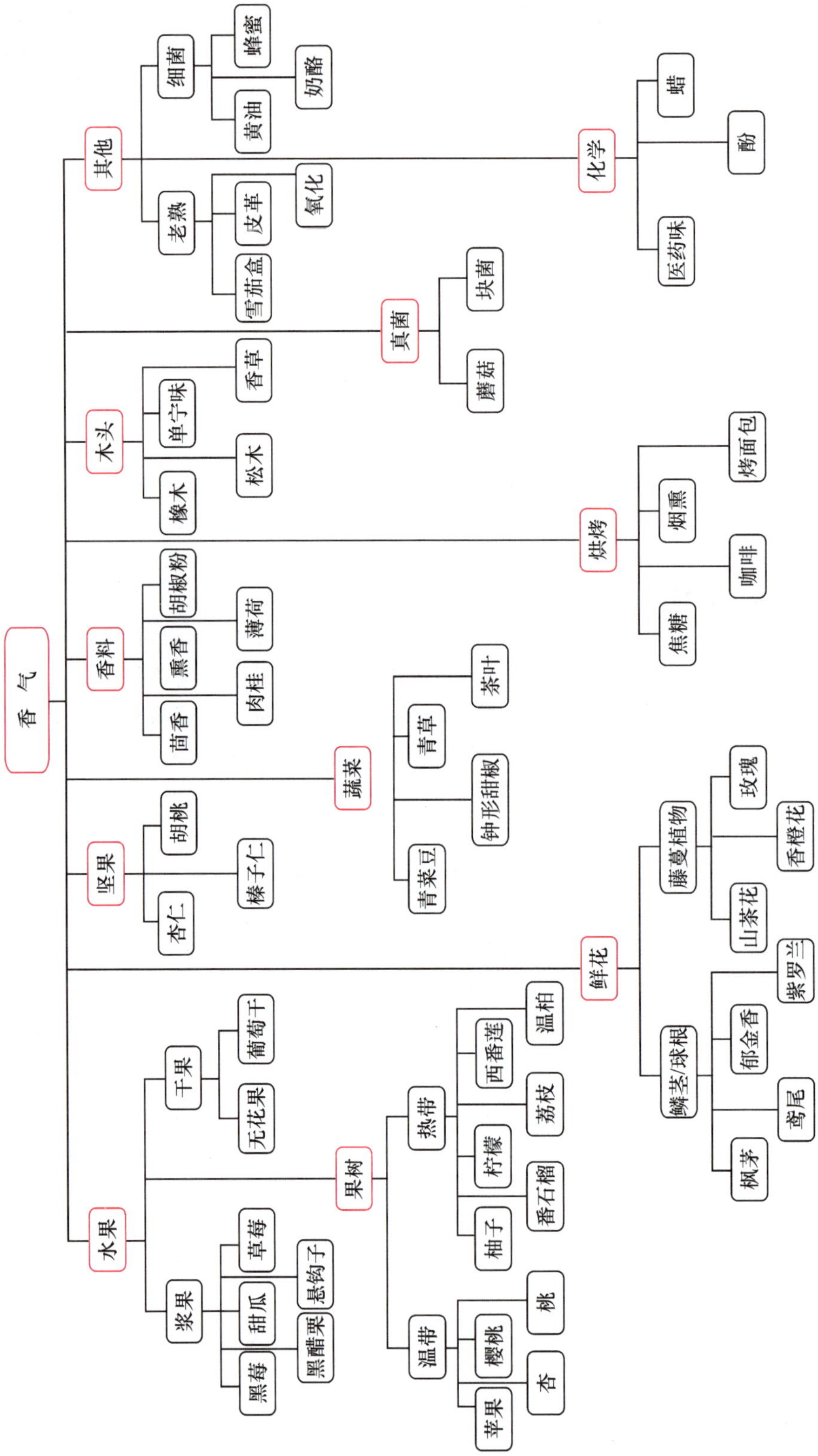

图 1.3 葡萄酒香气图谱[资料来源：Jackson,2000]。

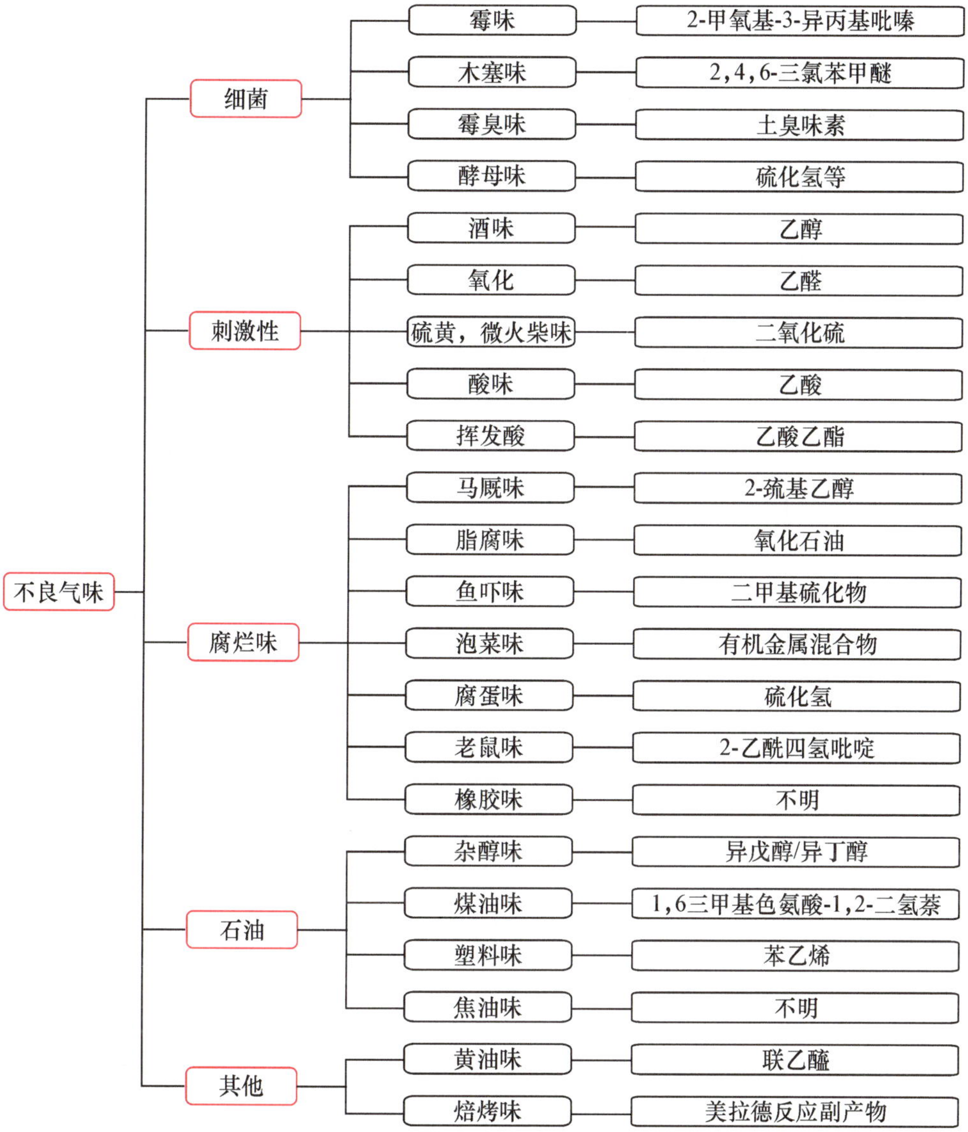

图 1.4　葡萄酒不良气味图谱(右栏为引起各种不良气味的化学物质举例)
[资料来源:Jackson,2000]。

应该将葡萄酒香气的印象(正面的和负面的)详细地记录下来。因此,选择一个适当的品评记录表格是十分重要的。图 1.5 提供了一个常用于葡萄酒品评课程中的表格范例,设计为 11 英寸×17 英寸大的纸面,圆圈代表 6 杯葡萄酒的摆放位置。简化的标签影印放在 6 个评价栏前面的空白处。一个简易的愉悦感评价表格可以作为选择项,如图 1.6所示。品评表格在第 5 章有详细的讨论。作为口头描述的补充,还可以在一个假定的坐标系里画一条表示在品评过程中风味强度变化的曲线(图 1.7)。如果香气品质发生变化,很容易用曲线图表现出来。这个方法可以清楚、简洁地表示对葡萄酒香气品质的印象。

<table>
<tr><th></th><th colspan="6">葡萄酒</th></tr>
<tr><th></th><th>1</th><th>2</th><th>3</th><th>4</th><th>5</th><th>6</th></tr>
<tr><td>外观
颜色：色调
层次
澄清度
冒泡
得分（最大值+/-1）</td><td></td><td></td><td></td><td></td><td></td><td></td></tr>
<tr><td>香气
一般特性
持续时间
强度
发展变化
品种特点
香气
浆果类：黑莓，黑醋栗，葡萄，甜瓜，悬钩子，草莓
果树类：苹果，杏，香蕉，樱桃，番石榴，柚子，柠檬，荔枝，桃子，西番莲，温柏
干果类：无花果，葡萄干
鲜花类：山茶花，枫茅，鸢尾，香橙花，玫瑰，郁金香，紫罗兰
坚果类：杏仁，胡桃，榛子仁
蔬菜类：芦笋，甜菜，钟形甜椒，青菜豆罐头，干草，橄榄，茶叶，烟草
香料类：肉桂，丁香，熏香，欧亚甘草，薄荷，胡椒粉
烘烤味：焦糖，咖啡，香烟，烤面包
其他：黄油，奶酪，雪茄烟盒，蜂蜜，皮革，蘑菇，橡木，松木，酚，块菌，香子兰
得分（最大值5）</td><td></td><td></td><td></td><td></td><td></td><td></td></tr>
<tr><td>味道
一般特点
持续时间
发展变化
强度
平衡
特殊之处
甜味，酸味，收敛性，苦味
酒体，灼热感（酒精水平），醇厚度
冒泡（刺痛感）
得分（最大值3）</td><td></td><td></td><td></td><td></td><td></td><td></td></tr>
<tr><td>综合评价
一般特性
潜力
难忘度
得分（最大值1）</td><td></td><td></td><td></td><td></td><td></td><td></td></tr>
<tr><td>总分（最大值10）</td><td></td><td></td><td></td><td></td><td></td><td></td></tr>
</table>

图 1.5 一般葡萄酒的品评表（纸张大小通常为11英寸×17英寸）。

样品编号 —	葡萄酒品种 ——	标新立异	非常好	比平均水平好	平均水平	在平均水平之下	差	很差	评价
视觉	澄清度								
气味 (自发产生)	强度*								
	持续时间**								
	品质***								
风味 (味道，口感，气味的回旋)	强度								
	持续时间								
	品质								
完成 (后闻，风味的逗留)	持续时间								
	品质								
结 论									

* 强度:是指感觉上的相对强弱。过强或者过弱都是令人不愉快的感觉。

** 持续时间:是指葡萄酒发展变化或者保持感官效果的时间长短;通常是持续时间越长越好,除非强度过大。

*** 是指葡萄酒所反映出的适当的品种、地域以及风格特点的过程,这些特点所带给人愉悦感的加和。

图 1.6 葡萄酒风味评定愉悦感品评表[资料来源:Jackson,2000]。

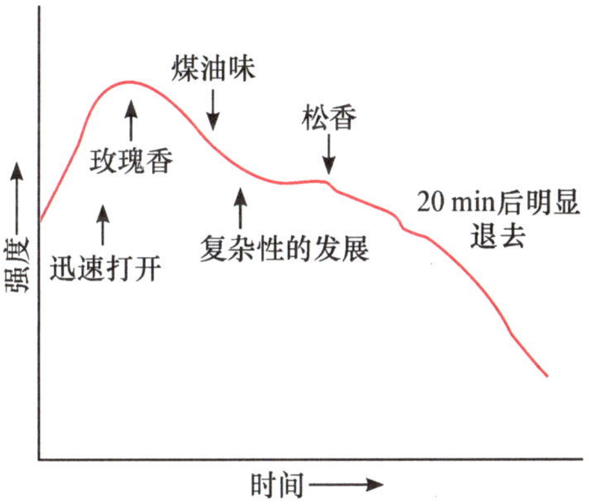

图 1.7 品评过程中葡萄酒香气的发展变化,可以直接运用图中所示不同香气感受的点对不同香气进行观察。

感受—口中(In-mouth sensations)

味道与口感(Taste and mouth-feel)

香气评估后,品尝者的注意力转移到味道和口感上。适中饮入 6～10 mL 的葡萄酒,为了具有可比性,每一口酒样的多少要尽量保证一致。主动地搅动葡萄酒(咀嚼)使其接触到口腔内所有的区域。

最先感受到的味觉是甜味和酸味。甜味(如果可以感受得到)一般是靠舌尖来感受的,而酸味则多数是靠分布在舌边缘和脸颊内侧的味蕾感受到的。酸味的刺激常常较之甜味在口中逗留的时间长。由于苦味的感受比较靠后,所以对于苦味感觉的增加基本上和甜味感觉的衰退在时间上是同步的。苦味感觉高峰的到来至少需要 15 s,通常是由靠近舌中后部的味蕾感受到。随后,品评者要集中注意于整个口感上,包括酒的收敛带来的干涩感、灼热感(酒精或苯酚引起的感觉),以及二氧化碳带来的刺痛感(如果其浓度在 0.3 g/100 mL 以上的话),以上感受和其他的一些质感经过口腔内丰富的神经末梢感知后消失,没有特殊的感受位置。

据称,味觉感受的先后顺序可以强化某一特定物质的感受(Kuznichi and Turner, 1986)。然而,这些感受能够持续多久仍然不能够被确定。相比这些感受的分类,持续性更多反映的是这些感受的最大被感知的强度和浓度(Robichaud and Noble, 1990)。尽管在一些鉴定型的品尝中留意令人愉悦的感觉是很有意义的,但是相对于体会各种感觉间的互相作用,以及对酒的平衡、风味和酒体的综合感受,它就显得不那么重要了。

对于味道和口感的品评是要在第一口之后就开始还是在之后的品尝过程中进行,有很多不同的观点。单宁和口腔中蛋白的结合,降低了它潜在的苦味和收敛感。单宁与唾液蛋白的结合可以在一定程度上解释为什么第一个样品常常没有后面的样品苦涩。第一口的感觉与吃饭时饮酒的感觉很类似。如果说这是味觉的一个重要部分的话,那么意识到味觉的变化很慢这一点也是至关重要的,这种缓慢的味觉感受可以刺激唾液的分泌,同时弥补唾液在品尝时带来的稀释作用。

气味—后鼻腔(Odor-retronasal)

为了加强口腔对香气的感受,品尝者常常通过呼吸使葡萄酒通气。这需要收紧咽喉,收缩两颊的肌肉(使嘴唇微微张开),然后慢慢地吸入空气,使气流通过葡萄酒。有一些品评师选择在让气流通过葡萄酒之前收缩嘴唇的方式。无论哪种方式都是为了促进挥发——与摇杯的目的如出一辙,尽管在口腔内搅动葡萄酒的效果比较小。芳香物质释放后随气流流进后鼻腔,形成所谓的后鼻腔嗅觉。这种嗅觉的回旋同味道和口感联合形成了对葡萄酒风味的综合感受。感官体会要及时记录下来,因为他们会发生不可预知的变化。将鼻子用手指捏住便可以证明这种嗅觉回旋对于风味感知的重要意义。因为一旦将鼻子捏住,便阻断了芳香物质从口腔到鼻腔流动的通路。

一些品尝师完成一次葡萄酒香气评定需要一个较长的呼吸过程。吸入之后,咽下葡萄酒,葡萄酒气味再慢慢地通过鼻子被呼出,此时感受的任何芳香感觉都被称之为余香。虽然余香得到的葡萄酒的信息不多,但是它是用来品评芳香成分较高的酒如波特酒的一种典型方法。

在这些品尝步骤后,葡萄酒要么被咽下,要么被吐出。在葡萄酒品尝课、葡萄酒会或类似场合,葡萄酒通常是被饮用的。因为被品评的葡萄酒数量常常比较少,而且评定并不是很严格,所以饮用葡萄酒并不会严重影响品评技术。然而,在葡萄酒竞赛或者是定量品评中,常常有 20 种或更多的葡萄酒样品,因此要避免饮用过量葡萄酒。Scholten (1987)指出吐掉样品可以避免大量的酒精在血液里积累,不过,大量单宁物质的摄入仍然会造成头痛。

葡萄酒品评的职业病之一便是头痛症，这种症状在体质为血小板结合巯基苯酚转移酶(PST, platelet-bound phenolsulfotransferase)少的人群中表现得尤为明显(Alam *et al*, 1997)。PST 很有可能是通过释放前列腺素来降低导致大脑内小血管膨胀的生物胺和反胆胺(catacholamine)的活性。对于一些人(包括作者在内)，提前服用前列腺素合成抑制剂，比如乙酰水杨酸(如阿司匹林)、对乙酰氨基酚(如 Tylenol®)和异丁苯丙酸(如 Advil®)便可以阻止头疼的发展(Kaufman, 1992)。大的聚合体单宁，如在老熟过程中形成的聚合体单宁不会通过肠道壁进入到血流中，这就可以解释为什么成熟的红酒要比年青的红酒导致头痛症状轻和降低 PST 活性的作用小些。

余味(Finish)

余味是指咽下或者吐掉葡萄酒后弥留于口腔内的香味或者令人愉悦的感受，可以说这有点类似于感受葡萄酒的晚年。一般来讲，余味的过程越长，说明葡萄酒的级别越高。很多品评师把这一持续时间称为葡萄酒品质最主要的指示剂。果香—花精油的香气伴随着清爽的酸味，是描述大多数优质白葡萄酒的常用语；而复杂的浆果香气结合厚重的单宁则常常用来形容上好的红葡萄酒。加烈葡萄酒拥有更加强烈的风味，余味持续的时间相当长。有别于通常所期望的越长越好的余味过程，经久不变的金属味、过分的酸味、苦味或收敛感等特征则不是优质葡萄酒所应有的表现。

综合品质(Overall quality)

在对各种感官感受分别评价以后，下一步工作是对各种感受进行综合的评价。整体评价需要涉及区域一致性和独特性①；香气的发展变化、持续时间和复杂性；余味过程的持续时间和特点以及品评过程的特别之处。

用于综合品质评价的许多术语是从艺术领域借鉴而来的。对于葡萄酒而言，术语的复杂性涉及许多现存的与众不同的因素，而不是一个或几个简单易辨的气味。平衡(和谐)是指所有嗅觉和有趣的感受之间的感官平衡，这种平衡不会因个人的意志而转移。各种感官感知的相互作用在平衡感表现中很明显，如单宁含量高的葡萄酒果味低，或者甜葡萄酒因缺乏足够香气而导致的失衡。白葡萄酒中的平衡看似比较容易获得，因为他们的酚类含量较低，白葡萄酒芳香性的复杂度通常也比较低。然而白葡萄酒的平衡并不比红葡萄酒的平衡来得容易。有时候，个人的感受常常带来这样的一种强烈的印象，那就是平衡濒于崩溃。在这种情况下，平衡成了一个极其令人迷醉的神经过敏元素。发展变化表明芳香特征的改变贯穿于整个品评过程中。理想的状态是，这些变化可以保持其令人愉悦的特点并且能够把人们的注意力吸引到它最近的转变过程中。持续时间涉及的是酒的香气在它失去个性变成普通的葡萄酒之前可以保持它独特品质的时间长短。愉悦性是上述提到的各种特性的整体情况对维持品评者注意力的效果。常常暗含其中而没有特殊规定的是，葡萄酒的酒劲和高雅性也是葡萄酒感官特征评价所需要考察的。如果没有这些品质，葡萄酒的魅力转

① 就像语法一样，传统的质量标准来源于历史惯例。每一种特定葡萄酒适宜的特性也是在酿酒师和挑剔的消费者相互磨合中形成的。

瞬即逝。如果综合感受十分引人注意,那么这次的体验就变得令人难忘,这也是 Amerine 和 Roessler(1982)为葡萄酒定义的"可记忆性"。

许多欧洲品酒权威认为品质的评定应该划分区域,反对区域之间或者品种之间的比较评定。尽管这样的限制使得品评变得简单,但品评在促进品质进步作用中的价值就大打折扣。倘若品评集中于酒的艺术性而非纯粹的风格,比较品评将变得更有意义。比较品评在英联邦国家和新世界国家更为流行,在这些地方对酒的艺术价值的考虑远远胜于是否服从地域风格。

阅读建议

Baldy, M. W. 1995. The University Wine Course. 2nd ed. Wine Appreciation Guild, San Francisco, CA.

Broadbent, M. (1979) Wine Tasting. Christie's Wine Publications, London.

参考文献

Alam, Z., Coombes, N., Waring, R. H., Williams, A. C., and Steventon, G. B. (1997). Platelet sulphotransferase activity, plasma sulfate levels, and sulphation capacity in patients with migraine and tension headache. *Cephalalgia* **17**, 761-764.

Amerine, M. A., and Roessler, E. B. (1983). "Wines, Their Sensory Evaluation." 2nd ed., Freeman, San Francisco, CA.

Broadbent, M. (1979). "Wine Tasting." Christie's Wine Publications, London.

Fischer, C., Fischer, U., and Jakob, L. (1996). Impact of matrix variables, ethanol, sugar, glycerol, pH and temperature on the partition coefficients of aroma compounds in wine and their kinetics of volatization. *In*: "Proc. 4th Int. Symp. Cool Climate Vitic. Enol., Rochester, NY, July 16-20, 1996." (T. Henick-Kling, T. E. Wolf, and E. M. Harkness, eds.), pp. VII, 42-46. NY State Agricultural Experimental Station, Geneva, New York.

Jackson, R. S. (2000). "Wine Science: Principles, Practice, Perception" 2nd ed. Academic Press, San Diego, CA.

Johnson, H. (1994). "The World Atlas of Wine." Simon & Schuster, New York.

Kaufman, H. S. (1992). The red wine headache and prostaglandin synthetase inhibitors: A blind controlled study. *J. Wine Res.* **3**, 43-46.

Kuznicki, J. T., and Turner, L. S. (1986). Reaction time in the perceptual processing of taste quality. *Chem. Senses* **11**, 183-201.

Laing, D. G. (1982). Characterization of human behaviour during odour perception. *Perception* **11**, 221-230.

Laing, D. G. (1986). Optimum perception of odours by humans. *In*: "Proc. 7 World Clean Air Congress, Vol. 4, pp. 110-117." Clear Air Society of Australia and New Zealand.

Lawless, H. T., and Engen, T. (1977). Associations of odors, interference, mnemonics and verbal labeling. *J. Expt. Psychol. Human Learn. Mem.* **3**, 52-59.

Peynaud, E. (Trans. by M. Schuster)(1987). "The Taste of Wine. The Art and Science of Wine Appreciation." Macdonald & Co, London.

Robichaud, J. L., and Noble, A. C. (1990). Astringency and bitterness of selected phenolics in wine. *J. Sci. Food Agric*. **53**, 343-353.

Scholten, P. 1987. How much do judges absorb? *Wines Vines* **69**, (3)23-24.

视觉感受
Visual perceptions

2

如第1章所提到的，葡萄酒的外观可以提供很多有关其品质、风格和品种来源的有用信息。不幸的是，外观也容易带来一些错误的信息而导致偏颇的评价。本章将讨论葡萄酒视觉方面的特征、来源以及对品评的意义。

■ 颜色(Color)

颜色的感受与检测(Color perception and measurement)

葡萄酒的视觉特征取决于其中的化学物质和微粒如何吸收以及反射可见光。例如，红葡萄酒中的色素物质反射和吸收特殊波长的可见光，使得眼睛视网膜感受到红色。颜色的强度取决于酒中色素的含量和化学组成，以及反射光的密度和质量。颜色的纯度取决于各种色素吸收的可见光谱的分布范围。光谱范围越大，感知的颜色种类越多(表明有着较高的"色彩"价值，图2.1)。

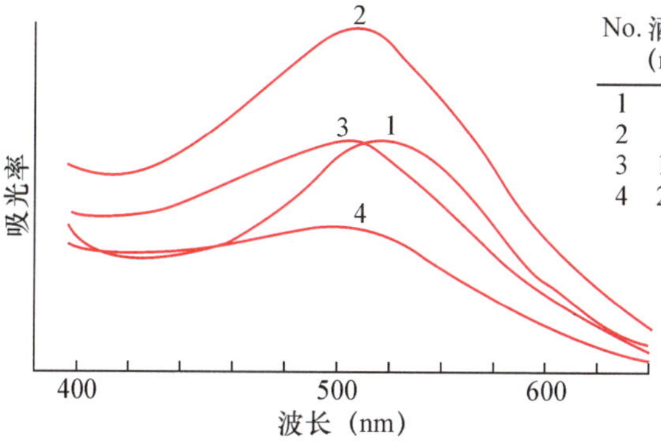

No.	酒龄 (mo)	λ_{max} (nm)	A_{max}	颜色密度	色彩
1	0	531	8.05	12.20	0.52
2	4	520	11.80	18.60	0.58
3	16	515	7.95	13.45	0.69
4	28	515	5.20	9.40	0.81

图 2.1　一种单一品种的 port 酒(*Touriga Nacional*, 1981)不同酒龄的吸光率扫描图谱[资料来源：Bakker Timberlake，1986]。

尽管可以用分光光度计准确地测量葡萄酒中的色素吸光率(图 2.1),但是人眼对颜色的感知和数据之间的相关性并不那么简单。分光光度计测量结果可以体现单一波长光的强度,而人眼的感受则与视网膜上的许多神经元细胞(圆锥细胞和杆状细胞)密切相关。每个圆锥细胞都响应一种相对较窄的波长范围的光,分别在蓝紫光(437 nm)、绿光(533 nm)或者黄光(564 nm)有最大吸收峰。用于绿光和黄光吸收的圆锥细胞的色素表现出相当程度的重叠。而杆状细胞则非转移性地吸收低强度的光。对颜色的感知由受到刺激后的 3 种圆锥细胞相互作用来决定,而杆状细胞则用来感知葡萄酒的亮度和澄清度。另外,人眼还拥有用来帮助整理来自杆状细胞受到的刺激并区分差异的响应细胞(P 细胞和 M 细胞)。最后,对颜色的感知归结于视觉神经对颜色变化界限上的比较响应,这很可能是太阳光谱每天变化而我们看到的葡萄酒颜色却恒久不变的原因(Brou *et al.*,1986;图 5.1)。所以,对自然事物的颜色感知是一个复杂的响应过程,而不是某种波长范围或是它们各自强度的简单反应。

目前尚没有一个公认的葡萄酒颜色分类标准。当然更加无法用相纸和胶片来充分地反映葡萄酒的颜色。尽管人们可以用直接比较的方法分辨出成千上万种不同的颜色,却无法用统一的词语把它们恰当地形容出来(图 2.2)。许多术语都非常类似(Chapanis,1965)。因此,用于形容葡萄酒颜色的术语数量上应当加以限制,保留简单的可统一应用的一些词汇即可。颜色术语应该主要包括以下 3 个方面:色调(光的纯净度)、饱和度(灰度)以及亮度(反射与传播光的能力)。它们的结合反映出人们在区分色彩方面的困难。例如,黄-红色和棕色通常都被用作描述色调。而学术上讲,黄-红色是一种色调(精准的可见光光谱区域),而棕色则是不纯净的黄-红色(夹杂在黄-红色中的还有些蓝色成分)。准确地讲,中度粉红色应该是部分饱和的明亮的红色。图 2.3 阐述了颜色的这 3 个基础的特征——色调、饱和度和亮度。

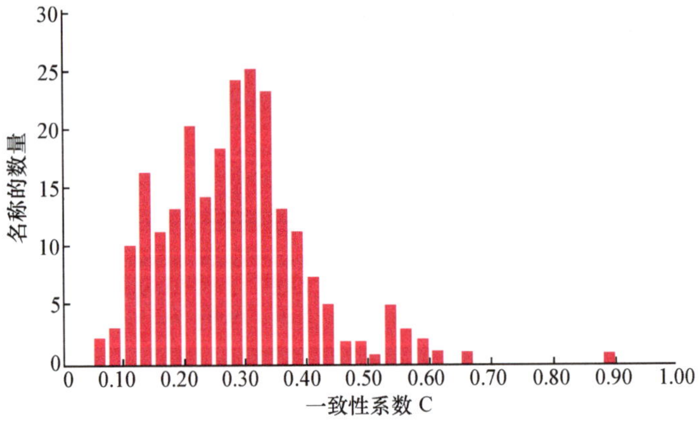

图 2.2 233 个颜色名称的选择一致性系数
[资料来源:Chapanis,1965]。

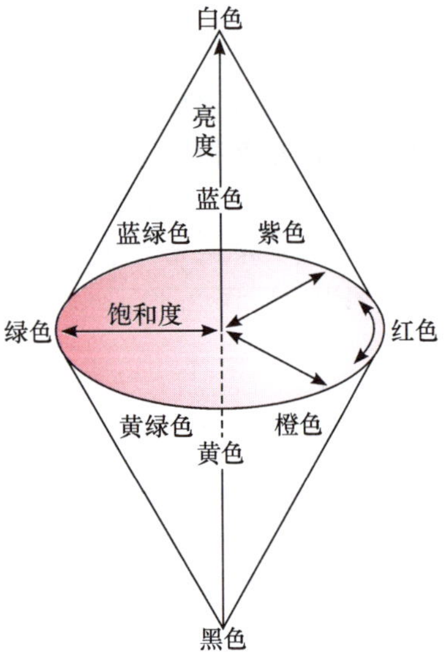

图 2.3 颜色的心理学空间分布图式
[资料来源:Chapanis,1965]。

一种简单实用的葡萄酒颜色标准有助于提高感官评价中葡萄酒颜色评定的准确性。Munsell 的颜色符号(Munsell,1980)在食品工业和科学研究中的应用已经有很长的历史了。然而，它的成本和奇怪的表述方式（如 5 YR 4/6——中度的橙-棕色）使其普及性和实用性大打折扣，对颜色感知的遗传变异性更是严重限制了这个标准的可行性。色盲便是个很好的例子，而颜色辨认的微妙差异是广泛存在的。而且颜色的感知因年龄的不同而不同。黄色素不断地积累在晶状体和视网膜上，导致对蓝光的敏感度逐渐下降。

虽然确定光的吸收和感知间的关系存在着困难，但一些简单的技术仍然可以获得比较有价值的数据。一种方法是在 420 nm 和 520 nm 下测定澄清的葡萄酒样品的吸光率（Somers and Evans，1977）。这两个值的和代表色度，而它们的比值表示色调。420 nm 下的吸光值代表了棕色度，而 520 nm 下的吸光值则代表着红色度。随着红酒酒龄的增加，黄色聚合色素的水平增加，单体红色花青素水平下降。颜色开始向棕色转变的过程中，色素颜色也在不断地衰退，颜色的层次也在减弱。对白葡萄酒而言，420 nm 的吸光值是褐变的标志（Peng *et al.*，1999）。

尽管有用，但是 420 nm 和 520 nm 下的吸光值太过笼统而无法充分地反映颜色中的细小差异。分别通过盐酸酸化、偏亚硫酸氢盐脱色以及乙醛复染等手段可以得到诸如单花青素之间的比例（离子化）、总花青素与酚的含量以及花青素复合物同各种酚类聚合物的比例等更多的数据（Somers and Evans，1977）。复合花青素的比例会随着年龄的增加而增加，所以可以用它来描述葡萄酒的"化学年龄"。许多学术研究表明离子化的花青素与年青的红葡萄酒的感官品质有着非常密切的关系（Somers and Evans，1974；Somers，1998）。

另外一种客观评价葡萄酒颜色的方法是应用三色响应比色法。这种方法是指当光透过葡萄酒的时候利用红色、绿色和蓝色的过滤器获得 3 种分离的光的强度值。这样与人的肉眼响应很接近。用分光光度计也可以获得合适的测量结果，只是还需要把结果进行复杂的数学代换。三色激励测色法可以直接获得和颜色的视觉效果相匹配的数值。亮度（澄清度）、浓度（饱和度）以及色彩角（阴影）这 3 个定义颜色的参数同样可以被评估。

还有一种评估颜色感官的方法叫做 CIE（Commission Internationale de l'Eclairage）系统。这个系统在 3 个波长（445 nm、550 nm 和 625 nm）下测量光的传播，偶尔也在 495 nm 下测量。这些数据可以用来计算 L（相对深浅）、a（相对红色）以及 b（相对黄色）的值。这些可以应用 Hunter $L^* a^* b^*$ 或者 CIELAB 测量中。这些标准已经被用来测量葡萄酒的颜色了，尽管许多研究者提议再作进一步修改，其测量数值就更适用于葡萄酒（Negueruela *et al.*，1995；Ayala *et al.*，1997）。此方法所获得的信息很适合分析颜色的差别，并且可以使混合的葡萄酒达到预期的颜色（Negueruela *et al.*，1990），但在葡萄酒品评中没有什么用处。

品评中的重要性(Significance in tasting)

和味觉感受（Maga，1974；Clydesdale *et al.*，1992）一样，颜色常常会影响到对葡萄酒感官品质的评价（Williams *et al.*，1984a；图 2.4 和图 2.5）。对于红酒而言，风味的强度（一级葡萄酒的品质）与色度（Iland and Marquis，1993）和色调（花色苷的比例）（Somers and Evans，1974；Bucelli and Gigliotti，1993）是一致的。来自葡萄皮的风味物质的提取条件与其中色素物质的提取条件几乎一样。葡萄酒的颜色浓度通常体现了葡萄酒的陈酿潜质。有时候，要用黑色酒杯盛装葡萄酒样品，或者在红光下观察样品，从而避免因为颜色而带来的对葡萄酒的偏见。

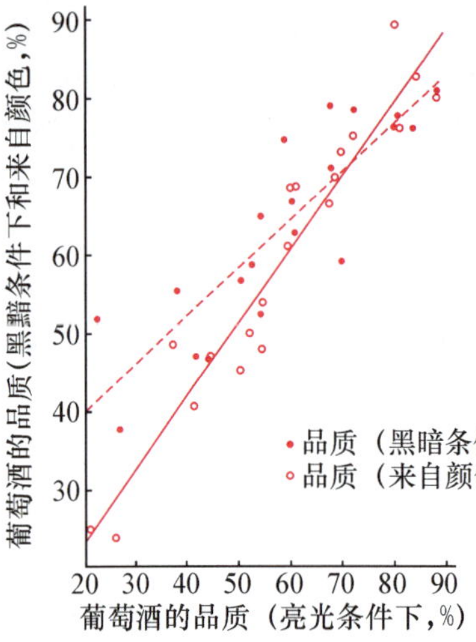

图 2.4 黑暗条件下仅通过嗅觉和味觉，与仅使用视觉（颜色）对葡萄酒进行质量评定的结果与3种感官同时使用时（亮光条件下）对葡萄酒的质量评定结果的比较[资料来源：Tromp and van myk,1977]。

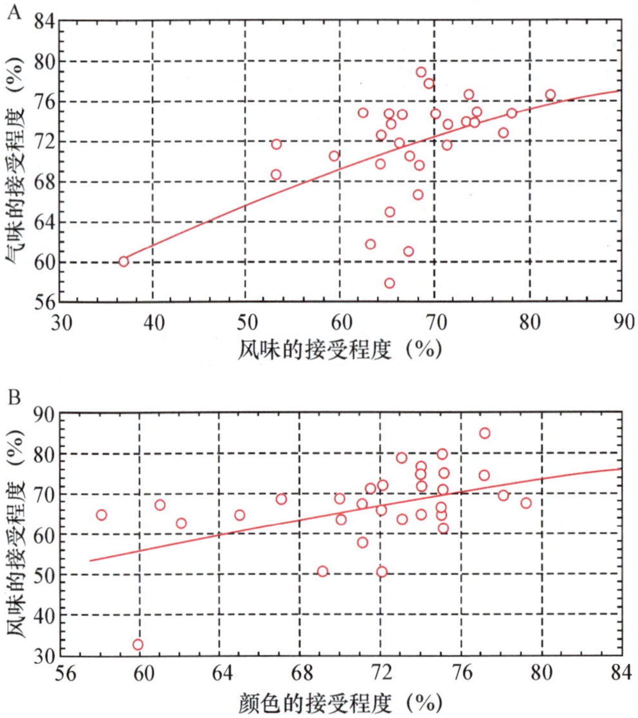

图 2.5 气味与风味接受程度之间的关系（A）以及风味和颜色接受程度之间的关系（B）[资料来源：Pokorný *et al.*,1998]。

品评师常常把某种葡萄酒和特定的颜色联系起来。年青的干白葡萄酒的颜色常常在基本无色到浅淡的黄色之间变化,明显的黄色则表明陈酿时间较长或经过了橡木桶陈酿。甜白葡萄酒的颜色可能在浅淡的黄色和金黄色之间变化。雪莉酒在浅淡的黄色和深金棕色之间变化,因酒的风格而异。桃红葡萄酒一般是在浅淡的粉红、明亮的粉红或者玫瑰红之间变化,但没有掺杂蓝色调。如果出现棕色、紫色或者是橙色,则表明了氧化的出现。红葡萄酒的颜色在深紫色和浅淡的茶红色之间变化。最初,大多数红酒都会有紫红色,尤其是酒的边缘更加明显。红波特酒(Ports)因其风格多样,则表现出深红、宝石红或者茶色等不同颜色。

葡萄酒到了最后都会带有棕色,所以棕色常常用来作为葡萄酒衰老的标志。葡萄酒的这一特征用分光光度值 A_{420}/A_{520} 逐渐变低来表示(Somers and Evans,1977)。其实,棕色也可以表明氧化的程度或者加热的程度。因此,品评时,在解释棕色究竟意味着什么之前,就必须了解清楚葡萄酒的年龄、种类以及风格。人们只能接受因为酿造工艺或者陈酿而产生发酵香所必须出现的棕色。马德拉酒(Madeira)的加热过程带给葡萄酒棕色以及烘烤后的发酵香便是由于特殊酿造工艺而使得酒体褐变的好例子。大多数的葡萄酒并不能发展出较好的陈酿发酵香,因此,棕色往往只意味着葡萄酒已经衰老了,过了最佳饮用期。

大多数数据表明对颜色的鉴别是个错综复杂的与后天学习相关的过程(Clydesdale *et al.*,1992),尽管 Pangborn 等人(1963)的研究结果表明,其他的解释和影响也是有可能的,这些影响很可能引起视觉、味觉以及嗅觉信息在大脑前眶额皮质部的相互作用(图3.8)。

来源(Origin)

红葡萄酒(Red wines)

花色苷是红葡萄和红葡萄酒颜色的决定因素。在葡萄中,花色苷以葡萄糖苷的形式发挥着决定性的作用。葡萄糖苷可以和一个或更多的葡萄糖相结合。结合物的化学稳定性以及水溶性都比结合前高。葡萄糖苷还可以和醋酸、香豆酸或者咖啡酸相结合。

葡萄中含有的 5 类花色苷分别是花青苷、芍药苷、飞燕草苷、矮牵牛苷和锦葵苷,它们是以花色苷分子 B 环上的羟基和甲基数目来划分的(表 2.1)。葡萄酒中这几类花色苷的含量和比例因葡萄品种和种植条件的不同有着明显的不同(Wenzel *et al.*,1987)。花色苷 B 环上的羟基化程度决定了色调和颜色的稳定性。自由的羟基基团增强了蓝色,而甲基则增强了红色。另外,B 环上若出现两个相邻的羟基基团(*o*-二元酚),其氧化能力会明显增强。因此,如果葡萄酒中含有较高的锦葵苷或者芍药苷(二者没有 *o*-二元酚结构),那么酒的颜色将会非常稳定。花色苷与糖类或者其他成分相结合还可以起到抗氧化的作用(Robinson *et al.*,1966)。大多数红葡萄中,锦葵苷的含量最高,因为它是最红的花色苷,所以大多数年青的红葡萄酒的红色都是由它而来的。

表 2.1 葡萄酒中的花色苷[a][资料来源:*Methods for Analysis of Musts and Wines*, MA Amerine 和 CS Ough, Copyright 1980, John Wiley 和 Sons Inc.]

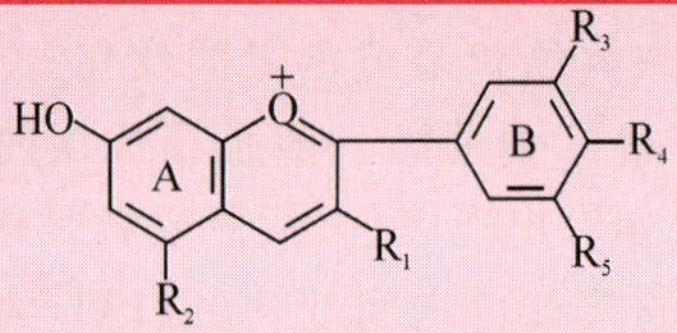

专有名称	R_3	R_4	R_5
花青苷	OH	OH	
芍药苷	OCH_3	OH	
飞燕草苷	OH	OH	OH
矮牵牛苷	OCH_3	OH	OH
锦葵苷	OCH_3	OH	OCH_3
衍生物		结构	
单葡萄糖苷		R_1 = 葡萄糖(葡萄糖的 1-位点)	
双葡萄糖苷		R_1 和 R_2 = 葡萄糖(葡萄糖的 1-位点)	

除了这五类主要形式的花色苷,每一类花色苷还以一种动态平衡的方式存在。其中 4 种是游离态,而另一种则与二氧化硫相结合的结合态(图 2.6)。在葡萄酒的正常 pH 值范围内这些色素大多数是无色的。以黄酮的形式存在的那部分色素表现红色,而以醌的形式存在的则通常表现蓝色。葡萄酒表现什么色调主要取决于它的 pH 值和游离的二氧化硫含量。低 pH 值偏红色(色素以黄酮的形式存在较多),而高 pH 值偏蓝紫色(色素以醌的形式存在较多),同时颜色的浓度也会受到影响。二氧化硫(无论是外加的,还是由酵母发酵产生的)都能使花色苷漂白,减弱葡萄酒颜色的层次感。

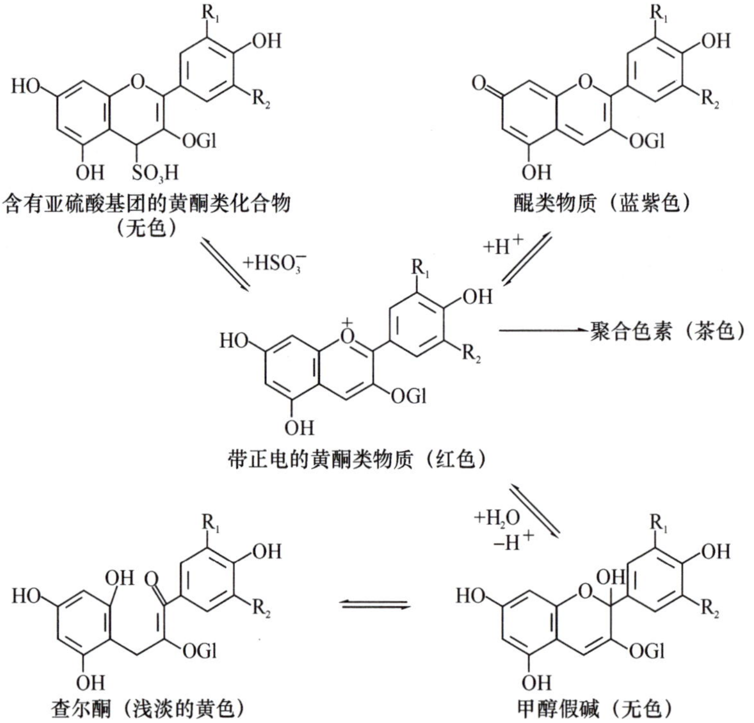

图 2.6 **葡萄酒中 5 种花色苷分子状态的动态平衡:Gl 表示葡萄糖**[资料来源:Jackson,2000]。

在葡萄果实里，花色苷的结合形式多种多样，它们可以自我结合或者与其他色素结合。由于单花色苷（自我结合）或者花色苷与酚类化合物（复合色素）的疏水结合使得色素不断集合在一起，这两种结合都可以增加光的吸收和颜色的浓度。在葡萄酒酿造和成熟的过程中，花色苷聚合体逐渐解散，游离在酸性葡萄酒环境中，并失去它的蓝色色调。另外，聚合状态的裂解还会减少葡萄酒对光的吸收，使其光泽下降。因葡萄酒的 pH 值、酒精以及单宁的含量其光泽可能下降 2～5 倍。不过，在大部分年青的红葡萄酒中，有足够的自我结合的花色苷来产生紫色色调。在葡萄酒中，这些颜色的变化都不会导致花色苷绝对含量的降低。

在葡萄酒成熟过程中，除了花色苷聚合体解离之外，花色苷与糖和酰基化合物（醋酸盐、咖啡酸盐和香豆酸盐）的复合体也逐渐解离，这样就使得色素物质更容易被不可逆氧化，从有色的黄酮类转化成无色的半醛缩醇类。为了减缓这种反应的发生，葡萄酒中的儿茶酚和矢车菊苷（单宁的亚分子组成）的含量显得至关重要，因为它们与花色苷结合后可以形成稳定的聚合体，这些聚合体对光的吸收范围可以延展到蓝光区域。以上也解释了红葡萄酒进入老熟后颜色就开始褐变的原因。

在发酵过程中，葡萄果实中的单宁和花色苷的同时提取对长期保持红葡萄酒颜色的稳定性非常重要。单宁和游离花色苷的反应非常迅速。当发酵终止时，大约 25％的花色苷与单宁结合成聚合物。若在橡木桶中陈酿 1 年，则花色苷单宁聚合物可提高到 40％（Somer，1982）。之后，聚合过程仍在缓慢持续，大约要几年时间达到 100％（图 2.7）。因此，红颜色不仅反映了葡萄酒中花色苷数量、特性以及存在状态，也体现了葡萄酒酿造过程中所提取的和酿造完成后保留的单宁亚分子的类型和含量（McCloskey and Yengoyan，1981）。大多数果粒红色的圆叶葡萄酿制的葡萄酒由于单宁和酰基花色苷的含量太少从而导致颜色的不稳定（Sims and Morris，1986）。

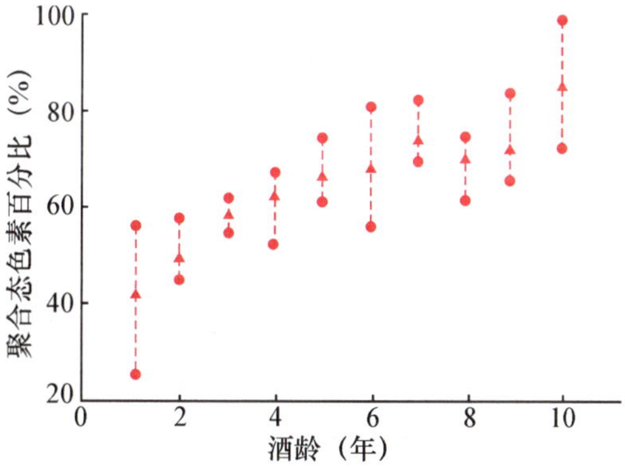

图 2.7　西拉葡萄酒老熟过程中，聚合态色素对葡萄酒颜色浓度的贡献随年数增加而增加：▲，均值；●，端值［资料来源：Somers，1982］。

单宁色素聚合体可以保护花色苷不被氧化或者被酒中其他化合物所修饰。另外，聚合体溶解度的增加，不仅能减缓单宁和色素在葡萄酒中因沉淀而引起的数量上的减少，而且能增加单宁色素聚合体中黄酮和醌这两种存在状态的花色苷数量，从而使更多的花色苷分子显色。例如，大约 60％的单宁色素聚合体在 pH 3.4 的情况下显色，而游离花色苷只有 20％在这个 pH 值下显色（图 2.8）。黄棕色的黄酮类和醌类花色苷-单宁聚合体会产生与酒龄相关的砖红色。

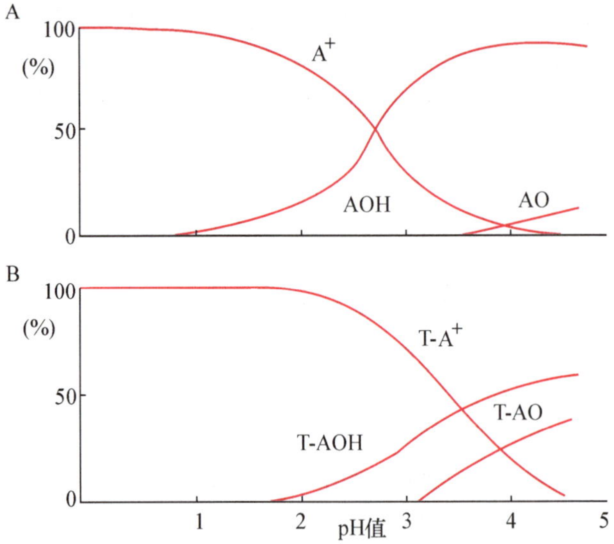

图 2.8　葡萄酒中不同形式的色素：(A)游离花色苷 A 与 (B)结合态花色苷 T-A 的平衡。+，红色黄酮类；OH，无色甲基假碱；O，蓝-紫色醌类物质[资料来源：Ribéreau-Gayon and Glories，1987]。

矢车菊苷花色苷与单宁的聚合体在无氧的情况下形成速度缓慢。然而，在压榨过程中氧气的渗入促进了此聚合体的形成。氧气和单宁结合，少量的聚合体被氧化，同时将乙醇氧化为乙醛。之后，乙醛和花色苷的相互作用又促进了它们与矢车菊苷(单宁亚分子组成)的聚合。最初的花色苷-乙醛-矢车菊苷的小聚合体加强了年青红葡萄酒中的紫色(Dallas，*et al*. 1996)。乙醛也会和二氧化硫起反应，使得它与花色苷脱离。这不仅是一个二氧化硫漂白反应，还是一个色素乙醛聚合体中花色苷的释放过程。

其他研究理论推测颜色的稳定性很有可能与酵母形式多样的代谢有关，尤其是丙酮酸代谢。丙酮酸可以与花色苷反应(Fulcrand *et al*.，1998)生成茶红色。葡萄中锦葵苷的单葡萄糖苷支链和香豆苷配基单葡萄糖苷支链，以及主要的花色苷，都可以与 4-乙烯基苯酚结合，形成红橙色色素(Fulcrand *et al*.，1997)。

红葡萄酒成熟的过程中，它的颜色反映了其中单宁色素聚合体比例的增加。表2.2 给出了产生黄色、黄红色、黄棕色、红色以及紫色的各种聚合体的形式。随着酒龄的增加，酒的颜色也会因为氧化、单宁色素聚合体结构的变化以及酒石酸盐或者可溶性蛋白导致的聚合体沉淀而减弱。

红酒的颜色可以在深红-紫色和浅淡的茶红色之间变化。年青红葡萄酒的紫红色来自于葡萄酒中持续存在的花色苷复合体或花色苷-乙醛-单宁聚合体，但这也意味着酒具有令人不愉快的高 pH 值(>3.8)。明亮的颜色表明葡萄未成熟或是使用了不良的葡萄酒酿造工艺。然而，某些葡萄品种，如佳美(*Gamay*)和黑比诺(*Pinot noir*)则很少能酿出颜色较深的葡萄酒来。冷凉气候条件通常也无法做出颜色较深的红葡萄酒来，如黑比诺在德国被称为 *Spätburgunder*，所酿制的葡萄酒时常只是较浅的灰暗玫瑰红色。因此，必须知道葡萄品种及其来源以免造成对葡萄酒的偏见。

表 2.2 某些葡萄酒中多酚物质的分子质量和颜色[资料来源：Ribéreau-Gayon and Glories(1987)。]

名称	颜色	分子质量(ku)
A^+	红色	500
AOH	无色	
AO	紫罗兰色	
$AHSO_2$	无色	
P	无色	600
T	黄色	1 000～2 000
$T\text{-}A^+$	红色	1 000～2 000
T-AOH	无色	
T-AO	紫罗兰色	
$T\text{-}AHSO_3$	无色	
TC	黄红色	2 000～3 000
TtC	黄棕色	3 000～5 000
TP	黄色	5 000

A，花青苷；P，矢车菊苷；T，单宁；TC，浓缩单宁；Ttc，高浓缩单宁；TP，浓缩单宁多糖；OH，甲基假碱；O，醌类物质；HSO_3，亚硫酸盐加成化合物。

颜色比较深的红葡萄品种，如内比奥洛(*Nebbiolo*)和赤霞珠(*Cabernet Sauvignon*)所酿的葡萄酒，它们的深红色可以保持长达 10 年。深色调常常与丰富的风味物质并存，一般情况下，风味物质常伴随着花色苷一起从葡萄皮楂中被浸提、压榨出来。标准的葡萄酒酿造工艺会获得高含量的单宁。这些单宁物质产生苦和收敛的感觉，这种感觉将随着葡萄酒的成熟慢慢减少和变柔和。但是，如果选用旋转式发酵罐，则会在大量单宁提取之前将葡萄浆果中的风味物质和色素浸提出来。

大多数红葡萄酒几年内就呈现出明显的砖红色，尤其是经过长时间的橡木桶陈酿之后的红葡萄酒(图 2.1)。只有为了得到良好的陈酿发酵香而致使酒体具有的砖红色或者茶红色才是可以被人们所接受的。对于大多数标准的红葡萄酒来说，砖红色调也许仅仅表示它们失去了原有的果香。而对于年青的红葡萄酒而言，砖红色则被认为是过度加热(有类似烤箱的烘烤味)，或者是发酵不完善(氧化后的气味)的结果。

桃红葡萄酒(Rose wines)

桃红葡萄酒的颜色包括灰暗的粉红色、樱桃色或悬钩子的颜色，而不含蓝色。这类葡萄酒的颜色取决于所选用的葡萄品种内所含的花色苷的数量与类型。橙色一般来讲是不期望出现的，但这恰好是以歌海娜(*Grenache*)为原料酿制的桃红葡萄酒的颜色特点。除此之外，橙色对于桃红葡萄酒来讲意味着氧化。而紫色则常常意味着葡萄酒拥有太高的 pH 值而口感平淡。

白葡萄酒(White wines)

与红葡萄酒相比，白葡萄酒的化学特征和颜色的发展变化鲜为人知。白葡萄酒中含有较少量的多酚类物质，大多数为羟基肉桂酸类，如咖啡酰基酒石酸及其相关的衍生物。它们可以氧化并形成 S-谷胱甘肽复合物，抑制褐变的产生。因此，人们认为大多数年青的白葡萄酒中的黄色来源于葡萄酒中黄酮醇类物质的提取和氧化，如栎精和山萘酚等。在葡萄酒成熟过程中，从橡木桶中萃取出的非黄酮醇类和木质素也明显地增添了白葡萄酒颜色。年老的白葡萄酒中较深的金黄色很可能来源于酚类物质或者半乳糖醛酸的氧化。然而，金色常常是伴随美拉德反应产生的蛋白黑素发展而来，或者是糖分焦糖化的结果。有时由琼瑶浆(*Gewürztraminer*)酿制的葡萄酒具有粉色色调。这颜色主要来自这种粉红色品种葡萄皮中提取出的花色苷。一些以红葡萄品种酿制的白葡萄酒的颜色也主要来自于其果皮中提取的花色苷。加烈甜葡萄酒中，许多颜色来自于葡萄酒中酚类物质的氧化，或者来自于黑色素(在提高葡萄汁浓度用于增加甜味的过程中形成)。

一般而言，年青的干白葡萄酒的颜色在近乎无色到灰暗的淡黄色之间变化。较为明显的黄色是值得怀疑的，除非在压榨过程中增大了葡萄汁与皮的接触机会，或者是用了橡木桶进行陈酿。葡萄酒会随着年龄的增长而颜色加深。在这个过程中如果伴随的是陈酿香气的发展，陈酿是值得提倡的；反之如果出现的是氧化和乙醛味，这就是不可接受的。然而，不寻常的浅淡灰暗的颜色表明酿酒葡萄没有完全成熟(缺乏典型的色泽，酸度过高，品种特征很少)，或在未浸渍的情况下就将葡萄汁与皮渣分离开了(浸提出极少的多酚类物质以及较少的风味物质)，或用了过量的二氧化硫(引起了漂白)。甜白葡萄酒一般颜色都比较深，从淡黄色到金黄色。这些颜色主要来自葡萄过熟过程中，浆果内一些成分的氧化。雪莉酒的颜色在灰暗的淡黄色和金棕色之间变化，这取决于酒的不同风格(从单色干型雪莉酒 Fino 到金黄色甜雪莉酒)以及它们的甜度增加的程度。马德拉酒(Madeiras)通常是琥珀色(除非使其脱色)，因为它的酿造工艺中需要一个加热的过程。白葡萄酒常常因为年龄的增长而颜色加深，但也有些加烈白葡萄酒可能因年龄增长而颜色变浅(如玛莎拉(Marsala)白葡萄酒)，这是由黑色素分子聚集从酒液中沉淀出来所致。

澄清(Clarity)

与评价葡萄酒颜色复杂性的重要性相比，葡萄酒的混浊是一个缺陷。随着现代澄清技术的发展，葡萄酒消费者现在可以买到存货期较长的澄清葡萄酒。为使葡萄酒澄清，葡萄酒酿造者在酿造过程中从以下 7 个方面下功夫。

结晶体(Crystals)

年青的葡萄酒在发酵后含有过饱和的酒石酸盐。在成熟过程中，这些盐发生异构化，溶解度下降。因此，在低温条件下存放葡萄酒常常会导致酒石酸盐晶体的析出。酒石酸氢钾(酒石)常常是坚硬的薄片状晶体，而酒石酸钙则是微晶体结构。

随着发酵过程中酒精含量的增加，酒石酸氢盐的溶解度逐渐降低，导致酒石酸氢钾缓慢地沉淀析出。如果给与足够长的时间，这种盐的晶体将会自动析出。在北部地区，没有暖气的酒窖里，低温可以加快结晶速度。因此，在自发沉淀并不完全的情况下，冷却可使酒石酸氢盐快速稳定。

因为酒石酸氢盐晶体的析出取决于它在溶液中的浓度，单靠冷处理的方式并不能达到有效稳定葡萄酒的作用,另外一种有助于酒石酸氢盐稳定的因素是保护胶体,如酵母甘露糖蛋白,它通过与酒石酸氢盐带正电的位点结合,阻止了结晶体的形成(Lubbers *et al.*, 1993)。单宁、酒石酸根和钾离子之间的相互作用也可以阻止结晶体的形成。

有时葡萄酒中还会形成草酸钙结晶体。结晶化常常在年龄较大的葡萄酒中产生,这是因为草酸亚铁中的亚铁常被缓慢地氧化成为晶体析出铁。与金属解离后的草酸继而与钙作用,形成草酸钙结晶体。

其他可能出现的结晶问题主要是由糖质酸和黏酸引起的。这两种物质都是由灰葡萄孢菌产生,都可以形成不可溶性的钙盐。钙酸盐就是苏特恩葡萄酒中黄色小颗粒的来源。

尽管葡萄酒中盐晶体存在很少,但仍然成为消费者拒绝购买的一个理由。晶体没有任何味道,而且常常和其他沉积物一起保留在瓶底,或者粘在软木塞上。因为白葡萄酒酒瓶是浅淡或者无色透明的,所以晶体在白葡萄酒里要比在红葡萄酒里明显。另外,白葡萄酒通常要冷却,或者在冷凉环境下存放,更容易促进晶体的形成。一些葡萄酒制造商常常把这种可能出现的情况委婉地称作"葡萄酒钻石"。消费者有时也会无知地将增长的酒石酸盐晶体当成是玻璃条。

沉淀物(Sediment)

悬浮的沉淀物是年老的红葡萄酒变得不浑浊的最常见原因。沉淀物通常包括花色苷聚合体、单宁、蛋白和酒石酸盐结晶体。由于具有这样的化学成分,葡萄酒沉淀物有较苦的粉质味道。对一些葡萄酒评论家来说,沉淀物是葡萄酒品质评定的一个指标。过度的澄清会降低风味物质的含量,但避免澄清也不能保证得到更具有风味的酒。

蛋白质引起的混浊(Proteinaceous haze)

尽管结晶体没有过多地受到消费者抵触,但蛋白质引起的混浊可能引起消费者的退货,从而带来经济上的损失。蛋白引起的混浊是由于溶解在酒里的蛋白变成了光散射颗粒所造成的,加热可加剧蛋白的混浊,如同加热对单宁的作用以及加热发现有金属污染味一样。白葡萄酒中有两种重要的与混浊有关的蛋白,一种与发病机理相关的蛋白——几丁质酶,另一种是酸稳定类植物甜蛋白(Waters *et al.*, 1996b)。它们存在于染病的葡萄中,在葡萄收获季节,这些蛋白会在受损葡萄里大量产生(Pocock and Waters, 1998)。尽管许多酵母甘露糖蛋白和阿拉伯半乳聚糖蛋白的复合体可以促进热诱导的蛋白混浊,但是其中一些特殊的蛋白还可以减少混浊的形成(Pellerin *et al.*, 1994)。

酚类引起的混浊(Phenolic haze)

在葡萄酒成熟过程中过度使用橡木,或者压榨过程中带入葡萄叶片(Somers and Ziemelis, 1985)便可引起这种比较少见的混浊。第一种情况,会导致鞣酸的提取过量,从而形成细微的白里透黄的有色结晶体。第二种情况,来自葡萄叶压榨出的细小的黄色栎精结晶体可以导致瓶装白葡萄酒在结晶体沉淀之前出现黄酮醇引起的混浊(Somers and Ziemelis, 1985)。若在红葡萄酒里过量使用二氧化硫则也可以导致酚类物质引起的混浊。

变质(Casse)

一些不可溶的金属盐会在瓶装葡萄酒中产生混浊变质,主要是铁离子(Fe^{3+} 和 Fe^{2+})以及铜离子(Cu^{2+} 和 Cu^{+})。这些难以处理的金属离子主要来自于酒厂里生锈的酿酒设备。

两种铁离子引起葡萄酒变质的原理已经被了解清楚了。白葡萄酒会因为一种白色混浊而受到影响,这种白色混浊是由于葡萄酒中的可溶性磷酸亚铁盐被氧化为不可溶的磷酸铁盐而形成的。混浊或是由单纯的磷酸铁盐颗粒形成,或者由磷酸铁盐和可溶性蛋白质的复合物形成。在红葡萄酒中,Fe^{2+} 被氧化成 Fe^{3+} 引起蓝色混浊。这是因为,Fe^{3+} 形成的不溶性颗粒与花色苷和单宁相结合了。

与铁离子引起的混浊不同,铜离子混浊形成于厌氧的情况下。当瓶装葡萄酒在老熟过程中氧化还原潜力逐渐减退的时候,这样的混浊逐渐形成,并伴随着细小的红棕色沉淀。光照可以加速这种反应。混浊颗粒由硫化铜和硫化亚铜以及它们与蛋白质的复合体组成。铜混浊问题主要存在于白葡萄酒中,不过桃红葡萄酒中也会发生。

酒瓶内壁表面的沉积物(Deposits on bottle surfaces)

葡萄酒中的沉淀物容易黏着在玻璃表面上。这样酒瓶壁下部就会出现拉长的椭圆形沉积物痕迹。在红葡萄酒瓶的内壁上偶尔还会包被一层类似油漆的沉积物。主要成分是薄膜状的单宁-花色苷-蛋白复合物(Waters *et al.*,1996a)。香槟酒瓶内壁也常常会出现一层薄膜状沉积物。这种现象称为假面具现象,是由于白蛋白(澄清剂的主要成分)和脂肪酸(很可能来自于酵母细胞的自溶)之间形成复合物所致(Maujean *et al.*,1978)。

微生物引起的腐败(Microbial spoilage)

有害微生物的存在也可以引起葡萄酒的混浊(如酵母和细菌)。瓶装葡萄酒中最重要的腐败酵母是鲁氏酵母和酒香酵母。而引起腐败的细菌主要是乳酸菌、醋酸菌和杆状菌。

鲁氏酵母可以产生凝聚体和颗粒体两种沉积物(Rankine and Pilone,1973),在白葡萄酒和桃红葡萄酒中最常见。这种菌污染主要是由装瓶设备的不正确清洁和灭菌所致。而酒香酵母则会导致较为明显的混浊,它可以在细胞数小于 10^2/mL 的情况下大量繁殖(Edelényi,1996)。而与其他酵母共存时,它只有在大于 10^5/mL 的情况下才可以大量繁殖产生明显的混浊。酵母引起的混浊不会引起酒的腐败,但常常会伴随着令人不愉快的酸味(拜耳接合酵母)和老鼠味(贵腐菌)。其他真菌类也可以引起混浊和薄膜的出现,但是都需要在有氧的环境下——瓶装葡萄酒并不符合这个条件。

在红葡萄酒中某些乳酸菌形成混浊或膜状沉积物的现象被称为混浊。受到影响的葡萄酒会变成暗红棕色,继而产生泡菜酸腐味或者老鼠腐味,如果二氧化碳聚集还会表现出喷流的现象。另外,葡萄酒内环境不好的情况下黏性多糖(β-1,3-葡聚糖)合成过多,这些多糖可以把细菌一个个连接成一条光滑的丝链。这样的丝链常常表现为悬浮于葡萄酒中的细丝,这样的现象被称为黏稠。当这些细丝被打散时,多糖会使得葡萄酒看上去类似油质。

虽然看上去不怎么样，但黏稠一般不会带来腐味。

很长时间以来，醋酸菌的存在意味着葡萄酒的败坏。多年来人们一直认为氧分子是这些菌赖以生存的重要物质，最近发现醌类物质（被氧化了的酚类物质）可以代替氧气的作用（Aldercreutz，1986）。因此，只要电子受体存在醋酸菌便可以在瓶装葡萄酒中生存。如果它们在葡萄酒中大量繁殖，便会产生带有明显酸味的混浊。通常在 pH 值较高（>3.7）的葡萄酒中，乳酸菌可以使腐败问题复杂化。如果这种情况发生在瓶装葡萄酒中，它们的生长将导致混浊的不断发展。

黏性(Viscosity)

葡萄酒的黏性主要是糖分、乙醇、甘油以及可溶性多糖的贡献。一般情况下，葡萄酒黏度的视觉差异不明显。只有在高糖、高酒精度、甘油含量大于 25 g/L（贵腐葡萄酒），或者存在细菌黏性多糖（葡萄酒出现黏稠或混浊现象时），才可以观察到葡萄酒的黏性差异。

起泡(Spritz)

静止葡萄酒在发酵结束后会保留相当含量的二氧化碳，从而在杯壁和杯底生成小气泡。这种现象常常发生在葡萄酒装瓶过早，二氧化碳还没有完全释放的情况下。过量的二氧化碳会在开瓶的瞬间释放，形成气泡。

二氧化碳产生的气泡也有可能来自细菌的代谢。比如装瓶后苹果酸乳酸发酵过程就会产生二氧化碳。同样，腐败菌的活动也可以产生气泡，如葡萄酒表现出混浊现象的时候。

大多数情况下，气泡是有目的形成的。气泡的大小、连续性以及持续的时间等都是起泡葡萄酒的重要品质指标。延长酵母（产生二氧化碳）和葡萄酒的接触时间有利于气泡缓慢地形成。几个月之后，酵母自溶（自我消化），释放出大量的细胞壁成分，胶质的甘露糖蛋白进入葡萄酒中。二氧化碳和蛋白的微弱结合使得开瓶后气泡可以连续不断地释放出来。

影响二氧化碳在葡萄酒中溶解度的因素很多，其中最主要的是温度和葡萄酒中糖分、酒精含量。增加这些物质的含量则会导致二氧化碳气体溶解度的下降。一旦开始倒酒，大气压力对于气泡的形成就起着至关重要的作用。葡萄酒的流出经过了气压从6 atm（瓶中）到 1 atm（周围环境中）的变化过程（1 atm＝101.325 kPa）。二氧化碳的溶解度也随之从 14 g/L 下降到 2 g/L。这个过程释放出了 5 L 左右的气体（从 750 mL 的酒瓶中）。若不施加外力摇动，二氧化碳并没有足够的能量立即释放，而是进入一种亚稳定状态，慢慢释放出来。

二氧化碳从酒中逃逸有几种机理来解释(图 2.9)。倾倒而产生的泡沫是由于葡萄酒下落而释放的自由能引起的,倾倒同样也可以产生缓慢释放的微气泡。然而,起泡葡萄酒中所期望的连续成线的细腻气泡要靠异相成核产生。气泡的核因玻璃粗糙的表面和悬浮于葡萄酒中微粒而形成。异相成核所产生的气泡占 1 h 内释放的二氧化碳的 60%。喷涌即突然间释放二氧化碳,与异相成核不同,它需要一系列分离处理过程。机械振动产生的波或获得快速倾倒提供的充足能量使水和二氧化碳之间的结合力变得脆弱。当气泡达到临界体积,因合并了更多的二氧化碳,在上升的过程中不断变大。另外,早先在瓶中产生的半稳定以及稳定的微气泡,在获得充分的自由能后也迅速膨大。

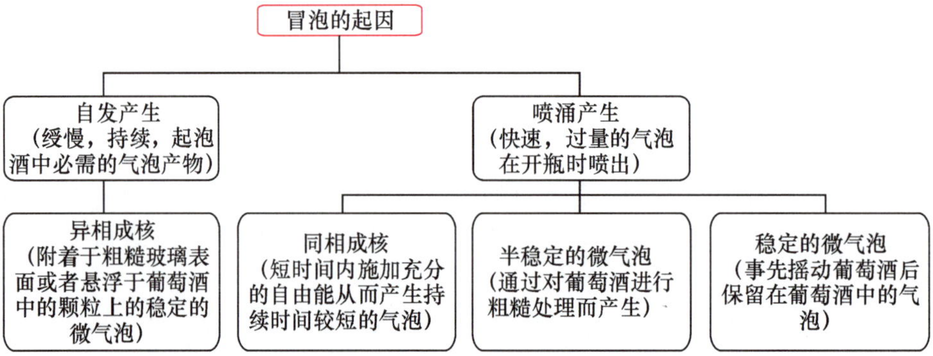

图 2.9 起泡葡萄酒中冒泡的机理(二氧化碳的释放)[资料来源:Jackson,2000]。

对于起泡葡萄酒的品评来说,非常重要的特征是酒杯中央由气泡聚集形成的小泡沫(称为 *mousse*)以及沿杯壁新月平面处空气-葡萄酒-酒杯的接触面上由气泡聚集而成的环形泡沫(称为 *cordon de mousse*)。葡萄酒泡沫(就像啤酒沫一般)持续时间较长是不受欢迎的。酵母的自溶降解产物包括可溶性蛋白、多酚类以及多糖类物质,这些物质充当了葡萄酒的表面活性剂使葡萄酒表面张力下降,葡萄酒泡沫的持久性就取决于这些物质的表面活性剂的特性。在二次发酵(产生二氧化碳的发酵阶段)之后葡萄酒成熟第 1 年,这些物质在葡萄酒中增加 2～3 倍。重力作用除去了气泡之间的流体,使得气泡之间相互融合,形成有角的形状。随着体积的增大,它们将趋于破裂。

■ 酒泪(Tears)

摇杯之后,酒液沿着杯壁流下(图 2.10),这种现象被定义为 tears、legs 或 rivulets。当薄薄的一层葡萄酒附着在酒杯内壁的时候,酒精挥发形成酒泪。由于酒精的挥发比其他成分快很多,因此附着于杯壁上的那层葡萄酒膜的表面张力增大。这就使得水分子相互牵拉在一起,形成了流滴。当这些流滴不断增多,它们开始下垂,从而形成拱形。最后,流滴下流,形成酒泪。在流向葡萄酒表面的过程中,流体不断缺失,导致液滴被拉回。如果不再摇杯,则酒膜的边缘下降,最终达到酒杯壁的新月平面处。

一旦形成酒泪,由于酒精挥发而形成的增大的表面张力会牵引着葡萄酒沿杯壁向上运动(Neogi,1985)。由于酒精挥发而导致的温度下降引起了对流从而更加有利于葡萄酒在

图 2.10　图示葡萄酒在酒杯中向上流动(下面的箭头所示)以及"酒泪"的形成。当酒精从黏着在酒杯上的葡萄酒中挥发出来的时候,葡萄酒开始向下流(上面的箭头所示),从而导致表面张力增大。

杯中向上运动。酒泪持续的时间取决于影响葡萄酒挥发率的各种因素,如温度、酒精含量以及液体/气体的接触面。与流行的观点相反,甘油并不是产生酒泪所需要的物质,它对酒泪的产生几乎没有影响。在葡萄酒形成酒泪之后,在酒泪上撒些有颜色的食物碎屑或者不可润湿的粉末,就可以看到葡萄酒沿杯壁向上运动。

阅读建议

Clydesdale, F. M. (1993). Color as a factor in food choice. *Crit. Rev. Food Sci. Nutr.* **33**, 83-101.

Walker, J. (1983). What causes the "tears" that form on the inside of a glass of wine? *Sci. Am.* **248**, 162-169.

参考文献

Aldercreutz, P. (1986). Oxygen supply to immobilized cells. 5. Theoretical calculations and experimental data for the oxidation of glycerol by immobilized *Gluconobacter oxydans* cells with oxygen or p-benzoquinone as electron acceptor. *Biotechnol. Bioeng.* **28**, 223-232.

Amerine, M. A., and Ough, C. S. (1980). "Methods for Analysis of Musts and Wines." John Wiley, New York.

Amerine, M. A., Berg, H. W., Kunkee, R. E., Ough, C. S., Singleton, V. L. and Webb, A. D. (1980). "The Technology of Wine Making." Avi Publishing Co. WestPort, CT.

Ayala, F., Echávarri, J. F., and Negueruela, A. I. (1997). A new simplified method for measuring the color of wines. II. White wines and brandies. *Am. J. Enol. Vitic.* **48**, 364-369.

Bakker, J., and Timberlake, C. F. (1986). The mechanism of color changes in aging Port wine. *Am. J. Enol. Vitic.* **37**, 288-292.

Brou, P., Sciascia, T. R., Linden, L., and Lettvin, J. Y. (1986). The colors of things. *Sci. Amer.* **255**(3), 84-91.

Bucelli, P., and Gigliotti, A. (1993). Im Port anza di alcuni parametri analatici nella valutazione dell'attitudine all'invecchiamento dei vini. *Enotecnico* **29**(5), 75-84.

Chapanis, A. (1965). Color names for color space. *Am. Scientist* **53**, 327-345.

Clydesdale, F. M., Gover, R., Philipsen, D. H., and Fugardi, C. (1992). The effect of color on thirst quenching, sweetness, acceptability and flavor intensity in fruit punch flavored beverages. *J. Food Quality* **15**, 19-38.

Dallas, C., Ricardo-da-Silva, J. M., and Laureano, O. (1996). Products formed in model wine solutions involving anthocyanins, procyanidin B2, and acetaldehyde. *J. Agric. Food Chem.* **44**, 2402-2407.

Edelényi,M. (1966). Study on the stabilization of sparkling wines(in Hungarian). *Borgazdaság*, **12**,30-32(reported in Amerine *et al.* ,1980).

Fulcrand,H. ,Cheynier,V. ,Oszmianski,J. ,and Moutounet,M. (1997). The oxidized tartaric acid residue as a new bridge potentially competing with acetaldehyde inflavan-3-ol condensation. *Phytochemistry* **46**,223-227.

Fulcrand,H. ,Benabdeljalil,C. ,Rigaud,J. ,Chenyier,V. ,and Moutounet,M. (1998). A new class of wine pigments generated by reaction between pyruvic acid andgrape anthocyanins. *Phytochemistry* **47**,1401-1407.

Iland,P. G. ,and Marquis,N. (1993). Pinot noir-Viticultural directions for improving fruit quality. *In*:"Proc. 8th Aust. Wine Ind. Tech. Conf. Adelaide,13-17 August,1992. "(P. J. Williams, D. M. Davidson, and T. H. Lee, eds.) pp. 98-100. Winetitles, Adelaide, Australia.

Jackson,R. S. (2000). "Wine Science: Principles, Practice, Perception" 2nd ed. Academic Press,San Diego,CA.

Lubbers, S. , Leger, B. , Charpentier, C. , and Feuillat, M. (1993). Effet colloide protecteurd'extraits de parois de levures sur la stabilité tartrique d'une solution hydropalcoolique model. *E. J. Int. Sci. Vigne Vin* **27**,13-22.

Maga,J. A. (1974). Influence of color on taste thresholds. Chem. *Senses Flavor*. **1**, 115-119.

Maujean,A. ,Haye,B. ,and Bureau,G. (1978). étude sur un phénomène de masque observé en Champagne. *Vigneron Champenois* **99**,308-313.

McCloskey,L. P. ,and Yengoyan,L. S. (1981). Analysis of anthocyanins in Vitis vinifera wines and red color versus aging by HPLC and spectrophotometry. *Am. J. Enol. Vitic*. **32**,257-261.

Munsell,A. H. (1980). "Munsell Book of Color-Glossy Finish. " Munsell Color Corporation,Baltimore,MD. Negueruela,A. I. ,Echávarri,J. F. ,Los Arcos,M. L. ,and Lopez de Castro,M. P. (1990). Study of color of quaternary mixtures of wines by means of the Scheffé design. *Am. J. Enol. Vitic*. **41**,232-240.

Negueruela,A. I. ,Echávarri,J. F. ,and Pérez,M. M. (1995). A study of correlation between enological colorimetric indexes and CIE colorimetric parameters in redwines. *Am. J. Enol. Vitic*. **46**,353-356.

Neogi,P. (1985). Tears-of-wine and related phenomena. *J. Colloid Interface Sci*. **105**, 94-101.

Pangborn,R. M. ,Berg,H. W. ,and Hansen,B. (1963). The influence of color on discrimination of sweetness in dry table wine. *Am. J. Psychol*. **76**,229-238.

Pellerin,P. ,Waters,E. ,Brillouet,J. -M. ,and Moutounet,M. (1994). Effet de polysaccharidessur la formation de trouble proteique dans un vin blanc. *J. Int. Sci. Vigne Vin* **28**, 213-225.

Peng, Z., Duncan, B., Pocock, K. F., and Sefton, M. A. (1999). The influence of ascorbic acid on oxidation of white wines: Diminishing the long-term antibrowning effect of SO_2. *Aust. Grapegrower Winemaker* **426a**, 67-69, 71-73.

Pocock, K. F., and Waters, E. J. (1998). The effect of mechanical harvesting and trans Port of grapes, and juice oxidation, on the protein stability of wines. *Aust. J. Grape Wine Res.* **4**, 136-139.

Pokorný, J., Filipům M., and Pudil, F. (1998). Prediction of odour and flavour acceptancies of white wines on the basis of their colour. *Nahrung* **42**, 412-415.

Rankine, B. C., and Pilone, D. A. (1973). Saccharomyces bailii, a resistant yeast causing serious spoilage of bottled table wine. *Am. J. Enol. Vitic.* **24**, 55-58.

Ribéreau-Gayon, P., and Glories, Y. (1987). Phenolics in grapes and wines. *In*: "Proc. 6th Aust. Wine Ind. Tech. Conf." (T. Lee, ed.), pp. 247-256. Australian Industrial Publ., Adelaide, Australia.

Robinson, W. B., Weirs, L. D., Bertino, J. J., and Mattick, L. R. (1966). The relation of anthocyanin composition to color stability of New York State wines. *Am. J. Enol. Vitic.* **17**, 178-184.

Sims, C. A., and Morris, J. R. (1986). Effects of acetaldehyde and tannins on the color and chemical age of red Muscadine (Vitis rotundifolia) wine. *Am. J. Enol. Vitic.* **37**, 163-165.

Somers, T. C. (1982). Pigment phenomena-from grapes to wine. *In*: "Grape and Wine Centennial Symposium Proceedings" (A. D. Webb ed.) pp. 254-257. University of California, Davis, CA.

Somers, T. C. (1998). "The Wine Spectrum." Winetitles, Adelaide, Australia.

Somers, T. C., and Evans, M. E. (1974). Wine quality: Correlations with colour density and anthocyanin equilibria in a group of young red wine. *J. Sci. Food. Agric.* **25**, 1369-1379.

Somers, T. C., and Evans, M. E. (1977). Spectral evaluation of young red wines: Anthocyanin equilibria, total phenolics, free and molecular SO_2 "chemical age." *J. Sci. Food. Agric.* **28**, 279-287.

Somers, T. C., and Ziemelis, G. (1985). Flavonol haze in white wines. *Vitis* **24**, 43-50.

Tromp, A., and van Wyk, C. J. (1977). The influence of colour on the assessment of red wine quality. *In*: "Proceeding of the South African Society of Enology and Viticulture" pp. 107-117.

Waters, E. J., Peng, Z., Pocock, K. F., and Williams, P. J. (1996a). Lacquer-like bottle deposits in red wine. *In*: "Proceedings of the 9th Australian Wine Industry Technical Conference" (C. S. Stockley *et al.*, eds.), pp. 30-32. Winetitles, Adelaide, Australia.

Waters, E. J., Shirley, N. J., and Williams, P. J. (1996b). Nuisance proteins of wine are grape pathogenesis-related proteins. *J. Agric. Food Chem.* **44**, 3-5.

Wenzel, K., Dittrich, H. H., and Heimfarth, M. (1987). Die Zusammensetzung der Anthocyane in den Beeren verschiedener Rebsorten. *Vitis* **26**, 65-78.

Williams, A. A., Langron, S. P., and Noble, A. C. (1984). Influence of appearance of the assessment of aroma in Bordeaux wines by trained assessors. *J. Inst. Brew.* **90**, 250-253.

嗅觉感受
Olfactory sensations

3

嗅觉系统(Olfactory system)

鼻的嗅觉通道(Nasal passages)

嗅觉区域由鼻通道上部的两小片组织构成(图 3.1)。挥发性物质直接(顺流)或者间接(回流,从咽喉后部)通过鼻孔抵达嗅觉上皮细胞。通过回流感受到的气味,对于葡萄酒的风味来说尤为重要。

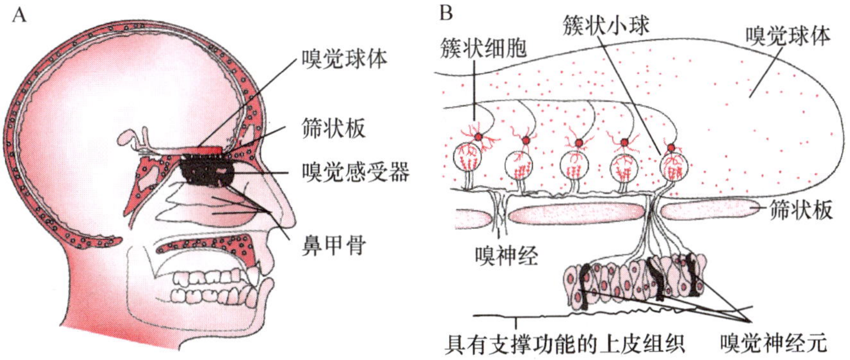

图 3.1 **嗅觉系统。(A)鼻腔内的嗅觉区域示意图;(B)放大图(不成比例)以展示嗅觉神经元(嗅觉感受器)以及与之相连的嗅觉球体**[资料来源:Jackson, 2000]。

嗅觉通道被中央隔膜平分成了左右部分。上述提到的两小片组织中任意一片上的感受器将信号传递给嗅觉球体(直接与大脑基部相连)上的响应部位。实验表明,右脑的气味分辨能力比左脑强(Zucco and Tressoldi, 1988),由此可以解释右鼻孔分辨气味的能力较强的原因(Zatorre and Jones-Gotman, 1990)。

每个嗅觉通道进一步被鼻甲骨细分成3个通路,这就增加了嗅觉通道中的上皮组织与吸入空气的接触。一些嵴状的骨头使吸入的空气气流紊乱,清洁空气并使其升温,但它们也阻碍了空气流入嗅觉区域。据估测,正常呼吸过程中,吸入的空气只有5%～10%通过嗅觉小片组织(De Vries and Stuiver,1961)。即使是高流速的空气吸入这个比例也只能提高到20%。虽然,高流速的空气吸入可以增强对气味的感知(Sober *et al.*,2000),但持续时间(图3.2)、数量以及用力吸气的间隔(图3.3)显然都不能对已感知到的气味的强弱产生影响。因此推荐短时间内快速地用力吸气,以增强气味感受,避免气味适应。

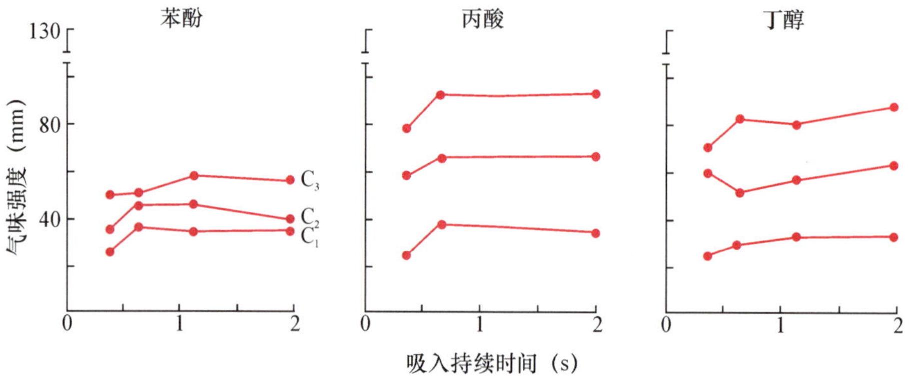

图3.2　3个不同浓度(C_1、C_2和C_3)的3种气味物质在不同持续时间内所能被感受到的强度[资料来源:Laing,1986]。

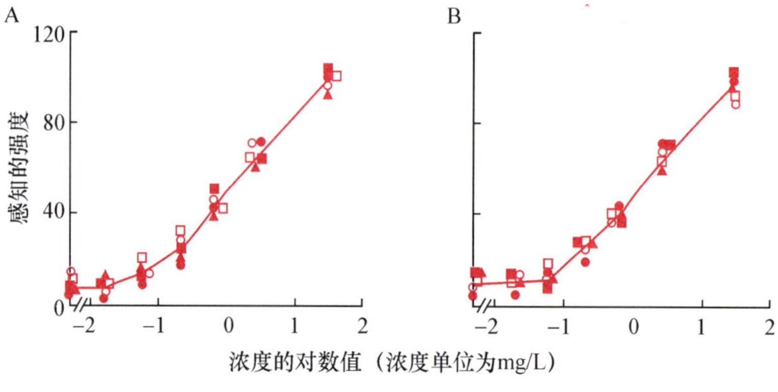

图3.3　对不同浓度乙酸戊酯感知强度估计值的算术平均值,分别应用以下两种不同的测定方法。(A)自然吸气(●),吸气1次(■),吸气3次(□),吸气5次(○)和吸气7次(△);(B)自然吸气(●);3次吸气分别间隔0.25 s(■),0.5 s(□),1.0 s(○)和0.2 s(△)[资料来源:Laing,D. G. (1983). Natural sniffing gives optimum odour perception for humans。*Perception* 12,99－117,Pion Limited,London]。

当空气流过鼻腔时,一些哺乳动物的鼻侧部分泌腺可以分泌出一种气味结合蛋白(也称为"嗅质蛋白"或"嗅素")(Snyder *et al.*,1991)。这种蛋白与挥发性物质非特异性结合,并由空气流带入到嗅觉通道中。这种结合蛋白是亲脂性的,因此它可以促进芳香物质在嗅觉上皮组织上溶解及吸收。与嗅觉上皮组织相连的分泌腺同样可以分泌这种蛋白。这样就可以部分解释为什么动物鼻黏液中的气味物质分子比气流中多 $10^3 \sim 10^4$ 倍(Senf *et al.*, 1980)。但并不确定这种情况是否发生在人类身上。

芳香物质分子中只有一小部分可以到达嗅觉小片组织并被附着在上皮组织上的黏液吸收。而这一小部分中只有部分分子可以在黏液中扩散,到达嗅觉感受神经元的响应位点上。一些动物的鼻黏液里聚集着大量的细胞色素氧化酶(Dahl,1988),这些酶可以催化一系列的反应,使得气味物质的亲水性增加,或促进它们从嗅觉上皮组织表面的黏液中脱离出来。这个黏液层大约每 10 min 更换一次。

与大脑连接的嗅觉系统上皮细胞和感受神经细胞(Olfactory epithelium, receptor neurons and connections)

嗅觉上皮组织是一层很薄的组织,面积大约为 2.5 cm^2,包被在鼻膈膜的每个面上。每一个部分包括大约 1 000 万个感受神经元并与支撑的基细胞相连(图 3.4)。感受神经元是一类用于响应芳香物质的特殊神经细胞。支持细胞(以及上皮组织下的一些分泌腺)产生出特殊的黏液和一些不同类型的气味结合蛋白(Hérent *et al.*, 1995; Garibotti *et al.*, 1997)。当感受神经元退化时,基细胞就分化成感受神经元取而代之。感受神经元活性保持的时间有长有短,平均 60 d,不过也有长达 1 年的。分化着的基细胞范围很广,可以从脑的开口处(筛状板)延伸到与嗅觉球体相连。这些非髓鞘的凸起(轴突)经过筛状板时结合成束。人类的嗅觉神经和味觉神经细胞是唯一两类可以有规律地再生的神经细胞①。支持细胞与邻近的感受细胞电隔离从而帮助保持正常的功能。

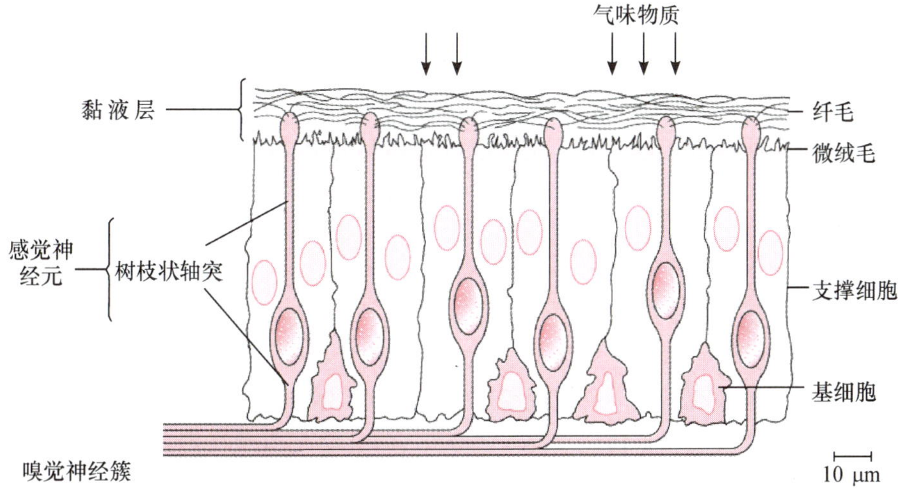

图 3.4 嗅觉神经上皮组织层剖面图[资料来源:Lancet, 1986. With permission from *the Annual Review of Neuroscience*, Volume 9. © 1986 by Annual Reviews www.Annual Reviews.org]。

嗅觉神经细胞具有普通的细胞结构。因此,感知到的气味质量——那些唯一可以被感

①有证据表明成年人脑中发现有神经的生长。

知到的气味物质的特征，与感受神经元具有特殊的细胞结构没有相关性。人们认为对气味的识别发生在感受细胞表面延伸的枝杈(纤毛)(图 3.5A)。感受细胞形成所谓的嗅小结(图 3.5B)，从它的位置突出一个 21～22 μm 长的发丝状纤毛。这些纤毛使感受细胞膜上的气味结合蛋白和气味分子的接触面积增加。

图 3.5　电子扫描显微镜拍摄出的(A)人类鼻黏膜表面和(B)鼻腔树枝状突起和纤毛[资料来源：Drs Richard M. Costanzo and Edward E. Morrison，Wirginia Commonwealth University]。

一般认为，气味的质量取决于感受神经细胞对芳香物质响应的灵敏度。灵敏性反映了嗅觉上皮组织产生一类特殊蛋白家族(气味结合或者 G-蛋白①)的能力(Buck and Axel，1991)。虽可以产生上千种特殊的 G-蛋白，但只有一种是所有类型的感受细胞都可以合成的。嗅觉感受基因组是哺乳动物最广为人所知的基因家族(Fuchs *et al.*，2001)，它涵盖了人类基因组 1%～2%数量的基因(Buck，1996)。这类蛋白拥有 7 个作用区域，每个区域都横跨细胞膜。

这些蛋白在嗅觉纤毛上的存在使得它们能够和气味物质结合形成感受蛋白-气味物质复合体。每个气味蛋白具有数个可变化的区域，每一个区域都可以结合一种不同的气味分子。因此，一个感受蛋白(以及它们相连的神经细胞)可以结合几种气味物质。同样地，大多数气味分子也可能激活不只一种蛋白受体(图 3.6)。气味物质的识别似乎依赖于特定的受体细胞上几个受体蛋白被激活位点的专一性结合，这就类似于在钢琴上弹奏和弦。不同物质浓度也会激活不同的感受蛋白，这就可以解释为什么某种物质可被感知的芳香特征会因其浓度的不同而发生改变。嗅觉受体 G-蛋白与气味物质之间的作用引起了细胞内钙离子的流入，这是大多数神经刺激作用后的典型结果(Murrell and Hunter，1999)。嗅觉响应进一步的复杂性来自于抑制之后的回流，这种神经感受的调控可以解释为什么无法从单一成分的感受来预测气味混合后的表现(Christensen *et al.*，2000)。

①GTP-结合蛋白。

	S1	S3	S6	S18	S19	S25	S41	S46	S50	S51	S79	S83	S85	S86	
己酸					■										腐臭味，汗味，酸味，羊膻味，脂肪味
己醇		■				■									甜味，草药味，木头味，Cognac味，苏格兰威士忌酒味
庚酸	■			■	■		■			■	■				腐臭味，汗味，酸味，脂肪味
庚醇		■			■	■									紫罗兰花香，甜味，木头味，草药味，清新感，脂肪味
辛酸	■			■	■		■	■		■	■	■			腐臭味，酸味，令人反胃的气味，汗味，脂肪味
辛醇				■	■		■			■					甜味，橙味，玫瑰味，清新感，浓郁感，蜡味
壬酸	■			■	■		■	■		■		■		■	蜡味，奶酪味，坚果味，脂肪味
壬醇				■	■		■			■		■			清新感，玫瑰香，花精油香，枫芽油味，脂肪味

图 3.6 香气物质受体结合基团的比较，其中两两具有相似的结构却拥有不同的气味。脂肪酸和醇具有相同的碳链却与不同的嗅觉受体结合(S1-S86)，因此在气味上具有比较明显的差异。右边所示是可以感受到的气味特征[资料来源：Arctander(1969)，The good Scents Company(http://www.execpc.com/～goodscont/Index.html)，and the Chemfinder Web Server(http://chenfinder.camsoft.com)(Reprinted from Cell，96，Malnic，B.，Hirono，J.，Sato，T.，and Buck，L. B.(2000). Combinatorial receptor codes for odors. 713—723. With permission from Elsevier Science)]。

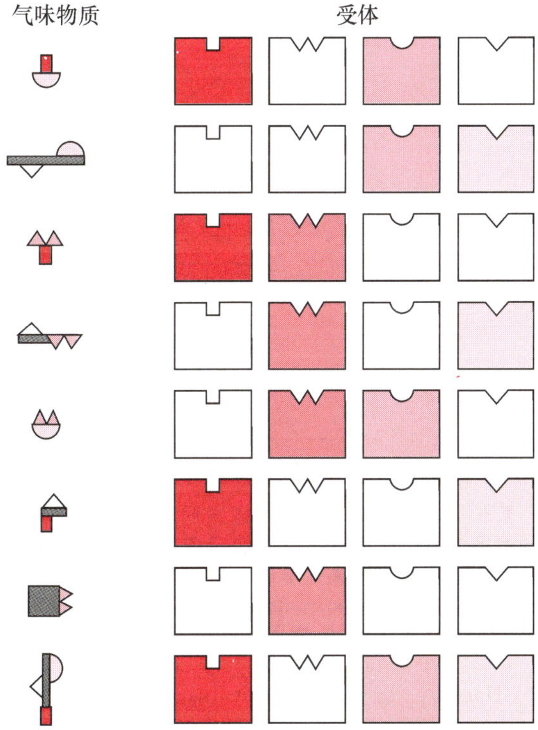

图 3.7 气味物质与感受体结合的位点模型。图中受体颜色与左边气味物质识别位点颜色一致。不同的气味物质依靠与受体不同的结合位点被鉴别。然而，一个气味受体作为同样的结构组成与多种气味物质的结合位点相结合。给出的是大部分可能与嗅觉受体结合的气味物质的位点模型，并没有完全包含种类繁多的气味物质位点[资料来源：*cell*，96，Malnic，B.，Hirono，J.，Sato，T.，and Buck，L. B.(2000). Combinatorial receptor codes for odors. 713—723]。

有证据表明,对气味物质敏感度相似的细胞在嗅觉上皮组织中有着独特的空间分布(Scott and Brierley,1999)。基细胞选择性产生的一些特殊细胞副产物,如一种或者几种选择性的G-蛋白,有助于增加同一种气味物质再次感受的敏感性(Wysocki *et al.*,1989)。基细胞受到刺激后,一个电子推动力迅速地沿感受神经的细丝突起(轴突)移动到嗅觉球体。嗅觉感受细胞是唯一的直接与前脑形成突触而无须通过丘脑的感受神经细胞。在嗅觉球体中,一簇簇的感受轴突聚集在一个被称为簇状的球状区域中。每个簇状球被大约25 000个感受神经元包围。与特殊的簇状球相连接的轴突来自于感受相同气味物质的嗅觉感受细胞(Buck,1996;Mori *et al.*,1999)。通过簇状球,轴突与嗅觉球体中的一个或多个类型的神经细胞形成突触。

嗅觉球体是大脑的一小部分,呈双面的浅裂状,用于收集和编辑鼻腔感受细胞所感受到的信息。刺激从这里通过侧部的嗅觉区域传送到视丘下部以及边缘系统的其他中心,随后,信号传递到丘脑以及大脑的高级中心,尤其是前眶额皮质部位。大脑的味觉、嗅觉和视觉中心的神经在前眶额皮质部皮层汇集在一起(图3.8),有学说认为这个部位就是所谓风味混合感知的初始部位。

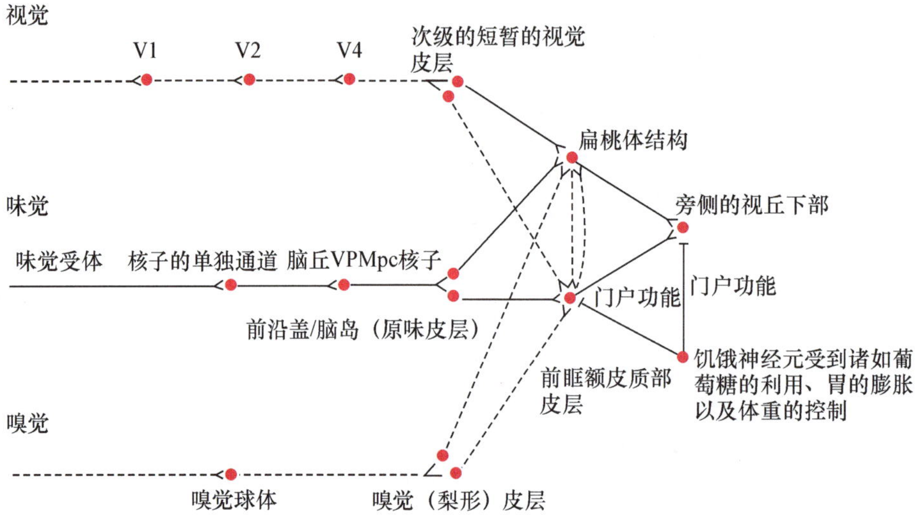

图3.8 灵长类动物的味觉途径示意说明此类动物的嗅觉和视觉途径是如何交汇的。图中的门户功能说明视觉皮层以及旁侧视丘下部的味觉神经元对于刺激的响应是通过饥饿来调节的。VPMpc,ventral posteromedial thalamic nucleus;V1,V2,V4 视觉脑皮层区域[资料来源:Rolls,E. T.(1995). Central taste anatomy and neurophysiology. *In*:"Handbook of Olfaction and Gustation"(R. L. Doty,ed.),pp:549－573. Marcel Dekker Inc.,N. Y.,by courtesy of Marcel Dekker Inc]。

学术上认为对一些芳香成分的甜度感知来自于前眶额皮质部皮层部位。Stevenson等(1999)提出与甜味相关的气味物质对增强糖的甜度感觉的效果最好。同样这些芳香物质也对降低柠檬酸的酸度有极大的作用。图3.9说明了草莓气味对甜度的影响。

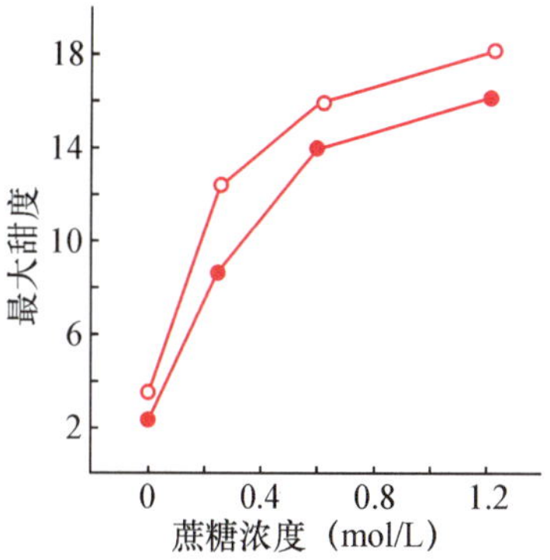

图 3.9　芳香物质存在与否对甜度感知的影响(●,香味物质不存在;○,存在草莓香气)[资料来源:Frank,R. A. and Bryam,J. (1988). Taste-smell interactions are tastant and odorant dependent. Chem. Senses 13,445−455]。

■ 气味物质以及嗅觉刺激(Odorants and olfactory stimulation)

嗅觉复合物的组成分类目前尚无明确定义。对于人类而言,有数以千计的嗅觉物质可以感知,其中包括许多化学物质。对于呼吸空气的动物来说,气味物质必须是可挥发的(也就是说在常温下应该是气体状态)。虽然气味物质分子大小有一个上限(即分子质量≤300 Da),但是较低的分子质量意味着此物质可能既没有挥发性也没有芳香性。大多数芳香复合物有着较强的疏水性(即脂溶性)以及较弱的极性(即水溶性)位点,它们通常趋向于与细胞成分以极弱的形式结合并且非常容易解离。

一些分子间作用力在嗅觉刺激中起到一定的作用(Ohloff,1986),其中包括静电吸引力、疏水键、范德华力、氢键以及偶极-偶极相互作用力。结构的细小变化如异构现象就可以使相关气味物质的相对强度以及感知效果受到明显影响。以 *D* 型和 *L* 型香芹酮异构体为例,它们分别拥有荷兰薄荷味和香菜味这两种不同的气味。一些情况下,一系列相关的化学气味物质(如吡嗪类)的敏感度常常与这类物质与嗅觉皮层中的蛋白结合能力有关(Pevsner *et al.*,1985)。

拥有相似气味并属于同一类的化学物质会表现出竞争性抑制作用,这个现象被称为交叉适应,对一种气味物质的感知由于先前感受的那一种而受到阻碍。不同类气味物质混合后通常仍能保留它们各自的气味风格,只是强度有所下降。然而,在较低的浓度下,它们反而可以互相促进,加强共有的感受(图 3.10)。这样有助于对令人愉悦的芳香物质的感受,但也同样会增强对不良气味的感受(Selfridge and Amerine,1978)。有时一些芳香复合物混合之后会产生与其组成成分气味不符的味道(Laing and Panhuber,1978),这些与人类变化多端的感觉和反应有关,这也可以部分地解释为什么人们对葡萄酒的感受如此变幻莫测或因人而异。

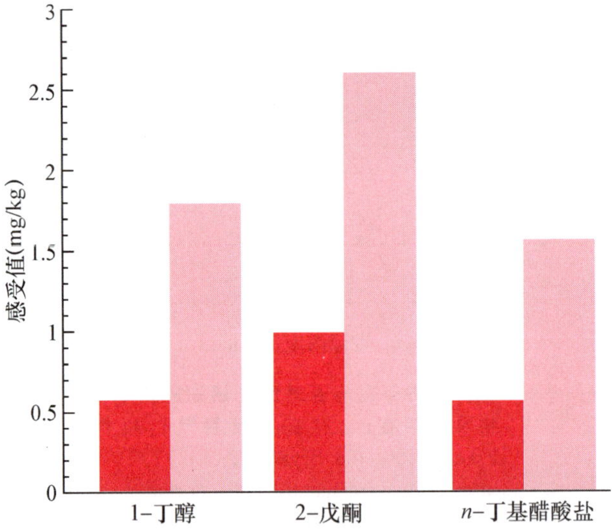

图 3.10 **1-丁醇,2-戊酮以及 *n*-丁基醋酸盐单独存在下各自的平均极值(■)和三者同时存在下各自的平均极值(■)。数据来自于 40 个被测试主体**[资料来源:Patterson, M. Q. , Stevens, J. C. , Cain W. S. and Cometto-Muniz, J. E. (1993)。Detection thresholds for an olfactory mixture and its three constituent compounds. Chem. Senses 18, 723－734]。

相关的化学物质(Chemical groups involved)

葡萄酒中主要化学物质对于味觉的贡献大于嗅觉。然而,那些少量或痕量的化合物是葡萄酒独特香气特征的来源。比如说,大量存在的葡萄酒酚醛物质(如单宁)会引起味觉上的感受,而少量存在的酚醛物质(如乙烯基苯酚和丁香醛)常常具有芳香性。乙醇是个例外,虽然它主要引起口感上的感受,却也拥有柔和而独特的芳香。

挥发性是气味物质必备的特性,受到许多因素的影响。葡萄酒中不挥发的成分,如甘露蛋白会和一些重要的芳香物质结合从而降低其挥发性,这些芳香物质包括 β-紫罗兰酮、乙烷基己酸和辛醇;另外,这种结合也可能增强某些芳香物质的挥发性,如乙烷基辛酸和乙烷基癸酸(Lubbers *et al.*, 1994)。糖(Sorrentino *et al*, 1986)和酒精含量(Williams and Rosser, 1981)也可以影响香味物质的挥发。

酸类(Acids)

最重要的挥发性酸是醋酸,也是最普遍存在于葡萄酒中的挥发性酸。葡萄酒内也存在其他挥发性酸,如蚁酸、酪酸和丙酸,但它们的含量很低,很少超过阈值范围。这些酸都有较为显著的气味——醋酸有醋味,蚁酸有较强的刺激性味,丙酸具有脂肪味,丁酸是类似变质的黄油味;C_6～C_{10}酸具有山羊味。挥发性酸常常带来不良的气味,乙酸是个例外。乙酸可以在阈值范围内增加发酵香的复杂性，但是一旦高于阈值(300 mg/L)，它就成为葡萄酒的缺陷。

葡萄酒中主要的酸成分——酒石酸和苹果酸，是不挥发性酸。乳酸具有一种柔和的气味，但是不能被明显感知。这些酸也通过参与芳香脂的形成而间接地对葡萄酒的芳香特质起作用。

醇类(Alcohols)

乙醇柔和的芳香在上文中已经提到，然而大多数具有显著芳香性的醇类是高级醇类，它们在化学形式上与乙醇类似，通常含有3～6个碳链，如1-丙醇、2-甲基-1-丙醇(异丁醇)、2-甲基-1-丁醇和3-甲基-1-丁醇(异戊醇)。这些高级醇类都具有燃油味，但己醇则有青草味；酚醇类则具有玫瑰花香气，如2-苯基乙醇(苯乙醇)。

葡萄酒中大多数常见的高级醇都具有较强的刺激性气味。它们在低浓度(0.3 g/L或者更低)时能增强葡萄酒发酵香的复杂性。在较高浓度水平，它们对葡萄酒芳香性的贡献也随之增加。只有在蒸馏过程中出现的燃油味可以被接受，这个气味是在白兰地生产过程中酒度增加时产生的(对于白兰地、威士忌等蒸馏酒来说，杂醇类的气味可以增强其独特的芳香)。虽然大多数高级醇是酵母发酵的产物，但是贵腐菌可以产生一种对于葡萄酒非常重要的醇——蘑菇醇(1-辛基-3-醇)(Rapp and Güntert，1986)。

醛类和酮类(Aldehydes and ketones)

乙醛是葡萄酒中主要的醛类物质，几乎占葡萄酒醛类物质总量的90%以上。在阈值水平以上时，乙醛会产生不良气味，但与其他的氧化物相结合时，它就会增强雪莉酒或其他一些氧化酒的传统发酵香。糠醛和5-(羟甲基)-2-糠醛是另一类对葡萄酒感官有影响的醛类物质。在烤焙葡萄酒中它们的焦糖气味会非常明显。

酚醛类物质，如肉桂醛和香草醛，大量存在于用橡木桶陈酿的葡萄酒中。其他的一些酚醛类物质则来源较广，如苯甲醛。它的苦杏仁气味常常是葡萄酒品种的标志，如由佳美(*Gamay*)葡萄所酿的葡萄酒。

尽管对感官没有直接的影响，但是羟基丙醛(丙糖还原酮)只存在于贵腐葡萄酒中(Guillou *et al.*，1997)，并存在一个3-羟基-2-氧基丙醛和3-羟基-2-羟基-2-丙醛的变构平衡。还原酮，如羟基丙醛可以通过修饰(降低挥发损耗)作用来保护葡萄酒芳香物质。

发酵过程可以产生许多的酮类物质，但它们很少具有明显的感官特征。联乙醯(联乙酰或2,3-丁二酮)是个例外。在低浓度下，联乙醯会产生类似黄油、坚果或者烤面包的气味。但是一旦超过了感官阈值，联乙醯就会产生不良的气味。通常这种不良气味是由于苹果酸乳酸发酵过度造成的。

乙缩醛类(Acetals)

乙缩醛是由两个乙醇的羟基和一个乙醛发生反应后形成的。乙缩醛常常具有植物的气味，它们主要在氧化老熟和蒸馏的过程中形成，因此只存在于雪莉酒或者白兰地中。

酯类(Esters)

从葡萄酒中已经分离出了160多种酯类物质。其中大部分的酯类物质在葡萄酒中的含量极少,而且它们挥发性极弱或气味极淡,因此它们对于葡萄酒芳香的影响可以忽略不计。然而一些普通的酯类在葡萄酒中的含量则达到甚至超过了感受阈值。因为这些酯类中有一些具有水果味,所以它们是影响新酒香气的重要因素。

葡萄酒中较为重要的酯类物质,大多数是由乙醇和短链脂肪酸酯,醋酸和各种短链醇类物质,以及不挥发性酸和乙醇酯化而成的。葡萄酒中也存在其他方式结合而成的酯类物质,但是它们在多数情况下给人的感受不明显。

乙酸乙酯由乙醇和乙酸脱水而成,是葡萄酒中最重要的酯类物质。在高质量的葡萄酒中,它的浓度为50～100 mg/L。在较低的浓度水平(＜50 mg/L)下,它可以增加葡萄酒的复杂性。倘若浓度超过150 mg/L,乙酸乙酯则会产生类似于丙酮一样的不良气味(Amerine and Roessler, 1983)。

除了乙酸乙酯,主要的醇酯类是由高级醇酯化而来的,比如异戊醇和异丁醇。这些低分子质量的酯类物质常常被称作“水果”酯类,其原因是它们具有类似于水果的芳香味。如乙酸异戊酯(乙酸-3-甲基丁酯)有香蕉的香气,而乙酸苯甲酯有苹果的香气,它们对新酒的香气有相当大的影响(Vernin *et al.*,1986)。随着烃链的不断加长,这些化合物的气味会逐渐由水果味变成肥皂味,到C_{16}和C_{18}脂肪酸,就成了猪油味。某些酯类物质的存在,如乙酸己酯、辛酸乙酯,常常可以用来鉴别红葡萄酒的品质(Marais *et al.*,1979)。

葡萄酒中主要的不挥发性酸(酒石酸、苹果酸以及乳酸)构成的酯类物质是在陈酿老熟的过程中慢慢形成的。它们的气味很弱,因此基本上没有感官评价上的意义。但是如果是甲醇或乙醇与琥珀酸形成的酯类那就另当别论,因为这些酯类构成了圆叶葡萄品种酿制的葡萄酒香气的特征。

另外,葡萄果实中还有一些比较重要的酯类物质,如酚酯类物质中的甲基氨基苯甲酸酯,它构成了大多数美洲种葡萄(*Vitis Labrusca*)品种香。另外,9-羟基壬酸乙酯构成了贵腐葡萄酒与众不同的芳香特质(Masuda *et al.*,1984)。

硫氢化物及金属离子络合物(Hydrogen sulfide and organosulfur compounds)

硫化氢(H_2S)和含硫有机物在瓶装酒中含量极微量——所幸如此,否则它们将会带来令人恶心的气味。然而,它们的感受阈值通常很低(常常是万亿分之一),因此也常常给葡萄酒带来不良气味。

硫化氢是酵母硫代谢的产物。在新发酵的葡萄酒中,若硫化氢接近阈值水平,它会成为新酒酵母味的组成部分。如果超过阈值,则会产生臭鸡蛋气味。

葡萄酒中最简单的有机硫化物是硫醇类物质,其中最重要的是乙硫醇。在其阈值水平内它会产生腐烂的洋葱味、焦橡胶味。当超过阈值时,则会产生臭鼬味或粪便味。相关的一些硫醇,如2-巯基乙醇、甲硫醇和乙硫醇,分别会发出马厩味、腐烂卷心菜味和橡胶味等不良气味。乙酸2-巯基乙醇酯和乙酸3-巯基乙醇酯则会发出烤肉味,长相思(*Sauvignon blanc*)和赛美容(*Sémillon*)酿制的葡萄酒有时会有这样的气味(Lavigne *et al*,1998)。

光照会诱导瓶装葡萄酒合成有机硫化物。*goût de lumière* 香槟中，出现炒白菜和虾腥味的二甲基硫便是个典型的例子。

尽管大多数有机硫化物会产生难闻的气味，有一些还是可以构成葡萄酒的品种香气的。比如，4-氢硫基-4-甲基-2-戊醛和 3-氢硫基-1-己醇，分别可以产生柑橘味和柚子味。这两种物质都是长相思葡萄酒中非常重要的成分(Tominaga *et al.*，1998)，而且前者也是施艾博葡萄(*Scheurebe*)的重要香味成分(Guth，1997)。另外，4-氢硫基-4-甲基-2-戊酮和乙酸 3-氢硫基己酯也构成了葡萄酒的黄杨香气(Tominaga *et al.*，1996)。3-氢硫基-3-甲基-1-丁醇也是构成长相思葡萄酒烤葱味的重要成分。

烃类衍生物(Hydrocarbon derivatives)

一些烃类化合物的挥发性降解产物成为葡萄酒中比较重要的芳香成分，如 β-大马酮(产生类似花的香气)、α-和 β-紫罗兰酮(有紫罗兰的香气)、vitispirane(有桉树-樟脑味)。一些是由类胡萝卜素的水解产物衍生而来。

最为重要的烃类衍生物是非类异戊二烯、1，1，6-三甲基色氨酸-1，2-二氢萘(TDN)。经过几年的瓶装后熟，TDN 的浓度可以高达 40 μg/L(Rapp and Güntert，1986)。一旦高于 20 μg/L，TDN 会产生烟熏味、煤油味和长期装瓶的气味。

葡萄酒中出现的一种环烃类物质是苯乙烯。在塑料容器中储存或运输会产生这种物质，给葡萄酒带来缺陷污染(Hamatschek，1982)。其他的烃类化合物污染可能来自于甲基四氯化萘，有类似软木的不良味道(Dubois and Rigaud，1981)。

内酯及其他含氧杂环类(Lactones and other oxygen heterocycles)

内酯主要是由一些羧基基团和羟基基团发生内酯化反而形成的环酯类物质。内酯通常来自于葡萄并且很少对品种香有贡献。然而，2-乙烯基-2-甲基四氢呋喃-5-酮是个特例。雷司令(*Riesling*)和麝香(*Muscat*)葡萄的品种香就来源于此(Schreier and Drawert，1974)。由于加热可以促进内酯的形成，因此一些经过太阳暴晒的葡萄所拥有的葡萄干的香味常常就是内酯带来的，如 2-五亚乙基六氨酸-γ-内酯。龙舌兰酮(4，5-二甲基-四氢-2，3-呋喃二酮)构成了灰霉菌污染后葡萄酒的特征(Masuda *et al.*，1984)，雪莉酒也有此特征(Martin *et al.*，1992)。那是种类似坚果、甜甜的、燃烧后的气味。

葡萄酒中的内酯常常在发酵和陈酿过程中形成，但最常见的是从橡木中萃取的，其中最重要的是橡木内酯(β-甲基-γ-辛酮的异构体)。酵母也会合成少量内酯，产生类似橡木、椰子的气味。

在其他的杂环物质中，vitispirane 是最为重要的一种(Etiévant，1991)，在后熟过程中逐渐形成，其浓度可达到 20～100 μg/L。它的两种异构体气味不同，顺式异构体有菊花-水果香味，而反式异构体则具有更加浓郁的奇异水果香气。

萜烯类及其氧化衍生物(Terpenes and oxygenated derivatives)

萜烯类化合物通常具有花香、果香、种子、树叶、木头以及根茎的气味。从化学上讲，萜烯类物质由两个或多个碱性的五碳橡胶基质单元构成。与葡萄酒中其他众多芳香物质不同，萜烯类物质主要来自于葡萄果实(Strauss *et al.*，1986)。只有游离态的萜烯类化合物(不和糖结合)对葡萄酒的芳香有贡献。

萜烯类物质构成了一些重要葡萄品种的品种特征，最著名的是麝香(*Muscat*)和雷司令(*Riesling*)葡萄家族。其他品种也能产生萜烯类物质，但是并不足以影响这些品种的品种特性(Strauss *et al.*，1987)。

尽管发酵过程对萜烯类物质影响不大，但是葡萄被灰霉菌感染后这类物质的含量会降低或组成被改变。这样无疑会使大多数贵腐葡萄酒失去其葡萄品种特性(Bock *et al.*，1988)。

在后熟过程中，葡萄酒中的萜烯类物质的种类和比例会发生非常显著的变化(Rapp and Güntert，1986)。尽管糖苷键的断裂会造成萜烯化合物的含量上升，但由于氧化造成的损失则更为常见。这些氧化反应表现为大多数单萜烯类醇类被氧化成萜烯类氧化物。这些物质具有比其前体高大约 10 倍的感官阈值。另外，这些变化常常会影响气味品质。例如，类似麝香或者鸢尾的气味会逐渐被具有霉味和松柏味的 α-萜品醇所代替。其他的变化可能会改变葡萄酒中萜烯类物质的结构。一些萜烯类物质变成环状，形成内酯，如 2-乙烯基-2-甲基四氢呋喃-5-酮(来自芳樟醇的氧化)。其他萜烯类可能会转化成酮类(如 α-和 β-紫罗兰酮)，或 spiroethers(如 vitispirane)。

尽管大多数的萜烯类物质拥有悦人的气味，但是也有少数会产生不良气味。一个典型的例子是软木里的双地干酪青霉(*penicillium roquefortii*)所产生的具有霉味的倍半萜烯(Heimann *et al.*，1983)。软木里或者制桶的木头里的链霉菌(*Streptomyces*)能够合成泥土味的倍半萜烯。

酚醛类(Phenolics)

葡萄酒中来源于葡萄的最重要的挥发性酚醛类物质是甲氨基苯甲酸盐，这是大多数美洲种葡萄品种比较重要的芳香成分。另外一种重要的挥发性酚醛类物质是 2-苯基乙醇，可以产生类似玫瑰的香气，这种香气是美洲种葡萄的典型香气。

尽管一些酚醛类物质对于部分葡萄品种的芳香性有贡献，但大多数重要的酚醛类物质是在发酵过程中或者在橡木桶陈酿过程中产生的羟基苯乙烯酯类化合物。羟基苯乙烯酯类化合物同样可以被败坏性细菌代谢形成挥发性酚类。它们的衍生物，乙烯基酚类(4-乙烯基愈创木酚和 4-乙烯基苯酚)和乙烷基酚类(4-乙烷基苯酚和 4-乙烷基愈创木酚)分别可以产生辛辣味、药味、类似丁香味和烟熏味、酚味、动物味和类似马厩味等气味。当甲烷基酚类化合物的含量超过 400 μg/L，或者乙烯基酚类化合物的含量超过 725 μg/L，不良气味就会被感受到。另外一种类似丁香味的衍生物——丁子香酚，也存在于葡萄酒中。在正常浓度下，丁子香酚会增加葡萄酒的辛辣指数。愈创木酚的一种衍生物具有甜的烟熏气味，它是一些软木不良气味的来源。

一些挥发性酚酸和醛类物质来源于橡木桶。苯甲醛是这类物质中最主要的一种，它具有类似杏仁的气味。苯甲醛的存在，使得雪莉酒具有一种类似坚果的芳香。另一些重要的酚醛类物质，包括香草醛和紫丁香醛，都拥有类似香草的芳香，它们在木质素降解过程中形成。橡木桶制作过程中烘烤橡木条的过程是产生挥发性酚醛的另一个途径，主要产生糠醛和相关化合物。

吡嗪类及其他含氮杂环类(Pyrazines and other nitrogen heterocyclics)

吡嗪类物质是含氮环类化合物，存在于许多天然食物或者烤焙食物中，对其香味组成有重要影响。它们对于一些葡萄的品种香气有非常重要的作用。在赤霞珠(*Cabernet Sauvignon*)及其相关品种如长相思(*Sauvignon blanc*)和美乐(*Merlot*)葡萄中常常能感受到由2-甲氧基-3-异丁基吡嗪带来的青椒气味。在8～20 ng/L的浓度下，甲氧基丁基吡嗪会令人愉快，但是，超过了这个浓度会带来难以抗拒的单调青草味。葡萄酒还存在一些其他的吡嗪类物质，但是它们存在的浓度一般低于其检测阈值(Allen *et al.*，1996)。

嘧啶是另一类可以定期从葡萄酒中分离出来的芳香环状含氮化合物。迄今，它们给葡萄酒风味特征添加的特性仅限于类似老鼠味等不良气味。这种气味来源于2-乙酰基四水合嘧啶(Heresztyn，1986)。

三叉神经的感觉(Sensations from the trigeminal nerve)

不同于嗅觉受体的集中分布，三叉神经的自由神经末梢分散在整个鼻的上皮组织(除了嗅觉小片外)。这些神经末梢对大部分的辛辣刺激化合物感受浓度很低。浓度较高时，这些神经末梢可以感受到所有的气味物质分子。它们与嗅觉受体相比不容易受适应性的影响(Cain，1976)，因为它们能对普遍的化学物质产生响应，三叉神经感知被称为是普遍化学感知。

大多数刺激性化学物质由非特异性的巯基(—SH)或者与蛋白质的二硫键(—S—S—)结合而成(Cain，1985)。膜蛋白结构上的可逆变化会引起自由神经末梢的灼烧感，大多数刺激性化合物还会产生净正电荷。相反地，腐败的化合物则常常带有净负电荷(Amoore *et al.*，1964)。

人们发现，大多数芳香化合物能够刺激三叉神经纤维，神经受刺激之后会引起诸如刺痛、灼烧、针扎、酥麻以及清醒的感觉。挥发性化合物具有极强的疏水性，能够溶解在细胞膜脂中，改变细胞的渗透性而使神经有灼烧感(Cain，1985)。对自由神经末梢的刺激可以改变对气味的感知。例如，少量的二氧化硫会令人愉悦，但是如果浓度太高就会具有刺激性。类似地，硫化氢在较低浓度时具有酵母香以及果香(约1 μg/L；MacRostie，1974)，但是一旦浓度增加，腐烂的臭鸡蛋气味就会扑面而来。

犁鼻器(Vomeronasal organ)

犁鼻器由鼻孔附近的两个细管腔构成，这两个细管腔内排布着化学感应细胞(Moran *et al.*，1994)。它们可以响应鼻刺激物——如在动物社交过程中起重要作用的挥发性化合物。人类的这些构造已经退化，基本上没有什么作用了(Trotier *et al.*，2000)。因此，犁鼻器不大可能对葡萄酒的感知有影响。

气味的感受(Odor perception)

对气味物质感受的个体差异已被人们所知;目前人们意识到这种差异存在着广泛性(Pangborn,1981)。这种差异可以影响一个人识别、鉴赏和感受气味强弱的能力以及这些能力所引起的情感上的回应。

感知阈值被定义为某一物质刚好可以被感受到的浓度值。人类的嗅觉感受可以在超过10个数量级的范围内变化,如从乙烷的大约 2×10^{-2} mol/L 到硫醇的 $10^{-10}\sim10^{-12}$ mol/L。尽管是同一种化合物(图3.11),或类似的化合物,人的敏感度也表现出极大的差异。例如,三氯苯甲醚(TCA)和吡嗪的差别就在4和9个数量级上跨越(Seifert *et al.*,1970)。阈值也取决于溶解化合物的溶液。

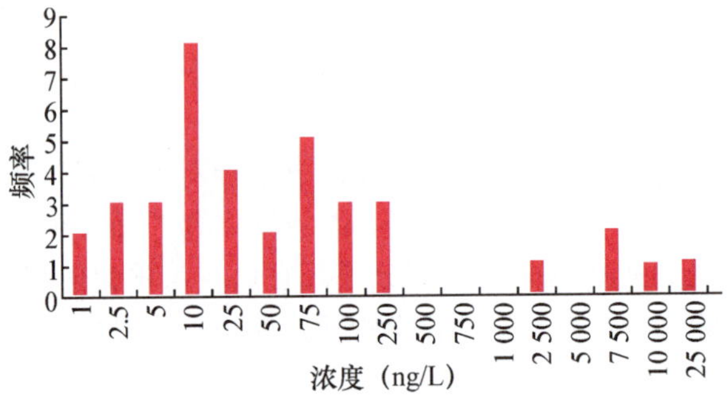

图3.11 个人对于长相思葡萄酒中2,4,6-三氯苯甲醚感知阈值的频率分布[资料来源:Suprenant and Butzke,1996]。

个体的感知阈值明显地高于常人的情况被称作嗅觉缺失症。嗅觉缺失症可以是广谱的,或者只针对小范围的相关化合物(Amoore,1977)。某一种特定的嗅觉缺失症在人群中发生的比例变化很大。例如,人类对异戊酸(汗味)的嗅觉缺失症例大约占总人口的3%,而47%的人具有对5α-16-甾-3-酮(尿味)的嗅觉缺失症。大多数专一性的嗅觉缺失症的遗传神经学特性还不为人知。

嗅觉过敏是指对低于正常感知阈值气味的敏感性,目前人们对其也知之甚少。一个最有趣的事件是发生在一个医科学生身上3周的经历,他突然能够通过气味来识别不同的人和事物(Sachs,1985)。人受到*L*-多巴(一种合成的神经传递素)处理可能会发生嗅觉过敏,患有抽动障碍综合症的人也可能会发生嗅觉过敏。

目前,限制人类嗅觉功能的原因还不清楚,这可能是人类的嗅觉上皮组织和嗅觉球体尺寸比较小所致。例如,犬的嗅觉上皮组织展开后的表面积可达到150 cm^2(包含大约2亿个感受细胞),而人类的嗅觉小片展开来只有大约5 cm^2(包含600万~1 000万个感受细胞)。人类和犬的嗅觉阈值比较结果表明犬的嗅觉阈值比人类的低100倍左右(Moulton *et al.*,1960)。这也部分说明了人类为什么不能分辨相似的气味。另外,也有证据表明人类编码嗅觉感受蛋白的基因数量有所减少(Sharon *et al.*,1999)。这可能是人类家庭成员数量逐步减少和人类群居生活习性演化过程中优胜劣汰的结果(Stoddart,1986)。嗅觉敏感性的下降,伴随着对家庭成员、领土以及性别的识别能力的下降,可以降低社交上的冲突。来自大脑更高级中心的反作用抑制也可以解释嗅觉敏感度的降低。

感知阈值还会受到其他挥发性化合物存在的影响。在阈值浓度下,这些化合物可能相互增强,从而降低其感受阈值。一些溶剂影响化合物的挥发性进而改变感受阈值。图 3.12 表明乙醇浓度与酯类挥发性间的关系,因为低酒精浓度下酯类的挥发性最强,因此高酒精度很大程度上限制了葡萄酒的余味和口感。从这一点来说,酒精浓度的降低可以提高酯类的挥发性。摇杯时,附着在杯壁上的酒精随之蒸发,也可以释放其他的香气物质。

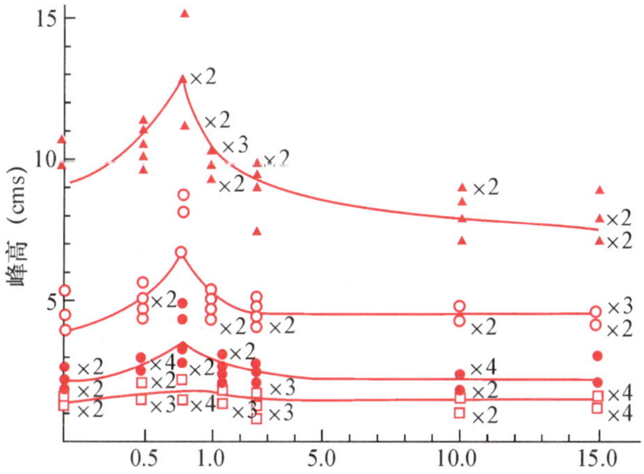

图 3.12　乙醇对于混合物中顶部空间的成分(测量每种成分的峰高)的影响。●,乙酸乙酯;○,丁酸乙酯;▲,3-甲基乙酸丁酯;□,2-甲基丁醇[资料来源:A. A. Williams and P. R. Rosser (1981). Aroma enhancing effect of ethanol. *Chem. Senses* 6,149−153]。

嗅觉阈值还包括另外两个——识别阈值和区分阈值。识别阈值是指一种芳香化合物能够准确地被鉴别出来的最小浓度值。识别阈值通常要高于检测阈值。区分阈值是指在感觉上可以区分出来的样品之间浓度的差异值。

一般认为人类对于准确地辨别气味有相当大的困难,尤其是在不借助于视觉或者相关辅助线索时(Engen,1987)。专业品评师以及香料师常被认为是具有超常鉴别能力的人。这很可能是真的,但证据往往仅限于奇闻轶事上,没有太大的参考价值。另外,不是只有消费者欠缺识别气味差异的这种能力。即使是葡萄酒酿造者们也常常在盲品时无法识别出他们自己酿的酒,连富有经验的葡萄酒品评师也会时常将葡萄酒的品种和产地弄混(Noble *et al.*,1984)。这也是可以理解的,即使同一地区、同一葡萄品种的葡萄酒差异也极大(图 3.13)。所以他们目前已达到的葡萄酒鉴赏成功率已经是很惊人的了。在加州戴维斯分校(CA,Davis)葡萄栽培与酿造学学院的一些有经验的品评师的成功率超过 40%(Winton *et al.*,1975)。如人们所期望的,大多数容易鉴别的葡萄酒香气特征较明显,如赤霞珠(*Cabernet sauvignon*)、小西拉(*Petit sirah*)、增芳德(*Zinfandel*)、麝香(*Muscat*)、玫瑰香(*Gewürztraminer*)和雷司令(*Riesling*)。Peynaud(1987)指出鉴别葡萄酒的产区比鉴别其品种来源要难得多。

气味物质的混合使得鉴别变得更加困难(Jinks and Laing,2001)。在多数气味回忆测试中,每个样品只含有单一的成分;如果是混合样品,任务仅仅是说出它的来源(如某个特殊的水果)。对于混合气味中单个成分的鉴别能力的研究很少。图 3.14 表明了这个工作的难度。训练和专家的意见只是起到帮助的作用,但鉴别成功率会随着成分的增加而迅速下降。因此,这就不难理解为什么多数人在鉴别葡萄酒芳香组成上都有困难,即使是对不良气味的辨别也是个很大的挑战(图 3.15)。

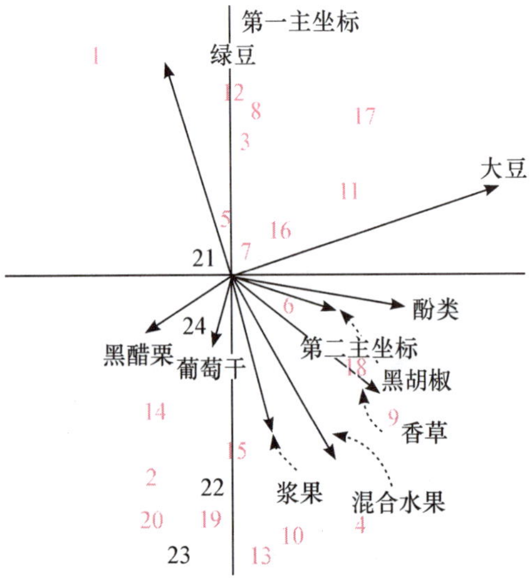

图 3.13　**基于 9 种芳香特征将 24 款波尔多葡萄酒的主要成分评分划分如图:1～5, St. Estèphe; 6～10, St. Julien; 11～55, Margaux; 16～20, St. Émilion; 21, 22, Haut Médoc; 23, Médoc; 24, Bordeaux。注意这些不同区域的葡萄酒在其感官特质上有显著的发散性**[资料来源:Williams *et al*.,1984]。

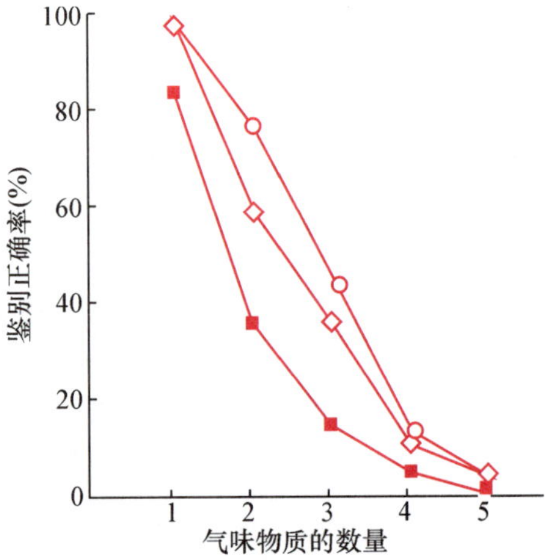

图 3.14　**将不同气味化学物质从单一到 5 种混合,对未经训练(■),经过训练(◇)和专业人士(○)3 个不同人群进行测试,鉴别正确率结果如图**[资料来源:Laing, D. G. (1995). Perception of Odor Mixtures. In:"Handbook of Olfaction and Gustation"(R. L. Doty, ed.), pp. 283－297. Marcel Dekker Inc., N. Y., courtesy of Marcel Dekker Inc]。

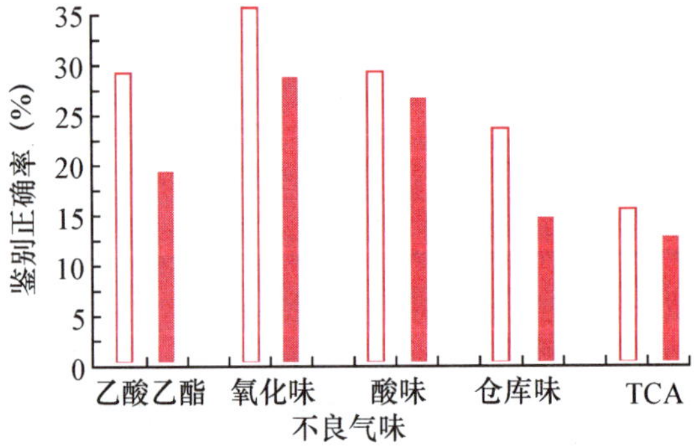

图 3.15　**不同葡萄酒中不良气味的感知情况:□,白葡萄酒;(■),红葡萄酒;乙酸乙酯(60 mg/L);氧化味(乙醛;67 mg/L);酸味(乙酸;0.5 g/L);仓库味(联乙醯,24 mg/L);TCA(2,4,6-三氯苯甲醚:15 μg/L)。数据来自于 42 个被测试主体。**

气味常常根据其来源(如花香、蔬菜味、烟味),或者相关的特别事件(如圣诞气息、春天的味道、某个地方的气息)来归类。所以,气味术语常常是具体的,涉及某个具体对象或者经历,而不是芳香感知本身——某一事件的意义越是重大,那么对于相关气味的记忆就会越深刻越持久。Engen(1987)提出这种记忆方式类似于幼儿对于词语的记忆方式。儿童将对象和事件通过功能归类,而不是通过概念。例如,一个帽子是某人用来戴的,而不是服饰中的一个配件。这就部分解释了为什么用不熟悉的术语(如其化学名称)来描述熟悉的气味是很困难的事情。准确描述气味的困难源自于语言的区域化和大脑不同半球对嗅觉的处理(Herz *et al.*,1999)。人类也很难把气味感受像视觉和听觉感受一样在脑子里具体化。口感上的或者是相关的线索可以帮助辨别(de Wijk and Cain,1994),但是它们会给品尝带来偏见并添加主观想法。暗示品种名会引导品尝者去识别品种香,即使它可能根本就不存在。暗示好比是用类似重组视觉线索后得到的相似的感觉来识别气味感受(Murphy,1995)。尽管提供口感、视觉或者相关的线索使得对多数气味的鉴别变得方便,但无需附加的线索只通过气味本身也能够容易识别(如烘烤或者煎炸的气味)。

来自于个人经历的气味术语比来自于别人的更容易被记住(Lehrner *et al.*,1999a)。对于葡萄酒品评师来说,不断地积累更多的气味词汇来精准描述他们的感受是很重要的(Gardiner *et al.*,1996;Herz and Engen,1996)。多数消费者使用的词汇更多描述的是他们对葡萄酒的情感体验而不是葡萄酒特点(Lehrer,1975;Dürr,1985)。

由于化合物还具有其他的品质,因此感知到气味的强弱常常有相当大的差异。一些化合物在感知阈值下就具有强烈的气味,如硫化氢和硫醇。在同类气味化合物之间检测的浓度差异变化也很大。例如,对于浓度增加 25 倍的 propanol,感受强度可能增加了 3 倍,而戊基丁酸若要在感知强度上增加 3 倍,其浓度要增加 100 倍(Cain,1978)。

嗅觉变化的来源(Sources of variation in olfactory perception)

在嗅觉敏锐度的测试中发现性别会带来一些微小的差异,通常情况下女性更为敏感,具有较强的气味鉴别能力(图 3.16)。对于气味类型的鉴别来说性别(或者经历)也同样会带来差异。通常女性识别花香和食物香味的能力要强于男性,而男性识别石油味的能力更强。另外,女性的嗅觉识别力在不断变化中,这可能跟周期性的荷尔蒙变化有关(Doty,1986)。

年龄同样会影响嗅觉敏锐度,这表现为检测阈值、识别阈值和区分阈值的升高(Stevens *et al.*,1984;Cowart,1989;Lehrner *et al.*,1999a)。对于气味的短暂性记忆也会有所下降(Lehrner *et al.*,1999b),这可能归因于升高的阈值和找回口感标志上有较大的困难。例如,从 20 岁到 70 岁人的鉴别能力下降大约 50%(Murphy,1995)。不过,在每个年龄段里的个体之间也存在着较大的差别(Doty *et al.*,1984)

感受神经元的再生能力下降可以解释许多与年龄相关的嗅觉缺失问题(Doty and Snow,1988)。而嗅觉球体与脑嗅觉表皮联系的神经性衰退可能是个更加重要的因素。大

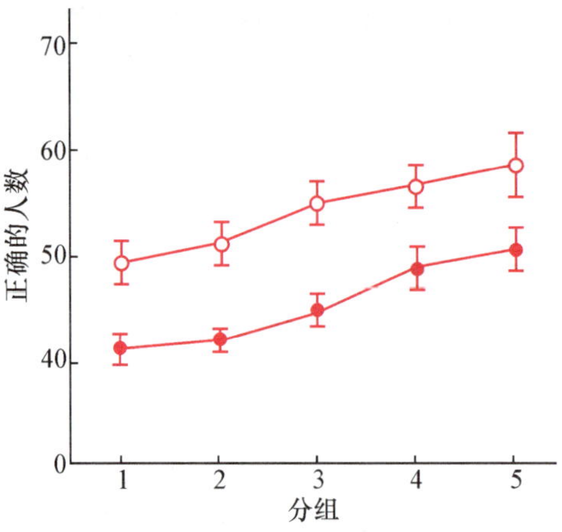

图 3.16 **整个课程的五组人中男(●)女(○)正确鉴别气味的平均人数(标准误差为±1)**[资料来源:Cain,W. S.(1982). Odor identification by males and females: Predictions and performance. *Chem. Senses* **7**,129－141. Reproduced by permission of Oxford University Press]。

脑的嗅觉区域常常较其他部分更早退化(Schiffman *et al.*,1979),这就解释了为什么嗅觉常常是与年龄相关的化学感受缺失的第一个。另外,很明显认知能力随着年龄在下降。在记忆力上表现得更加明显,如对气味名称的学习(Davis,1977;Cain *et al.*,1995)。尽管对于葡萄酒的鉴赏能力可能随着年龄下降,但经验和精力集中可以补偿感觉上的缺失。

鼻腔和鼻窦炎症能够加速这种退化,造成长期的嗅觉敏锐感的缺失。短期影响可能是分泌腺分泌黏液增多所致。炎症会阻碍空气进入到嗅觉部位(图 3.17)并扩散到感受神经元。图 3.18 和图 3.19 说明了后鼻腔对于嗅觉具有多么重要的意义。

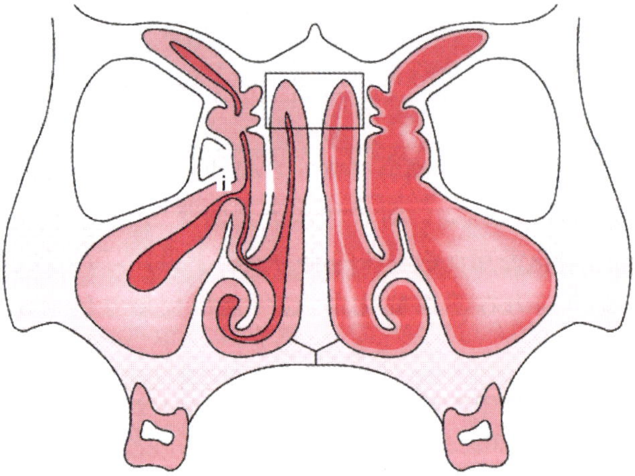

图 3.17 **鼻腔和鼻窦(冠状)示意图。左侧是典型的慢性鼻炎,表示空气由于鼻息肉拥塞而被阻碍,不能抵达嗅觉上皮组织。右侧表示空气流可正常通过**[资料来源:Smith,D. V.,and Duncan,H. J.(1992) Primary olfactory disorders: Anosmia, hyperosmia, and dysosmia. *In*:"Science of olfaction."(M. J. Serby and K. L. Chobor, eds.) pp. 439－466. Copyright Springer-Verlag]。

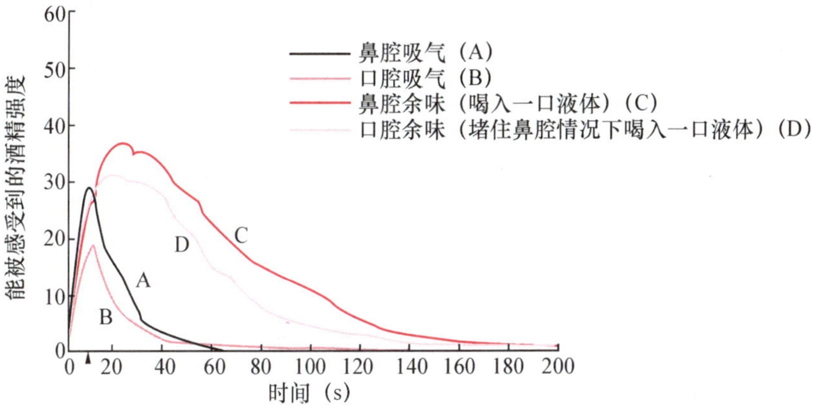

图 3.18 **鼻腔吸气(A)、口腔吸气(B)、鼻腔余味(喝入一口液体)(C)和口腔余味(堵住鼻腔情况下喝入一口液体)(D)这 4 种闻法对 10%乙醇感受到的平均时间-强度曲线**[资料来源:Lee,1989]。

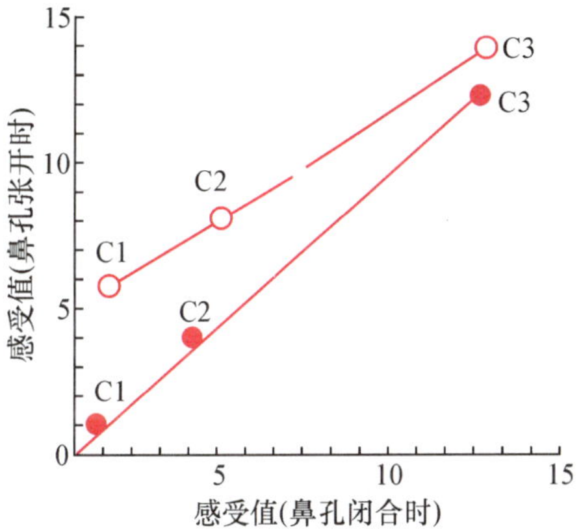

图 3.19 **体积分数为 3.7×10^{-2}%的丁酸乙酯存在(○)或者不存在(●)的情况下鼻孔张开或者闭合所能感受的钠糖精的甜味强度($C1, 7.20\times10^{-4}$ m;$C2, 1.68\times10^{-4}$ m;$C3, 3.95\times10^{-4}$ m)**[资料来源:Murphy *et al.*,1977]。

嗅觉能力的下降可能与一些重要疾病有关,如小儿麻痹、脑膜炎以及骨髓炎。嗅觉神经的破坏会导致嗅觉的彻底丧失。另外,一些遗传性疾病会引起非显著特征的嗅觉缺失症,如 Kallmann 综合症。一些医疗处理和药物也会影响嗅觉(Schiffman,1983),如可卡因会破坏嗅觉上皮组织。

一般认为饥饿可以提高嗅觉的敏锐度,饱腹感则会使其下降,这是个可逆的过程。关于饥饿和干渴均使嗅觉球体和大脑皮层的普通活跃度有所增加的研究报道(Freeman,1991)支持了这一观点。

吸烟会导致短期以及长期的嗅觉能力受损害(图 3.20)。因此,在品酒室里是不允许吸烟的。然而,吸烟并不能阻碍一些人成为优秀的葡萄酒酿造者和酒窖管理师。

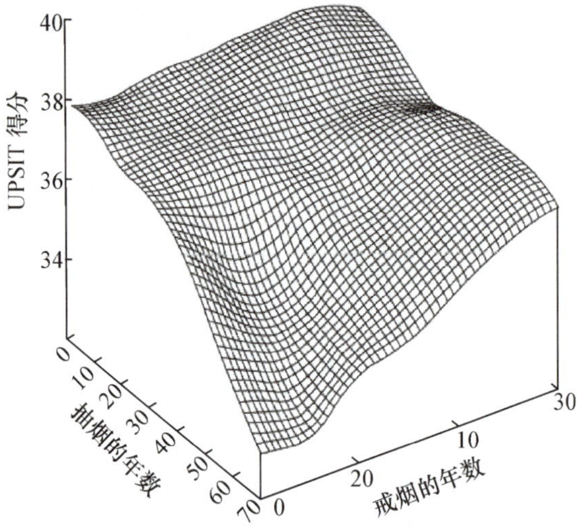

图 3.20 **抽烟累积剂量以及戒烟后持续的年数对个体的影响。个别数据适合于得自表面测绘图的长远而有效的最小平方衰退的测算。尽管少量证据说明抽烟剂量超过了70 年,但是吸烟年数的刻度受到表面图清晰度的限制。UPSIT,宾夕法尼亚州立大学嗅觉鉴别测试**[资料来源:Frye,R. E. ,Schwartz,B. S. ,and Doty,R. L. (1990). Dose-related effects of cigarette smoking of olfactory function. *J. Am. Med. Assoc.* 263:1233－1236. Copyrighted(1990)*American Medical Association*]。

另一个改变嗅觉感知度的原因是嗅觉适应(图 3.21)。它是嗅觉受体受刺激暂时性丢失、大脑感知暂时下降或两者一起作用的结果(Zufall and Leinders-Zufall,2000)。一般来说,气味越浓烈,嗅觉适应持续的时间也就越长。

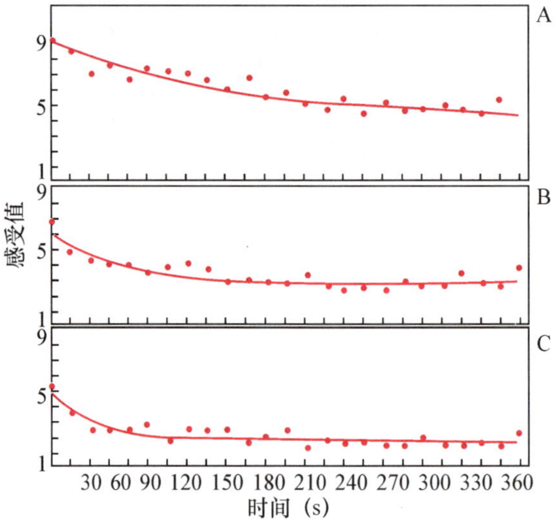

图 3.21 **对于浓度分别为(A)18.6 mg/L,(B)2.7 mg/L 和(C)0.8 mg/L 的 *n*-乙酸丁酯的嗅觉适应感受值**[资料来源:Cain,1974]。

由于嗅觉适应发生得很快(通常几秒之内),因此对于葡萄酒芳香性的感受变化也很快。葡萄酒品评者常常被建议缩短闻葡萄酒的时间。正常的嗅觉敏锐性通常要 0.5～1 min 来恢复。嗅觉恢复的曲线通常和嗅觉适应的反转曲线相似(Ekman *et al.*,1967)。不过,对于芳香复杂的葡萄酒来说,如古老的波特酒(Ports),闻得时间长一些反而更好。逐渐的嗅觉适应能够持续不断地感受到葡萄酒不同的芳香组成。气味物质混合物的嗅觉适应研究中的一项研究支持了这一观点(de Wijk,1989)。

淡薄的气味混合物对于降低感觉阈值的相加效应已引起人们的注意。在这种情况下,这些气味化合物必须是不同类的(图 3.10)。在葡萄酒中这是相当重要的,因为有太多的化合物低于它们被期望的检测阈值。同样重要却很少被觉察到的是气味的掩盖作用(因为一种气味物质的存在而对另一种气味物质的感受下降),以及交叉嗅觉适应(因为提前感受一种气味物质而对另种一气味物质的感受下降)。目前尚不清楚这些现象能否说明气味成分的数量增加(如图 3.14)会导致气味鉴别力的迅速下降。

对于嗅觉好恶的原因我们还知之甚少。不过,阈值的强度似乎并不是最为重要的原因(Trant and Pangborn,1983)。嗅觉好恶在 6～12 岁趋于形成(Garb and Stunkard,1974),而当人的年龄变大,则会有非常显著的好恶变化(Moncreiff,1967)。随着年龄的增加对于葡萄酒的偏爱也有显著变化(Williams *et al.*,1982)。然而,这些变化可能更多地与经验有关而并非仅仅归因于年龄本身。

尽管环境条件明显地影响人们对气味(和葡萄酒)作出享受方面的响应,遗传上的差异也不容忽视。例如,根据对雄甾酮的不同响应,一般可以把人分成 3 类:第一类人群在低浓度雄甾酮存在下就能感受到,并感到极其难闻(类似尿骚味);第二类人群对雄甾酮不是很敏感,常常认为那是种檀香的气味;而第三类人群则根本感受不到雄甾酮,所以没有任何反应。双胞胎研究也提出了感知上遗传因素的作用,同卵双生表现出来的是相似的感知响应,而异卵双生在感知上则常常是不同的。荷尔蒙(或者遗传学上的)因素的影响也常常表现在女性中可感知雄甾酮的人数比例高过男性。

心理因素对气味识别也有很大的影响。学术上的威望以及葡萄酒的来源都会使个人产生偏见。来自于品酒师,特别是那些业界有威望的品酒师的意见,常常会对其他人的观点产生严重的影响。如果这些心理上的影响能够增强对葡萄酒的正确评价,固然是件好事。然而,对于葡萄酒品评来讲,它们没有任何帮助。

葡萄酒品尝中的气味评估(Odor assessment in vine tasting)

葡萄酒芳香性的评估是葡萄酒品尝中最难也是最需鉴别力的。对于葡萄酒品评来说,嗅觉感知上变化极大,也非常复杂。不同品种、不同风格以及不同陈酿方式的葡萄酒具有各自独特的芳香性。这个特点体现在品评表和评分卡中,芳香性评价那一栏总是被密密麻麻的风味术语填满,也正是芳香性赋予了葡萄酒对消费者和市场最主要的吸引力。

在葡萄酒品尝中,人们首先对葡萄酒的香气中正面的、令人愉悦的方面感兴趣。遗憾的是很少能给予他人提供信息方面更有意义的描述品种、区域或风格等特征的术语。

图 1.3提供了一系列描述葡萄酒的术语。只可惜那些样品都很难准备、保存以及标准化。就算是纯的化学物质也会包含影响气味品质的杂质。专业闻香用的嗅觉条算是比较理想和有效的,但是很难购买到。多数情况下,对于区分特殊类型的葡萄酒来说只有少量的形容词派得上用场(Lawless, 1984)。

葡萄酒的芳香性通常可以细分为两类:果香和酒香,它们是按照来源的不同划分的。果香是指气味物质或者其前体来自于葡萄。尽管果香常常来自那些赋予葡萄品种独特香味的化合物所散发出的气味,但是它也包括那些由于葡萄经暴晒、过熟、风干或者染病而产生的气味物质。目前,没有证据支持那些公认的葡萄来自泥土的特殊风味。一些术语诸如燧石味(*flinty*)和乡土味道(*goût de terroir*)可能有其意义,但是它们并非仅与碎石或泥土的特征有关,而是指反映了该葡萄酒产区的小环境和气候等综合特点。

另一类型香——酒香,是指在发酵、工艺以及老熟过程中产生的香气。发酵酒香包括来自于酵母(酒精发酵)或者细菌(苹果酸乳酸发酵)所产生的香气。工艺酒香是指来源于加工工艺的香气;例如,白兰地的添加(波特酒)、焙烤(马德拉酒)、勾兑(雪莉酒)、酵母自溶(气泡葡萄酒)、橡木桶陈酿以及带酒泥陈酿等操作产生的香气。陈酿香指的是葡萄酒在酒瓶中老熟而产生的芳香气味。

尽管葡萄酒芳香性被细分成果香和酒香已经很普遍,但是依然很难被精确描述。来自葡萄、酵母或细菌代谢,或者来自非生物性的化学反应的气味常常是相似的甚至相同的。另外,也只有经过长期的经验积累才能真正地区分什么是果香,什么是酒香。

不良气味(Off-odors)

在对葡萄酒品质缺乏明确定义的情况下,对葡萄酒不良气味的化学特征知道的比其优质特征多不足为奇。这部分简要概括了葡萄酒中较为重要的不良气味特征。附录 5.3 给出了如何准备劣质葡萄酒样品以达到训练目的的方法。

快速准确地鉴定出不良气味对于葡萄酒酿造者和葡萄酒商来说都很有帮助。对于葡萄酒酿造者来说,早期的矫正措施常常可以在葡萄酒缺陷变得严重或者是无可挽回前就解决问题。而对于葡萄酒商来说,避免劣质葡萄酒所带来的损失可以争取更大的利润空间。消费者也应该了解更多的有关劣质葡萄酒的信息,拒绝真正的缺陷。尽管如此,不熟悉的香气、酒石酸晶体析出或干燥感(常常是对酸味的不正确描述)等并不算是真正的缺陷。

造成葡萄酒缺陷存在的原因还没有明确定论,因为人类的感受太容易变化。然而,香气缺陷确实破坏(掩盖)了葡萄酒的芳香性,造成缺陷的化合物常常在其感知阈值附近是令人愉悦的,在该浓度下,这些化合物还可能增加优质葡萄酒的复杂性。另外,当谈到芳香的复杂性时,它们还可能是这些葡萄酒中的要素之一。雪莉酒的氧化味酒香和波特酒的杂醇味就是最好的例子。另外,不良气味中的马厩味也许恰好是某些葡萄酒所拥有的乡土味道(*goût de terroir*)的特质。最后要指出的是,优劣与否还要看个人喜好,如拥有浓郁的橡木味对一些人来讲也许是有缺陷的葡萄酒,但是对另一些人来讲或许是酒中的极品。

氧化味(Oxidation)

目前在商业化的佐餐酒中,比较明显的氧化味是相当少见的。氧化反应产生平淡的乙醛气味,在白葡萄酒中伴随着颜色的加深,红葡萄酒则会转为砖色或棕色。瓶装酒中,氧化的原因可能是变质的软木塞或者葡萄酒贮存不当。快速的温度变化也会使软木塞缩胀变化剧烈导致漏气,使得氧气接触到葡萄酒。然而,造成瓶装葡萄酒过度氧化的主要原因是酒瓶的竖直放置,软木塞因干燥收缩使空气能顺畅进入瓶中导致葡萄酒氧化。不过,即使使用了正确的储存方式,多数白葡萄酒还是会在装瓶后的4～5年开始出现氧化。而放在包装盒内的葡萄酒常常1年之内就被氧化了,其原因可能是由于有缺陷的瓶嘴设计使得空气缓缓地渗入盒中。

在开瓶后的几小时之内葡萄酒中存在温和的氧化反应,在瓶装葡萄酒中出现同样的现象,被称为“酒瓶病”。这种氧化反应常常会持续几周,氧气流入后产生的乙醛又会和葡萄酒中其他的成分起反应,比如类黄酮和硫化氢。当乙醛含量降到它的感知阈值以下时,葡萄酒就不会继续氧化。

乙酸乙酯味(Ethyl acetate)

与过去相比,由乙酸乙酯造成葡萄酒败坏的情况已经很少见了(Sudraud,1978)。乙酸乙酯浓度低于50 mg/L时会给葡萄酒增添香气。超过150 mg/L时,会产生类似丙酮的不良气味。阈值随着葡萄酒的类型和芳香性强弱而变化。腐败细菌是产生乙酸乙酯不良气味的最常见的原因。

乙酸味(Acetic acid)

由于醋酸菌的作用,乙酸的积累很容易达到可检测水平。乙酸的检测和感知阈值比乙酸乙酯高100倍。有酸味的葡萄酒常常呈较高的酸性,并伴随着刺激性的气味,这气味主要是乙酸和乙酸乙酯共同作用的结果。乙酸乙酯由乙酸和乙醇进行非生物性的酯化反应而不断积累。葡萄酒中允许的乙酸浓度不得超过0.7 g/L。

硫味(Sulfur odor)

在葡萄酒发酵和成熟过程中,二氧化硫通常会增加一个以上的百分点。葡萄酒酵母也会产生二氧化硫。不过,降低用量就可以避免使得二氧化硫达到产生刺激性类似烧火柴气味的浓度。即使其超过了阈值水平,在葡萄酒摇杯过程中,二氧化硫的气味通常也会快速消散。

还原性硫化物的气味(Reduced sulfur odors)

在葡萄酒生产和成熟过程的各个阶段都会产生硫化氢和一些还原性有机硫化物。适当的通风可以使得硫化氢带来的腐臭味消散,但是并不能除去有机硫化物带来的不良气味。硫醇带来的不良气味可以让人联想到大田里的肥料味或者腐烂的洋葱味,而二硫化物会产生出煮熟的卷心菜或者虾腥味。一些化合物诸如2-巯基乙醇和4-甲基丁醇,分别会产生浓郁的马厩味和葱蒜味。这些化合物可能来自于腐败细菌,但更多的是在酒糟中非生物原因造成的高还原性条件下形成的。

光照后的不良气味(Light struck)

光照后的不良气味(*goûde lumière*)是指葡萄酒暴露于光照下产生的还原性硫化物的气味。在香槟酒中,这种气味主要由二甲基硫化物、甲硫醇和二甲基二硫醚组合在一起形成的。这种不良气味也仅仅是葡萄酒暴露于光照下产生的众多不良气味之一。

天竺葵的气味(Geranium)

过去,作为葡萄酒防腐剂的一些吸附物质在葡萄酒中残留常常会导致类似天竺葵的气味。一些乳酸菌可以将这些吸附物质代谢生成 2-乙氧基-3,5-二烯己糖。这种物质具有强烈的不良气味。为避免这一不良后果,现在已经不再使用这些吸附物质作为葡萄酒的防腐剂。

杂醇味(Fusel)

在发酵过程当中,酵母产生的高级醇(杂醇)的量很有限。如果它们的浓度接近其感受阈值,则会增加葡萄酒芳香性的复杂程度。如果这些醇类的浓度超过 300 mg/L,它们就会成为负面的品质因子。不过,对于波特酒来说,杂醇指数则是一种特性指标,被人们所期待。它是在生产葡萄蒸馏酒(用于加强波特酒)过程中由高级醇的浓缩产生的。

黄油味(Buttery)

葡萄酒中常常会有较低浓度的联乙醯出现,这种物质是酵母和细菌代谢的结果。这种物质也是橡木桶陈酿过程中的氧化副产物。尽管它味似黄油,但是在高于其感受阈值的浓度下联乙醯是一种负面品质因子。对于一些人(包括笔者本身)来讲,联乙醯的存在使葡萄酒有一股碾碎的蚯蚓(腐败的血色素)的气味。

霉味(Corky /moldy)

很多化合物都可以产生葡萄酒中的霉味。最常见的是 2,4,6-三氯苯甲醚(2,4,6-TCA)。通常这种物质的产生是基于以下原因:为了避免软木塞或其内部生长真菌,而在软木树上施用 PCP(一种含五氯苯酚的灭真菌剂)或者用氯对瓶塞进行漂白。在万亿分之几的浓度下,这种物质就可以产生明显的霉腐、氯酚的气味。软木中存在的另一些不良气味是由一些丝状细菌(如链霉菌)产生倍半萜烯后形成的。还有些软木霉味是一些真菌诸如青霉菌和曲霉菌产生愈创木酚后的结果。尽管大多数霉味主要来自于软木,但橡木也可以产生类似的不良气味。

烘烤味(Baked)

加烈葡萄酒,如马德拉酒(Madeira),会被特意地加热超过 45 ℃。在这种情况下,葡萄酒会出现比较明显的被烘烤过的焦糖味。尽管在一些葡萄酒(如马德拉酒)中烘烤味属于品质上的特征,也被人们所期望,但是这种气味对于佐餐酒来讲就是负面特征了。对于佐餐葡萄酒，烘烤味常常意味着在运输和贮藏的时候环境温度过高。35 ℃温度下，葡萄酒在几周内就会产生烘烤味。

植物味(Vegetative odors)

葡萄酒中有时还会闻到一些草腥味。大家最熟悉的青草味与“叶”(C_6)醛类和醇类的存在有关。一些吡嗪类物质也会导致这种不良的气味出现。质量不高的赤霞珠(*Cabernet Sauvignon*)和长相思(*Sauvignon blanc*)葡萄酒中这种气味比较明显。

老鼠味(Mousy)

一些乳酸菌和贵腐菌菌种会产生老鼠味，这是由一些四氢嘧啶类物质造成。

非典型的老熟味(Atypical aging flavor)

这种不良气味类似萘发出的味道，来自于葡萄酒中氨基乙酰苯的合成，它是一种色氨酸的降解产物或其副产物 IAA。这种物质的合成可能与不合时宜季节性生长条件有关，而非微生物的活动所致。

另外的一些可以感受到的不良气味还包括葡萄干味(葡萄原料经过太阳晒干)、烧煮味(发酵期间葡萄酒温度过高)、茎秆味(发酵过程中混入了葡萄梗)以及油脂味(被氧化的红葡萄陈酒)。不良气味尚未鉴定或不知其来源的还有橡胶味、杂草味和泥土味。

品种香的化学特质(Chemical nature of varietal aromas)

显著的品种香是一款葡萄酒最为重要品质特征之一。遗憾的是，典型的芳香特征因不同的无性繁殖系、气候环境(图 3.22)、葡萄栽培条件以及葡萄酒酿造者酿造技术的不同而表现得很不一致。

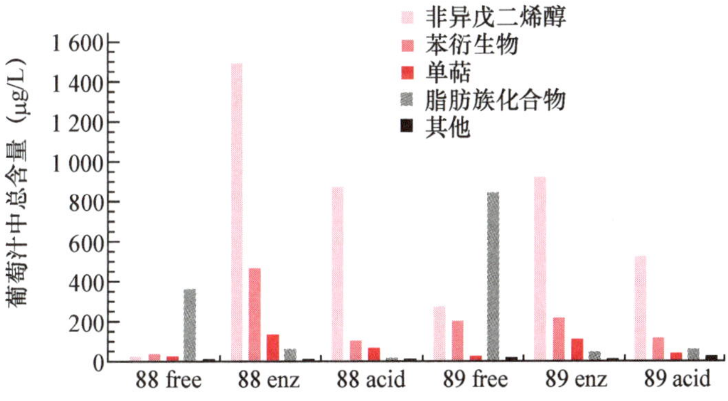

图 3.22 来自 1988 年和 1989 年的霞多丽葡萄汁中的 5 种挥发性物质的浓度。分别在游离态(free)，以及因糖苷酶解(enz)和酸解(acid)所得前体的形式存在情况下进行检测[资料来源：Sefton *et al*.，1993]。

对于一些栽培变种来说，其芳香特质就是这一变种最基本的品种香(表 7.1 和表 7.2)，而且有时可能就只涉及一种香气成分的存在。而对于另一些栽培变种来说，品种香则是由几种挥发性物质组合而成。大多数情况下，某一种或某一类的化合物并没有特殊意义。这可能因为不存在某种特定的化合物，或者我们还没有发现这种物质。

确定一种品种香的化学特点是非常困难的。既不能因为现代提取技术的需要而改变这些物质的存在形式，又需要它们存在的浓度足以达到分离和鉴别所需要的阈值。当这些物质以挥发性的状态存在于新鲜葡萄和葡萄酒中时，分离相对比较容易。然而，在葡萄中这些物质常常是以不挥发的结合态形式存在的。只有在压榨、酵母活动或者陈酿过程中这些物质才会被释放出来。

即使使用目前最先进的分析仪器，一些特殊的芳香物质的检测仍然是十分困难的(如当乙醛与二氧化硫相结合时)。而当一些物质不稳定或者是痕量存在时，那就更加困难了。

为了方便比较，挥发性成分常常被分成 3 类：作用显著、起一定作用或无显著作用。作用显著的物质常常带来特殊的通常是品种性的芳香。起一定作用的物质会增加葡萄酒的复杂性，但是它们不能代表品种的独特性。如高级醇的乙酸酯类构成了大多数白葡萄新酒的果香(Ferreira *et al.*，1995)。无显著作用的物质涵盖了葡萄酒挥发性成分中的大多数成分，它们含量较低而不足以影响葡萄酒的果香和酒香。

大多数葡萄品种不具有品种香，或者它们的品种香还不为人所知。因为目前人们对于葡萄各个品种是否具有显著的品种香的研究还太少。例如，若不是黑比诺葡萄已是众所周知的酿造品种，估计种植者和酿造者也不会花时间和精力去生产具有该品种香潜质的葡萄酒。不过，在越来越多的葡萄品种中发现了作用显著物质的存在，以下是一些已经知道的葡萄品种的概要。

一些美洲种葡萄(*V. labrusca*)品种有狐狸味，对于这种气味的来源不同的人有不同的报道：3-氢硫基丙酸乙酯(Kolor，1983)、N-甘氨酸(N-氢氧基-N-甲基-γ-氨基丁醇)(Boison and Tomlinson，1988)或者是 2-氨基乙酰苯(Acree *et al.*，1990)。另一些美洲种品种则具有草莓味，发出这种气味的物质可能是呋喃(2，5-二甲基-4-氢氧基-2，3-二氢-3-呋喃)及其含甲氧基衍生物(Schreier and Paroschy，1981)，或者是甲氨基苯甲酸酯和 β-大马酮(Acree *et al.*，1981)。

一些赤霞珠(*Cabernet Sauvignon*)(Boison and Tomlinson，1990)和长相思(*Sauvignon blanc*)(Lacey *et al.*，1991)葡萄酒拥有的甜椒气味主要来自 2-甲氧基-3-异丁基吡嗪。异丙基和二位丁基甲氧基吡嗪也存在于长相思葡萄酒中，但是含量较低。赤霞珠葡萄酒中显著的黑醋栗气味的来源尚未可知。一些硫醇很可能是美乐(*Merlot*)和赤霞珠葡萄酒品种香的来源(Bouchilloux *et al.*，1998)。

琼瑶浆(*Gewürztraminer*)葡萄酒的辛辣香料味很可能来自 4-乙烯基愈创木酚、一些萜烯类物质(Versini，1985)、顺式玫瑰氧化物以及一些内酯和酯类(Guth，1997；Ong and Acree，1999)。有意思的是，同样的物质赋予荔枝香气，使得琼瑶浆葡萄酒具有荔枝香气。

大多数还原性有机硫化物会带来难闻的气味。然而，少数这类物质是重要的构成品种香的显著作用物质。例如，鸽笼白(*Colombard*)葡萄酒的芳香性就是由硫醇所组成的(4-甲基-4-戊-2-酮)(du Plessis and Augustyn，1981)。与品种香相关的典型硫醇类物质还有 4-巯基-4-甲基戊-2-酮、3-巯基乙酸己酯、4-巯基-4-甲基戊-2-醇以及3-巯基己-2-醇。它们存在于长相思葡萄酒中(Darriet *et al.*,1995;Tominaga *et al.*,1998)。前两种会发出雷黄杨的气味,而后两种则分别发出柑橘-柚子气味和西番莲-柚子气味。4-巯基-4-甲基戊-2-酮同样也是构成施艾博葡萄(*Scheurebe*)芳香特质的重要香气物质(Guth,1997)。

麝香(*Muscat*)品种因含有的单萜醇类物质形成其品种香而著名。类似的单萜醇类物质在雷司令(*Riesling*)和相关品种中也非常重要,只是含量相对较低。这些物质的相对和绝对含量及它们各自的感受阈值将不同的葡萄品种分门别类。

另外,发酵副产物也能构成显著的品种香,如2-苯基乙醇是圆叶葡萄酿造的葡萄酒中非常重要的显著作用物质(Lamikanra *et al.*,1996)。品乐塔吉(*Pinotage*)葡萄酒中的典型风味物质——乙酸异戊酯,来自于酵母活动的副产物(van Wyk *et al.*,1979)。

一些著名的、品种香显著的葡萄品种,如霞多丽(Le Fur *et al.*,1996)和黑比诺(Brander *et al.*,1980)并不产生典型的显著作用物质。许多品种的品种香独特性取决于数量上的而非品质上的芳香性差异(Le Fur *et al.*,1996;Ferreira *et al.*,1998)。这些独特性可能来自于原料葡萄本身、酵母的新陈代谢或成熟过程中产生的物质。另外,橡木拥有的一些成分类似于葡萄风味,这也就解释了为什么橡木桶陈酿能增强一些葡萄酒的品种香(Sefton *et al.*,1993)。

阅读建议

Alex,R. (1995). The molecular logic of smell. *Sci. Am* **273**(4),154-159.

Beauchamp,G. K.,and Bartoshuk,L. (1997). "Tasting and Smelling." Academic Press, San Diego,CA.

Buck,L. B. (1995). Information coding in the vertebrate olfactory system. *Annu. Rev. Neurosci.* **19**,517-544.

Doty,R. L. (ed.)(1995). "Handbook of Olfaction and Gustation." Marcel Dekker,New York.

Engen,T. (1987)Remembering odors and their names. *Am. Scientist* **75**,497-503.

Gilbert,A. N.,and Kare,M. R. (1991). A consideration of some psychological and physiological mechanisms of odour perception. *In*"Perfumes:Art,Science and Technology"(P. M. Müller and D. Lamparsky,eds.),pp. 127-149. Elsevier Applied Science,London.

Laing,D. G. (1986). Optimum perception of odours by humans. *In*"Proceedings of the 7th World Clean Air Congress" Vol. 4,pp. 110-117. Clear Air Society of Australia and New Zealand,Sydney,Australia. Suggested reading 69.

Mialon,V. S.,and Ebeler,S. E. (1997). Time-intensity measurement of matrix effects on retronasal aroma perception. *J. Sens. Stud.* **12**,303-316.

Murphy,C. (1995). Age-associated differences in memory for odors. *In*"Memory of Odors"(F. R. Schab and R. G. Crowder,eds.)pp. 109-131. Lawrence Erlbaum,Mahwah,NJ.

Ohloff,G.,Winter,B.,and Fehr,C. (1991). Chemical classification and structure—Odour relationships. *In*"Perfumes,Art,Science and Technology"(P. M. Müller and D. Lamparsky, eds.), pp. 287-330. Elsevier Applied Science, London.

Schab, F. R., and Crowder, R. G. (1995). "Memory of Odors." Lawrence Erlbaum, New York.

Shirley, S. G. (1992). Olfaction. *Intl. Rev. Neurobiol.* **34**, 1-53.

参考文献

Acree, T. E., Braell, P. A., and Butts, R. M(1981). The presence of damascenone in cultivars of *Vitis vinifera* (Linnaesus), *rotundifilia* (Michaux), and *labruscana* (Bailey). *J. Agric. Food Chem.* **29**, 688-690.

Acree, T. E., Lavin, E. H., Nishida, R., and Watanabe, S. (1990). *o*-Aminoacetophenone, the "foxy" smelling component of Labruscana grapes. *In*, "Wöhrmann Symposium", pp. 49-52. Wödenswil, Switzerland.

Allen, M. S., Lacey, M. J., and Boyd, S. J. (1996). Methoxypyrazines: New insights into their biosynthesis and occurrence. "Proc. 4th Int. Symp. Cool Climate Vitic. Enol., Rochester, NY, July 16-20, 1996" (T. Henick-Kling, T. E. Wolf, and E. M. Harkness, eds.), pp. V-36-39. NY State Agricultural Experimental Station, Geneva, New York.

Amerine, M. A., and Roessler, E. B. (1983). "Wines, Their Sensory Evaluation." 2nd ed., Freeman, San Francisco, CA.

Amoore, J. E. (1977). Specific anosmia and the concept of primary odors. *Chem. Senses Flavours* **2**, 267-281.

Amoore, J. E., Johnson, J. W. Jr, and Rubin, M. (1964). The stereochemical theory of odor. *Sci. Am.* **210**(2), 42-49.

Arctander, S. (1969). Perfume and Flavor Chemicals (Aroma Chemicals). Steffen Arctander Publications, Las Vegas, NV.

Bock, G., Benda, I., and Schreier, P. (1988). Microbial transformation of geraniol and nerol by *Botrytis cinerea*. *Appl. Microbial. Biotechnol.* **27**, 351-357.

Boison, J., and Tomlinson, R. H. (1988). An investigation of the volatile composition of *Vitis labrusca* grape must and wines, II. The identification of N-(Nhydroxy- N-methyl-c-aminobutyryl) glycin in native North American grape varieties. *Can. J. Spectrosc.* **33**, 35-38.

Boison, J. O. K., and Tomlinson, R. H. (1990). New sensitive method for the examination of the volatile flavor fraction of Cabernet Sauvignon wines. *J. Chromatogr.* **522**, 315-328.

Bouchilloux, P., Darriet, P., Henry, R., Lavigne-Cruège, V., and Dubourdieu, D. (1998). Identification of volatile and powerful odorous thiols in Bordeaux red wine varieties. *J. Agric. Food Sci.*, **46**, 3095-3099.

Brander, C. F., Kepner, R. E., and Webb, A. D. (1980). Identification of some volatile compounds of wine of *Vitis vinifera* cultivar Pinot Noir. *Am. J. Enol. Vitic.* **31**, 69-75.

Buck, L. B. (1996). Information coding in the vertebrate olfactory system. *Annu. Rev. Neu-*

rosci. **19**,517-544.

Buck,L. ,and Axel,R. (1991). A novel multigene family may encode odorant receptors:A molecular basis for odor recognition. *Cell* **65**,175-187.

Cain,W. S. (1974). Perception of odourintensity and the time-course of olfactoryadaption. *Trans. Am. Soc. Heating,Refrigeration Air-Conditioning Engin.* **80**,53-75.

Cain,W. S. (1976). Olfaction and the common chemical sense:Some psychophysical contrasts. *Sens. Processes* **1**,57.

Cain,W. S. (1978). The odoriferous environment and the application of olfactory research. *In*"Handbook of Perception:Tasting and Smelling"(E. C. Carterette and P. M. Friedman,eds.),Vol. 6A. pp. 197-229. Academic Press,New York.

Cain,W. S. (1982). Odor identification by males and females:Predictions and performance. *Chem, Senses* **7**,129-141.

Cain,W. S. (1985). Chemical sensation:Olfaction. *In*"Nutrition in Oral Health and Disease"(R. L. Pollack and E. Cravats,eds.),pp. 68-83. Lee & Febiger,Philadelphia,PA.

Cain,W. S. ,Stevens,J. C. ,Nicou,C. M. ,Giles,A. ,Johnston,I. ,and Garcia- Medina,M. R. (1995). Life-span development of odor identification,learning,and olfactory sensitivity. *Perception* **24**,1457-1472.

Charpentier,N. ,and Maujean,A. (1981). Sunlight flavours in champagne wines. *In* "Flavour'81. Proceedings of the 3rd Weurman Symposium"(P. Schreier,ed.),pp. 609-615. de Gruyter,Berlin.

Christensen,T. A. ,Pawlowski,V. M. ,Lei,H. ,and Hildebrand,J. G. (2000). Multiunit recordings reveal context-dependent modulation of synchrony in odorspecific neural ensembles. *Nat. Neurosci.* **3**,927-931.

Cowart,B. J. (1989). Relationship between taste and smell across the adult life span. *Ann. N. Y. Acad. Sci.* **561**,39-55.

Dahl,A. R. (1988). The effect of cytochrome P-450 dependent metabolism and other enzyme activities on olfaction. *In*"Molecular Neurobiology of the Olfactory System"(F. L. Margolis and T. V. Getchell,eds.),pp. 51-70. Plenum,New York.

Darriet,P. ,Tominaga,T. ,Lavigne,V. ,Boidron,J. -N. ,and Dubourdieu,D. (1995). Identification of a powerful aromatic component of *Vitis vinifera* L. var. Sauvignon wines,4-mercapto-4-methylpentan-2-one. *Flavour Fragrance J.* **10**,385-392.

Davis,R. G. (1977). Acquisition and retention of verbal association to olfactory and abstract visual stimuli of varying similarity. *J. Exp. Psychol. Learn. Me. Cog.* **3**,37-51.

De Vries,H. ,and Stuiver,M. (1961). The absolute sensitivity of the human sense of smell. *In*"Sensory Communications"(W. A. Rosenblith,ed.),pp. 159-167. John Wiley, New York.

De Wijk,R. A. (1989). "Temporal Factors in Human Olfactory Perception. " Doctoral thesis,University of Utrecht,The Netherlands. (Cited in Cometto-Muñiz,J. E. ,and Cain,

W. S. (1995). Olfactory adaptation. *In* "Handbook of Olfaction and Gustation" (R. L. Doty, ed.), pp. 257-281. Marcel Dekker, New York.)

De Wijk, R. A., and Cain, W. S. (1994). Odor quality: Discrimination versus free and cued identification. *Percept. Psychophys.* **56**, 12-18.

De Wijk, R. A., Schab, F. R., and Cain, W. S. (1995). Odor identification. *In* "Memory of Odors" (F. R. Schab and R. G. Crowder, eds.), pp. 21-37. L. Erlbaum, Mahwah, NJ.

Doty, R. L. (1986). Reproductive endocrine influences upon olfactory perception, a current perspective. *J. Chem. Ecol.* **12**, 497-511.

Doty, R. L., and Snow, J. B. Jr. (1988). Age-related alterations in olfactory structure and function. *In* "Molecular Neurobiology of the Olfactory System" (F. L. Margolis and T. V. Getchell, eds.), pp. 355-374. Plenum, New York.

Doty, R. L., Shaman, P., Applebaum, S. L., Giberson, R., Siksorski, L., and Rosenberg, L. (1984). Smell identification ability changes with age. *Science* **226**, 1441-1443.

Dubois, P., and Rigaud, J. (1981). Á propos de goût de bouchon. *Vignes Vins* **301**, 48-49.

Du Plessis, C. S., and Augustyn, O. P. H. (1981). Initial study on the guava aroma of Chenin blanc and Colombar wines. *S. Afr. J. Enol. Vitic.* **2**, 101-103.

Dürr, P. (1985). Gedanken zur Weinsprache. *Alimentia* **6**, 155-157.

Ekman, G., Berglund, B., Berglund, U., and Lindvall, T. (1967). Perceived intensity of odor as a function of time of adaptation. *Scand. J. Psychol.* **8**, 177-186.

Engen, T. (1987). Remembering odors and their names. *Am. Sci.* **75**, 497-503.

Enns, M. P., and Hornung, D. E. (1985). Contributions of smell and taste to overall intensity. *Chem. Senses* **10**, 357-366.

Etiévant, P. X. (1991). Wine. *In* "Volatile Compounds in Foods and Beverages" (H. Maarse, ed.), pp. 483-546. Marcel Dekker, New York.

Ferreira, V., Fernández, P., Peña, C., Escudero, A., and Cacho, J. (1995). Investigation on the role played by fermentation esters in the aroma of young Spanish wines by multivariate analysis. *J. Sci. Food Agric.* **67**, 381-392.

Ferreira, V., López, R., Escudero, A., and Cacho, J. F. (1998). The aroma of Grenache red wine: Hierarchy and nature of its main odorants. *J. Sci. Food Agric.* **77**, 259-267.

Frank, R. A., and Bryam, J. (1988). Taste-smell interactions are tastant and odorant dependent. *Chem. Senses* **13**, 445-455.

Freeman, W. J. (1991). The physiology of perception. *Sci. Am.* **264**(2), 78-85.

Frye, R. E., Schwartz, B. S., and Doty, R. L. (1990). Dose-related effects of cigarette smoking on olfactory function. *J. Am. Med. Assoc.* **263**: 1233-1236.

Fuchs, T., Glusman, G., Horn-Saban, S., Lancet, D., and Pilpel, Y. (2001). The human olfactory subgenome: from sequence to structure and evolution. *Hum. Genet.* **108**, 1-13.

Garb, J. L., and Stunkard, A. J. (1974). Taste aversions in man. *Am. J. Psychiat.* **131**, 1204-1207.

Gardiner, J. M., Java, R. I., and Richardson-Klavehn, A. (1996). How level of processing really influences awareness in recognition memory. *Can J. Exp. Psychol.* **50**, 114-122.

Garibotti, M., Navarrini, A., Pisanelli, A. M., and Pelosi, P. (1997). Three odorantbinding proteins from rabbit nasal mucosa. *Chem. Senses* **22**: 383-390.

Guillou, I., Bertrand, A., De Revel, G., and Barbe, J. C. (1997). Occurrence of hydroxypropanedial in certain musts and wines. *J. Agric. Food Chem.* **45**, 3382-3386.

Guth, H. (1997). Identification of character impact odorants of different white wine varieties. *J. Agric. Food Chem.* **45**, 3022-3026.

Hamatschek, J. (1982). Aromastoffe im Wein und deren Herkunft. *Dragoco Rep.* (*Ger. Ed.*) **27**, 59-71.

Heimann, W., Rapp, A., Völter, J., and Knipser, W. (1983). Beitrag zur Entstehung des Korktons in Wein. *Dtsch. Lebensm. -Rundsch.* **79**, 103-107.

Hérent, M. F., Collin, S., and Pelosi, P. (1995). Affinities of nutty-smelling pyraxines and thiaxoles to odorant-binding proteins, in relation with their lipophilicity. *Chem. Senses* **20**: 601-608.

Heresztyn, T. (1986). Formation of substituted tetrahydropyridines by species of *Brettanomyces* and *Lactobacillus* isolated from mousy wines. *Am. J. Enol. Vitic.* **37**, 127-131.

Herz, R. S., and Engen, T. (1996). Odor memory: review and analysis. *Psychon. Bull. Rev.* **3**, 300-313.

Herz, R. S., McCall, C., and Cahill, L. (1999). Hemispheric lateralization in the processing of odor pleasantness versus odor names. *Chem. Senses* **24**, 691-695.

Jackson, R. S. (2000). "Wine Science: Principles, Practice, Perception" 2nd ed. Academic Press, San Diego, CA.

Jinks, A., and Laing, D. G. (2001). The analysis of odor mixtures by humans: evidence for a configurational process. *Physiol. Behav.* 72, 51-63.

Kolor, M. K. (1983). Identification of an im Port ant new flavor compound in Concord grape, ethyl 3-mercaptopropionate. *J. Agric. Food Chem.* **31**, 1125-1127.

Lacey, M. J., Allen, M. S., Harris, R. L. N., and Brown, W. V. (1991). Methoxypyrazines in Sauvignon blanc grapes and wines. *Am. J. Enol. Vitic.* **42**, 103-108.

Laing, D. G. (1983). Natural sniffing gives optimum odour perception for humans. *Perception* **12**, 99-177.

Laing, D. G. (1986). Optimum perception of odours by humans. *Proc. 7 World Clean Air-Congress*, Vol. 4, pp. 110-117. ClearAirSociety of Australia and New Zealand. Laing, D. G. (1995). Perception of Odor Mixtures. *In* "Handbook of Olfaction and Gustation" (R. L. Doty, ed.), pp. 283-297. Marcel Dekker, New York.

Laing, D. G., and Panhuber, H. (1978). Application of anatomical and psychophysical methods to studies of odour interactions. *In* "Progress in Flavour Research Proceedings, 2nd Weurman Flavour Research Symposium" (D. G. Land, and H. E. Nursten, eds.), pp.

27-47. Applied Science, London.

Lamikanra, O., Grimm, C. C., and Inyang, I. D. (1996). Formation and occurrence of flavor components in Noble muscadine wine. *Food Chem.* **56**, 373-376.

Lancet, D. (1986). Vertebrate olfactory reception. *Annu. Rev. Neurosci.* **9**, 329-355.

Lavigne, V., Henry, R., and Dubourdieu, D. (1998). Identification et dosage de composes soufrés intervenant dans l'arÔme "grillé" des vins. *Sci. Alim.* **18**, 175-191.

Lawless, H. T. (1984). Flavor description of white wine by "expert" and nonexpert wine consumers. *J. Food Sci.* **49**, 120-123.

Lee, K. (1989). "Perception of Irritation from Ethanol, Capsaicin and Cinnamyl Aldehyde via Nasal, Oral and Retronasal Pathways." M. S. thesis, University of California, Davis. (Reproduced in Noble, A. C. (1995). Application of timeintensity procedures for the evaluation of taste and mouthfeel. *Am. J. Enol. Vitic.* **46**, 128-133.)

Le Fur, Y., Lesschaeve, I., and Etiévant, P. (1996). Analysis of four potent odorants in Burgundy Chardonnay wines: Partial quantitative descriptive sensory analysis and optimization of simultaneous extraction method. "Proceedings of the 4th International Symposium on Climate Viticulture and Enology" (T. Henick- Kling *et al.*, eds.), pp. VII-53-56. NY State Agricultural Experimental Station, Geneva, NY.

Lehrer, A. (1975). Talking about wine. *Language* **51**, 901-923.

Lehrner, J. P., Glück, J., and Laska, M. (1999a). Odor identification, consistency of label use, olfactory threshold and their relationships to odor memory over the human lifespan. *Chem. Senses* **24**, 337-346.

Lehrner, J. P., Walla, P., Laska, M., and Deecke, L. (1999b). Different forms of human odor memory: a developmental study. *Neurosci. Letts.* **272**, 17-20.

Lubbers, S., Voilley, A., Feuillat, M., and Charpontier, C. (1994). Influence of mannoproteins from yeast on the aroma intensity of a model wine. *Lebensm. -Wiss. u. Technol.* **27**, 108-114.

MacRostie, S. W. (1974). "Electrode Measurement of Hydrogen Sulfide in Wine." M. S. thesis, University California, Davis.

Malnic, B., Hirono, J., Sato, T., and Buck, L. B. (1999). Combinatorial receptor codes for odors. *Cell* **96**, 713-723.

Marais, J., van Rooyen, P. C., and du Plessis, C. S. (1979). Objective quality rating of Pinotage wine. *Vitis* **18**, 31-39.

Martin, B., Etiévant, P. X., LeQuéré, J. L., and Schlich, P. (1992). More clues about sensory impact of Sotolon in some flor sherry wines. *J. Agric. Food Chem.* **40**, 475-478.

Masuda, J., Okawa, E., Nishimura, K., and Yunome, H. (1984). Identification of 4,5-dimethyl-3-hydroxy-2(5H)-furanone (Sotolon) and ethyl 9-hydroxynonanoate in botrytised wine and evaluation of the roles of compounds characteristic of it. *Agric. Biol. Chem.* **48**, 2707-2710.

Moncrieff, R. W. (1964). The metallic taste. *Perfumery Essent. Oil Rec.* **55**, 205-207.

Moncrieff, R. W. (1967). Introduction to the symposium. *In* "The Chemistry and Physiology of Flavors" (H. W. Schultz, ed.), pp. 3-22. AVI, West Port, CN.

Moran, D. T., Monti-Bloch, L., Stensaas, L. J., and Berliner, D. L. (1994). Structure and function of the human vomeronasal organ. *In* "Handbook of Olfaction and Gustation" (R. L. Doty, ed.), Marcel Dekker, New York. Mori, K., Nagao, H., and Yoshihara, Y. (1999). The olfactory bulb: coding and processing of odor molecule information. *Science* **286**, 711-715.

Moulton, D. E., Ashton, E. H., and Eayrs, J. T. (1960). Studies in olfactory acuity, 4. Relative detectability of *n*-aliphatic acids by the dog. *Anim. Behav.* **8**, 117-128.

Murphy, C. (1995). Age-associated differences in memory for odors. *In* "Memory of Odors" (F. R. Schab and R. G. Crowder, eds.) pp. 109-131. Lawrence Erlbaum, Mahwah, NJ.

Murphy, C., Cain, W. S., and Bartoshuk, L. M. (1977). Mutual action of taste and olfaction. *Sensory Processes* **1**, 204-211.

Murrell, J. R., and Hunter, D. D. (1999). An olfactory sensory neuron line, odora, properly targets olfactory proteins and responds to odorants. *J. Neurosci.* **19**, 8260-8270.

Noble, A. C. (1995). Application of time-intensity procedures for the evaluation of taste and mouthfeel. *Am. J. Enol. Vitic.* **46**, 128-133.

Noble, A. C., and Bursick, G. F. (1984). The contribution of glycerol to perceived viscosity and sweetness in white wine. *Am. J. Enol. Vitic.* **35**, 110-112.

Noble, A. C., Williams, A. A., and Langron, S. P. (1984). Descriptive analysis and quality ratings of 1976 wines from four Bordeaux communes. *J. Sci. Food Agric.* **35**, 88-98.

Ohloff, G. (1986). Chemistry of odor stimuli. *Experientia* **42**, 271-279.

Ong, P., and Acree, T. E. (1999). Similarities in the aroma chemistry of Gewürztraminer variety wines and lychee (*Litchi chinesis* Sonn.) Fruit. *J. Agric Food Chem.* **47**, 667-670.

Pangborn, R. M. (1981). Individuality in responses to sensory stimuli. *In* "Criteria of Food Acceptance" (J. Solms and R. L. Hall, eds.), pp. 177-219. Forster, Zurich.

Patterson, M. Q., Stevens, J. C., Cain, W. S., and Cometto-Muñiz, J. E. (1993). Detection thresholds for an olfactory mixture and its three constituent compounds. *Chem. Senses* **18**, 723-734.

Pevsner, J., Trifiletti, R. R., Strittmatter, S. M., and Snyder, S. H. (1985). Isolation and characterization of an olfactory receptor protein for odorant pyrazines. *Proc. Natl. Acad. Sci. U. S. A.* **82**, 3050-3054.

Peynaud, E. (Trans. by M. Schuster) (1987). "The Taste of Wine. The Art and Science of Wine Appreciation." Macdonald & Co, London.

Rapp, A., and Güntert, M. (1986). Changes in aroma substances during the storage of white wines in bottles. *In* "The Shelf Life of Foods and Beverages" (G. Charalambous, ed.), pp. 141-167. Elsevier, Amsterdam.

Rolls, E. T. (1995). Central taste anatomy and neurophysiology. *In* "Handbook of Olfaction and Gustation" (R. L. Doty, ed.), pp. 549-573. Marcel Dekker, New York.

Sachs, O. (1985). The dog beneath the skin. *In* "The Man Who Mistook His Wife for a Hat," pp. 149-153. Duckworth, London.

Schiffman, S., Orlandi, M., and Erickson, R. P. (1979). Changes in taste and smell with age, biological aspects. *In* "Sensory Systems and Communication in the Elderly" (J. M. Ordy and K. Brizzee, eds.), pp. 247-268. Raven, New York.

Schreier, P., and Drawert, F. (1974). Gaschromatographisch-massenspektometrische Untersuchung flüchtiger Inhaltsstoffe des Weines, V. Alkohole, Hydroxy-Ester, Lactone und andere polare Komponenten des Weinaromas. *Chem. Mikrobiol. Technol. Lebensm.* **3**, 154-160.

Schreier, P., and Paroschy, J. H. (1981). Volatile constituents from Concord, Niagara (*Vitis labrusca*) and Elvira (*V. labrusca* x *V. riparia*) grapes. *Can. Inst. Food Sci. Technol. J.* **14**, 112-118.

Scott, J. W., and Brierley, T. (1999). A functional map in rate olfactory epithelium. *Chem. Senses* **24**, 679-690.

Sefton, M. A., Francis, I. L., and Williams, P. J. (1993). The volatile composition of Chardonnay juices: A study by flavor precursor analysis. *Am. J. Enol. Vitic.* **44**, 359-370.

Seifert, R. M., Buttery, R. G., Guadagni, D. G., Black, D. R., and Harris, J. G. (1970). Synthesis of some 2-methoxy-3-alkylpyrazines with strong bell pepperlike odors. *J. Agric. Food Chem.* **18**, 246-249.

Selfridge, T. B., and Amerine, M. A. (1978). Odor thresholds and interactions of ethyl acetate and diacetyl in an artificial wine medium. *Am. J. Enol. Vitic.* **29**, 1-6.

Senf, W., Menco, B. P. M., Punter, P. H., and Duyvesteyn, P. (1980). Determination of odour affinities based on the dose-response relationships of the frog's electro- olfactogram. *Experientia* **36**, 213-215.

Sharon, D., Glusman, G., Pilpel, Y., Khen, M., Gruetzner, F., Haaf, T., and Lancet, D. (1999). Primate evolution of an olfactory receptor cluster: diversification by gene conversion and recent emergence of pseudogenes. *Genomics* **61**, 24-36.

Smith, D. V., and Duncan, H. J. (1992). Primary olfactory disorders: Anosmia, hyperosmia, and dysosmia. *In* "Science of Olfaction." (M. J. Serby and K. L. Chobor, eds.) pp. 439-466. Springer-Verlag, New York.

Snyder, S. H., Rivers, A. M., Yokoe, H., Menco, B. P. M., and Anholt, R. R. H. (1991). Olfactomedin, purification, characterization and localization of a novel olfactory glycoprotein. *Biochemistry* **30**, 9143-9153.

Sobel, N., Kahn, R. M., Hartley, C. A., Sullivan, E. V., and Gabrieli, J. D. (2000). Sniffing longer rather than stronger to maintain olfactory detection threshold. *Chem. Senses* **25**, 1-8.

Sorrentino, F., Voilley, A., and Richon, D. (1986). Activity coefficients of aroma compounds in model food systems. *AIChE J*. **32**, 1988-1993.

Stevens, J. C., Bartoshuk, L. M., and Cain, W. S. (1984). Chemical senses and aging: Taste *versus* smell. *Chem. Senses* **9**, 167-179.

Stevenson, R. J., Prescott, J., and Boakes, R. A. (1999). Confusing tastes and smells: how odours can influence the perception of sweet and sour tastes. *Chem. Senses* **24**, 627-635.

Stoddart, D. M. (1986). The role of olfaction in the evolution of human sexual biology: An hypothesis. *Man* **21**, 514-520.

Strauss, C. R., Wilson, B., Gooley, P. R., and Williams, P. J. (1986). The role of monoterpenes in grape and wine flavor-A review. *In* "Biogeneration of Aroma Compounds" (T. H. Parliament and R. B. Croteau, eds.), pp. 222-242. ACS Symposium Series No. 317. American Chemical Society, Washington, DC.

Strauss, C. R., Wilson, B., and Williams, P. J. (1987). Flavour of non-Muscat varieties. *In* "Proceedings of the 6th Australian Wine Industry Technical Conference" (T. Lee, ed.), pp. 117-120. Australian Industrial Publishers, Adelaide, Australia.

Sudraud, P. (1978). évolution des taux d'acidité volatile depuis le début du siècle. *Ann. Technol. Agric.* **27**, 349-350.

Suprenant, A., Butzke, C. E. (1996). Implications of odor threshold variations on sensory quality control of cork stoppers. *In* "Proceedings of the 4th International Symposium on Cool Climate Viticulture and Enology" (T. Henick-Kling *et al.*, eds.), pp. VII-70-74. New York State Agricultural Experimental Station, Geneva, NY.

Tominaga, T., Darriet, P., and Dubourdieu, D. (1996). Identification de l'acétate de 3-mercaptohexanol, composé *à* forte odeur de buis, intervenant dans l'arÔme des vins de Sauvignon. *Vitis* **35**, 207-210.

Tominaga, T., Furrer, A., Henry, R., and Dubourdieu, D. (1998). Identification of new volatile thiols in the aroma of *Vitis vinifera* L. var. Sauvignon blanc wines. *Flavour Fragr. J.* **13**, 159-162.

Trant, A. S., and Pangborn, R. M. (1983). Discrimination, intensity, and hedonic responses to color, aroma, viscosity, and sweetness of beverages. *Lebensm. Wiss. Technol.* **16**, 147-152.

Trotier, D., Eliot, C., Wassef, M., Talmain, G., Bensimoon, J. L., Døving, K. B., and Ferrand, J. (2000). The vomeronasal cavity in adult humans. *Chem. Senses* **25**, 369-380.

van Wyk, C. J., Augustyn, O. P. H., de Wet, P., and Joubert, W. A. (1979). Isoamyl acetate—A key fermentation volatile of wines of *Vitis vinifera* cv Pinotage. *Am. J. Enol. Vitic.* **30**, 167-173.

Vernin, G., Metzger, J., Rey, C., Mezieres, G., Fraisse, D., and Lamotte, A. (1986). ArÔmes des cépages et vins du sud-est de la France. *Prog. Agric. Vitic.* **103**, 57-98.

Versini, G. (1985). Sull'aroma del vino "Traminer aromatico" o "Gewürztraminer." *Vig-*

nevini **12**,57-65.

Williams, A. A. ,and Rosser, P. R. (1981). Aroma enhancing effects of ethanol. *Chem. Senses* **6**,149-153.

Williams, A. A. ,Bains, C. R. ,and Arnold, G. M. (1982). Towards the objective assessment of sensory quality in less expensive red wines. *In*"Grape and Wine Centennial Symposium Proceedings"(A. D. Webb, ed.), pp. 322-329. University of California, Davis.

Williams, A. A. ,Rogers, C. ,and Noble, A. C. (1984). Characterization of flavour in alcoholic beverages. *In*"Proceeding of the Alko symposium on Flavour Research of Alcoholic Beverages", Helsinki, 1984. (L. Nykänem and P. Lehonen, eds). *Found. Biotech Indust. Ferment. Res.* **3**,235-253.

Winton, W. ,Ough, C. S. ,and Singleton, V. L. (1975). Relative distinctiveness of varietal wines estimated by the ability of trained panelists to name the grape variety correctly. *Am. J. Enol. Vitic.* **26**,5-11.

Wysocki, C. J. ,Dorries, K. M. ,and Beauchamp, G. K. (1989). Ability to perceive androsterone can be acquired by ostensibly anosmic people. *Proc. Natl. Acad. Sci. U. S. A.* **86**, 7976-7978.

Zatorre, R. J. ,and Jones-Gotman, M. (1990). Right-nostril advantage for discrimination of odors. *Perception Psychophys.* **47**,526-531.

Zucco, G. M. ,and Tressoldi, P. E. (1988). Hemispheric differences in odour recognition. *Cortex* **25**,607-615.

Zufall, F. ,and Leinders-Zufall, T. (2000). The cellular and molecular basis of odor adaptation. *Chem. Senses* **25**,369-380.

味觉和口感
Taste and mouth-feel sensations

4

口腔中有两套化学感应器分别引起对味道和口感的感知。特殊的感应神经元聚集在味蕾的空腔里感知味道，特别是甜、酸、咸和苦味。丰富的神经末梢遍布在口腔中产生收敛感、触觉、黏度、灼烧感、温度、丰满感、刺痛和疼痛感等各种口感。这些口感和鼻腔中的嗅觉感知统称为风味。嗅觉感知来自于通过鼻腔（嗅闻）和口腔后部（回味）进入鼻通道的挥发性化合物。

味觉和嗅觉的感知是完全统一的，在感冒鼻塞的时候，人们不再敏感，因为有气味的东西不能到达嗅觉区域，食物也失去了平时的感官吸引力。对于一个酿酒师来说，平衡葡萄酒的口感是一个很艰巨的任务。高品质葡萄酒显著特点就是这些看似简单的感觉之间的协调平衡。过量的酸、收敛性、苦味等造成的葡萄酒不平衡，往往是评酒师最先注意的缺陷。因此，尽管味觉是最初等的感觉，但它对于品尝葡萄酒质量是至关重要的。

与嗅觉不同，味觉和口感是对葡萄酒中主要的化学成分——糖、酸、酒精和酚类物质的感知。味觉刺激物通常以千分含量值发生作用，而气味物质的检测限可以低到万亿分之一。

味觉（Taste）

味觉是由味蕾感知的，味蕾是由类似神经的感受器聚集成的烧瓶状凹陷。特定的支持细胞顺着味蕾排列，每一个细胞都含有至少 50 个微薄的、柱状的感受器，并与神经上皮细胞相连（图 4.1）。这些感受器细胞处于不同的生长发育阶段。头盖形的神经纤维位于味蕾的基部，并与一个或多个感受器细胞形成神经节。大约有 2/3 的味蕾分布于舌部，它们位于乳头状突起的侧边，其余的主要分布在软腭和会厌，少数一些还分布在咽、喉和食道上部。味蕾与 4 种乳突中的 3 种有关联（图 4.2）。菌状乳突主要分布于舌头前部 2/3 处，这些菌状乳突对于味觉非常重要，他们的密度直接关系到品尝的敏锐度（Zuniga *et al.*，1993）。少数大的轮廓乳突在舌头后部形成 V 形区域，叶状乳突被限制分布在舌头后边缘折叠之间的脊上。丝状乳突是最普通的一种，其上没有味蕾，它们众多纤细的延伸部分赋予了舌头特有的粗糙质地。

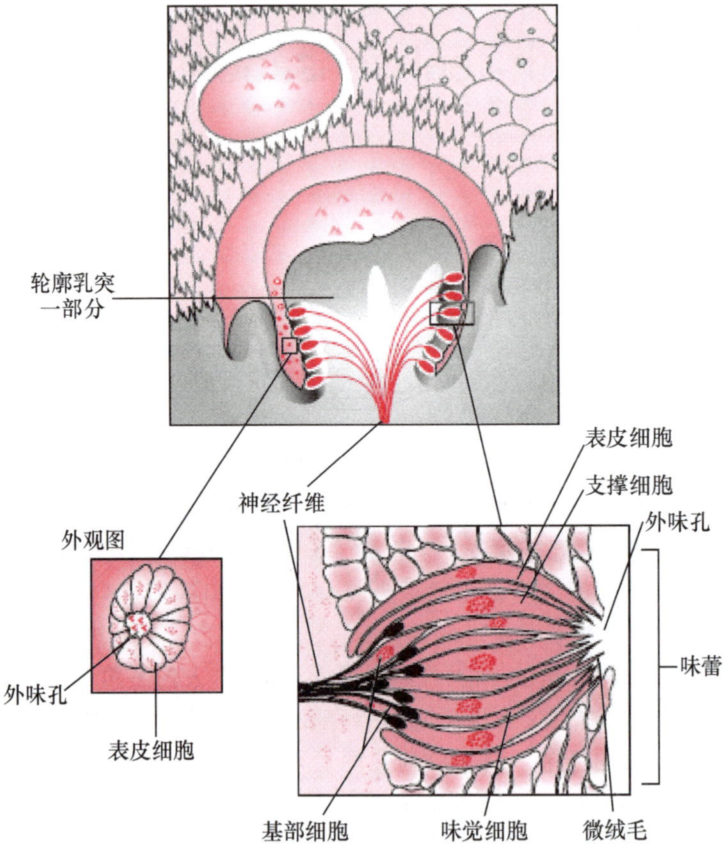

图 4.1　轮廓乳突内部味蕾示意图。上部图片显示的是味蕾在乳突里的位置，下部图片显示的是味蕾本身构造[资料来源：Levine and Shefner，1991]。

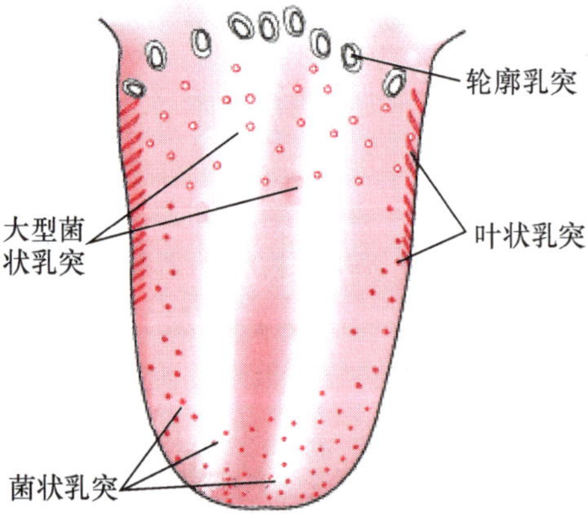

图 4.2　舌头上主要类型乳突分布示意图
[资料来源：Jackson，2000]。

感受器(味觉的)细胞常常只能保持几天的活力,然后被周围分化中的神经上皮细胞所替代。每个感受神经元的末端是树突或众多微小的突起(微绒毛)。这些末端部分浸于遍布口腔的唾液中。它们的末端拥有几个相关的多重拷贝的受体蛋白,当足够的味觉刺激物与这些蛋白发生作用,一系列反应发生改变了细胞膜的电位。细胞膜的激活促使细胞体基部释放神经传递素(Nagai *et al.*,1996)。神经传递素扩散过神经节后,引起去极反应或者激活相连的导入神经细胞,进而产生潜在的反应。每个导入细胞可与许多感受器细胞在几个相邻的味蕾里连接成神经节。神经节不仅产生刺激传入大脑,而且保持味蕾的完整性。舌头盖形神经的分布模式反映了品尝物质(有味道的)时舌头各个分开区域的灵敏性差异(图 4.3)。

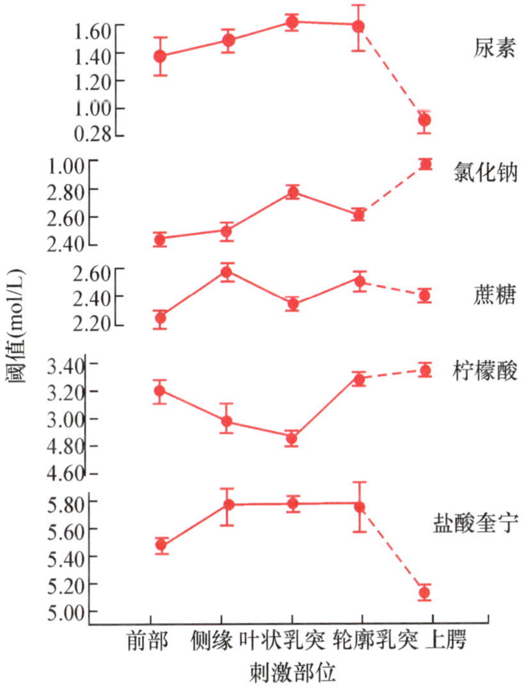

图 4.3　5 种化合物在舌头和软腭不同部位发挥功能的阈值[资料来源:Collings,1974]。

削弱味蕾的神经元细胞来源于 3 个头盖形神经细胞中的 1 个。面部神经(头盖形神经Ⅶ)的膝状神经节(鼓索神经)为舌头前部的菌状乳突味蕾提供神经信号,而其他神经分支与软腭前部区域的味蕾相连。舌咽神经(头盖形神经Ⅸ)的岩神经节为叶状和轮廓乳突,为扁桃腺、咽喉和上腭后部的味蕾提供服务。最后,迷走神经(头盖形神经Ⅹ)的结状神经节与会厌、喉和食道上部区域的味蕾分支相连。

导入神经传过来的刺激信号最初传入脑干的孤束核(图 4.4)。接着,多数的刺激信号传到脑室和脑皮层的味觉中心。另外的神经信号传递到下丘脑,引起对刺激的情感反应。

正如上面提到,最常被感觉到的 4 种味觉是:甜、酸、咸、苦。一些研究者提议扩展这个名单,增加另外的味觉诸如:鲜味(monosodium 谷氨酸口味;Rolls *et al.*,1998)、自由脂肪酸的味道(Gilbertson *et al.*,1997)和金属味(表 4.1)。然而,其他人认为这些独特的味道并不是真实的产生于连续的感知(Erickson,1985)。其他人也提出有些味觉如金属味可能属于一种尚未被认知的气味(Hettinger *et al.*,1990)。

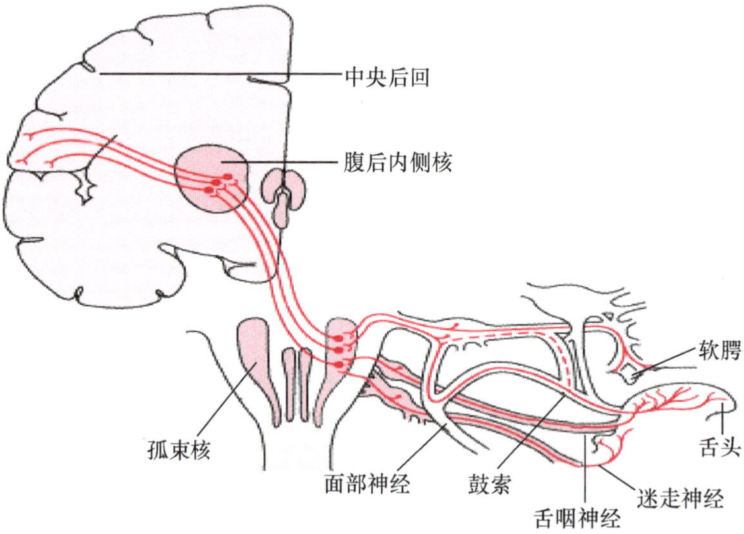

图 4.4　**味觉纤维神经解剖学路径图。粗线条指示最普通的途径。大多数味觉纤维从鼓索传到面部神经;其他的在迷走神经和舌咽神经里传递**[资料来源:Neurological anatomy in relation to clinical medicine, third edition by Alf Brodal, copyright 1969, 1981 by Oxford University Press, Inc. Used by permission of Oxford University Press, Inc.]。

表 4.1　人类味觉概要[资料来源:Modified from Boudreau, J. C., Oravec, J., Hoang, N. K., and White, T. D. (1979). Taste and the taste of foods. In "Food Taste Chemistry" ACS Symposium Series No. 115. pp. 1－30. copyright (1979) American Chemical Society]

感觉	位置	刺激物举例	感受器	活性中心	其他位置
咸味	舌头前部	氧化钠,氧化钾	味蕾	膝状体	上颚
酸味	舌头前部	苹果酸	味蕾	膝状体	上颚
甜味 1	舌头前部	果糖,丙氨酸	味蕾	膝状体	上颚
甜味 2	舌头后部	二氢抑素	味蕾	岩状体	上颚
苦味 1	舌头前部	生物酸,色氨酸	味蕾	膝状体	上颚
苦味 2	舌头后部	酚类,硫酸镁	味蕾	岩状体	
鲜味 1	舌头前部	谷氨酸盐,内酯类	味蕾	膝状体	
鲜味 2	舌头前部	IMP,GMP[a]	味蕾	膝状体	上颚
金属味	舌头	硝酸银	味蕾(?)		

[a] IMP,肌醇(单)磷酸;GMP,一磷酸鸟苷。

特定味觉缺失的遗传分析表明这些缺失和隐性基因遗传相关,如苯硫脲(Kalmus,1971)和糖精(Bartoshuk,1979)的苦味,这证明了特定的受体分子与特定味觉刺激物相连。冯·埃布纳腺产生一种蛋白,通常与味蕾相关联,可以促进味觉的感知(Schmale *et al.*,1990)。一些研究表明有相似灵敏度的感受器往往聚集在一起(Scott and Giza,1987),然而,个别的感受器神经元可以跟大量的呈味化合物反应(Scott and Chang,1984)。所以,单个味蕾对几种味觉刺激物做出反应并不奇怪(Beidler and Tonosaki,1985)。这些因素可以部分地说明在品尝复杂溶液如葡萄酒时所表现出的味觉定位的不确定性。

味觉敏感度与舌头上味孔的数量有关。一般的品酒师舌头前部每平方厘米拥有大约70个菌状乳突，而高级品酒师则拥有100个以上，稍微低级的品酒师只有大约50个(Bartoshuk *et al.*，1994)。这组数据与味孔数量一致，普通品酒师、高级品酒师和低级品酒师每平方厘米分别拥有约350、670和120个味孔。高级品酒师的菌类乳突比较小，但比低级品酒师拥有更多的味孔。

高级品酒师，正如其名，味觉和触觉尤其灵敏(Bartoshuk *et al.*，1994)，通常更喜好味道精细的食品。相反，低级品酒师对于多数呈味物质感觉相对迟钝，并且更喜好风味强烈的食物和饮料。味觉敏感度的遗传基础主要受一个单拷贝基因控制。高级品酒师的味觉基因是纯合型的(TT)(双功能基因拷贝)。普通品酒师是杂合型的(Tt)，含有一个功能等位基因和一个非功能等位基因，而低级品酒师是双非功能等位基因组成的纯合型(tt)。环境因素或许可以说明基因表达的诸多变异性(乳突和味孔的数量)。然而，可能还有其他的遗传因素参与其中，因为女性的舌头常常含有更多的乳突(图4.5A)和味蕾(图4.5B)。

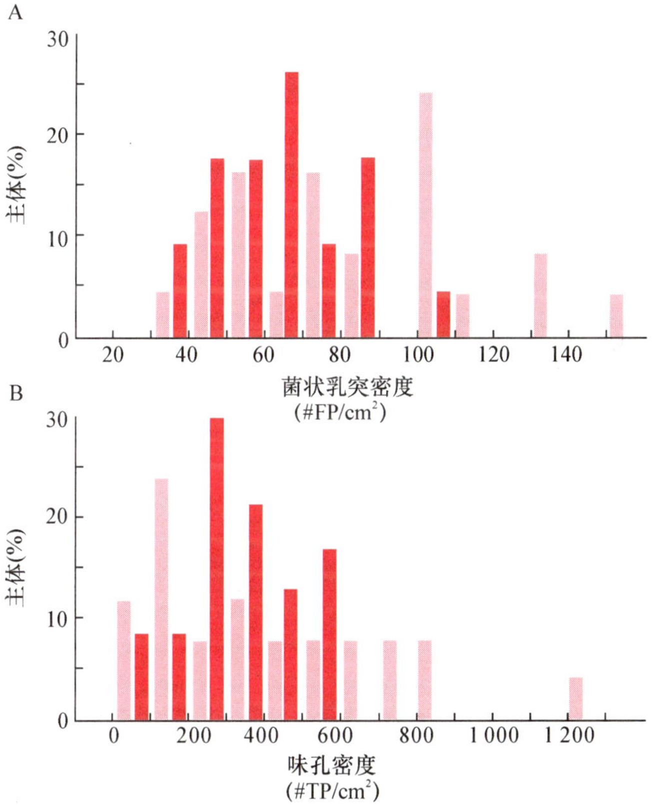

图4.5　舌头前部(A)菌状乳突(FP)密度和(B)味孔(TP)密度分布。发生频率以■女性和■男性各自百分比表示[资料来源：Physiol. Behavior 56，1165－1171. Bartoshuk，L. M.，Duffy，V. B.，and Miller，I. J.，PTC/PROP tasting：Anatomy，psychophysics and sex effects. Copyright (1994)，with permission from Elsevier Science]。

高级品酒师比大多数品酒师的味觉更加敏感，但他们是不是最好的品酒师还是一个有待进一步讨论的问题。因为对呈味物质特别敏感，他们可能不太喜欢偏酸、偏苦或偏甜的葡萄酒。那些对气味极其敏感的品酒师也一样。品酒师灵敏度的实用性主要依赖于品尝的目的。如果目的是得到比较科学的解析的结果，那么对呈味物质和气味超级敏感的品酒师可能更好。然而，如果需要一些与普通消费者的接受度相关的数据，那么能够反映一般人类灵敏度标准的品酒师比较合适。目前，还没有明确的证据表明味觉敏感度与嗅觉灵敏度相关。

甜味和苦味(Sweet and bitter tastes)

尽管甜味和苦味的感知似乎是不相关的，他们却拥有相似的激活模式。每种感觉的产生都依赖于感受器神经细胞上蛋白位点范德华力或氢键的形成(Beidler and Tonosaki，1985)。特殊的受体蛋白与味蛋白结合，味蛋白是一种横跨细胞膜的鸟嘌呤-核苷-结合蛋白(G-蛋白)(Walters，1996)。与适当的味觉刺激物反应导致 G-蛋白释放出它的一种成分，改变细胞里细胞质传感器水平。这些细胞质传感器改变穿过细胞膜的离子流，引起去极化。细胞膜的去极化紧接着导致钙离子的流入(或者细胞内储存钙离子的释放)，而钙离子又可以激活神经传递素从细胞中释放出来。有证据表明至少有两种激活体系可供选择。例如，天然甜味物质借助于 AMP 循环途径起作用，而人造的甜味物质和氨基酸则使用三磷酸肌醇(IP_3)激活途径(Herness and Gilbertson，1999；图 4.6)。许多甜味和苦味化合物结构的轻微改变就能导致它们味觉性质的改变，从甜变苦或从苦变甜。同样，众所周知，苦味和甜味化合物可以掩盖彼此的味道。

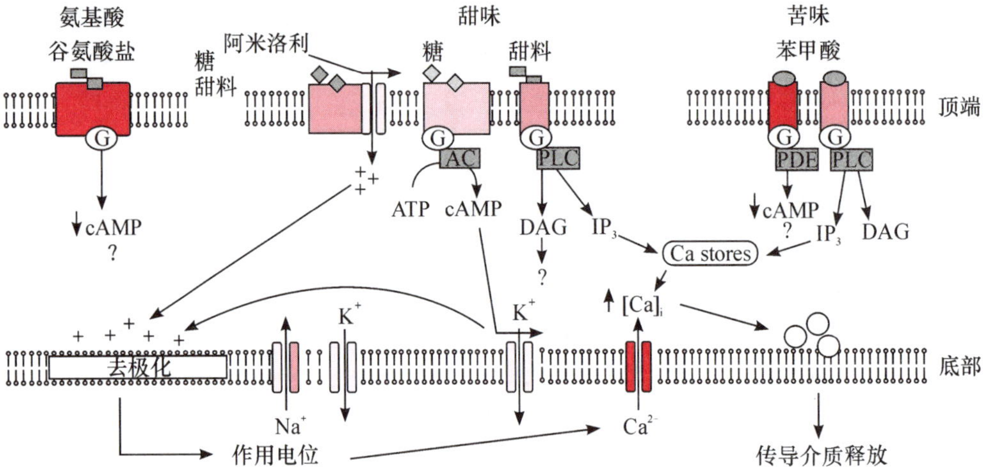

图 4.6 **感受器介导的转导机制。通常认为谷氨酸盐与代谢型谷氨酸受体(mGluR4)结合，但是下一步的结合受体是未知的。3 种不同的机制参与了甜味的传导。糖被认为与连接腺嘌呤环化酶的受体结合，导致 cAMP 的增加。cAMP 阻滞 K^+ 通道使味觉细胞去极化。人工合成的甜料可能与连接磷脂酶 C 的受体结合，引起三磷酸肌醇(IP_3)和甘油二酯(DAG)的产生。IP_3 引起细胞内储存的 Ca^{2+} 的释放，但是另外的传导级联途径的发生可能是因为甜料引起的味觉细胞去极化。第三种机制包括膜上配体门控阳离子通道的参与。苦味的传导也包含多重机制。一种机制是苦味刺激物跟连接磷脂酶 C 的受体结合，引起 IP_3 介导的细胞内储存的 Ca^{2+} 的释放。另一种苦味传导机制是苦味刺激物通过类似 G 蛋白转导蛋白激活磷酸二酯酶(PDE)。cAMP 的减少如何导致味觉细胞的去极化还不知道。去极化介导的 Ca^{2+} 的流入或者细胞内储藏的 Ca^{2+} 的释放引起了细胞内 Ca^{2+} 浓度的增加**[资料来源：Reprinted from Food Qual. Pref. 7，153-160. Kinnamon，S. C. Taste transduction：Linkage between molecular mechanism and psychophysics. Copyright (1996)，with permission from Elsevier Science]。

40～80 个与味觉相关的受体蛋白已经被鉴定出来(Adler *et al.*,2000)。这些受体蛋白只在味觉感受器细胞中合成,在这些感受器细胞里任何一个单独的细胞都可以表达许多相关的蛋白形式(Chandrashekar *et al.*,2000)。单独的感受器细胞出现的多重翻译蛋白可以解释为什么许多化学上不相关的化合物可以诱导出相同的基础味觉感知。

在葡萄酒中葡萄糖和果糖是最主要的甜味来源,果糖甜度更大。甘油和酒精的存在可以加强对甜味感知。

类黄酮酚类物质是葡萄酒中最主要的苦味化合物,单体单宁(儿茶酸)比聚合单宁(缩合单宁)更苦(Robichaud and Noble,1990)。在富含单宁的葡萄酒中,单宁的苦味与其收敛性往往很难分清 (Lee and Lawless,1991),或者苦味可能被收敛性掩盖(Arnold and Noble,1978)。在成熟的过程中,单宁形成聚合沉淀往往使葡萄酒变得更加柔和(收敛性变弱)。聚合和沉淀这两个过程都可以减弱葡萄酒的苦味和收敛性,但是,如果较小的酚类物质保留在酒里,或者大分子单宁水解为单体,那么随着成熟苦味会增加。

一些糖苷类、萜烯类化合物和生物碱有时候也可能引起苦感。例如,麝香葡萄酒中发现了苦味的萜烯糖苷类化合物(Noble *et al.*,1988),在雷司令葡萄酒中发现了苦味糖苷类化合物——柚皮苷。此外,苦味化合物有可能来自于松树脂(在松香味希腊葡萄酒中有添加),或者味美思酒调味所用的药草和树皮。

酸味和咸味(Sour and salty tastes)

酸味和咸味通常被称为电解味,这两种味道的产生都是可解离的小的无机阳离子(带正电荷的离子)在起作用(图 4.7)。对于酸来说,游离的氢离子被选择性地运输穿过(借助于离子通道)感受器细胞的细胞膜。对于盐,主要是游离金属离子和非金属阳离子,特别是钠离子(Na^+),被运输穿过感受器细胞膜。在这两种情况下,离子的流入引起细胞膜的去极化反应,从而激活神经传递素的释放。因为这两种情况都有相关的离子通道参与,所以酸常常会表现一些咸味,而一些盐类会表现柔和的苦味并不奇怪(Ossebaard *et al.*,1997)。

氢离子的解离程度,受酸分子中阴离子(负电荷离子)成分和 pH 值的影响。因此,这双重因素在很大程度上影响葡萄酒的酸味。尽管未解离的酸分子基本不会刺激感受器神经,它们仍然会影响对酸度的感知(Ganzevles and Kroeze,1987)。影响葡萄酒酸味的主要酸有酒石酸、苹果酸和乳酸。这些酸也能引起收敛性,可能是因为酸可以引起唾液蛋白的变性(Sowalsky and Noble,1998)。葡萄酒中存在的其他酸,除了醋酸,其他酸的含量一般不会影响到酸度的感知。

盐也同样解离出阳离子和阴离子。盐的阳离子是典型的金属离子,如 K^+ 和 Ca^{2+},而阴离子可能是无机离子也可能是有机离子,如 Cl^- 和酒石酸根离子。因为有酸味参与,咸味的感知就不仅仅只受有活性的阳离子的影响。盐解离的程度影响咸味的感知,例如,因为大的有机阳离子限制离子解离会降低咸味。因为葡萄酒中大多数盐类含有大的有机阳离子(如酒石酸盐和酒石酸氢盐),在葡萄酒 pH 环境中这些盐只有微弱的解离,他们共有的阳离子(K^+ 和 Ca^{2+})不会刺激咸味感受器。此外,主要的咸味阳离子在葡萄酒中都达不到最低的感知浓度。因此,在葡萄酒中很少能感知到咸味。如果能察觉到的话,这可能是 H^+ 的作用激活了咸味感受器。

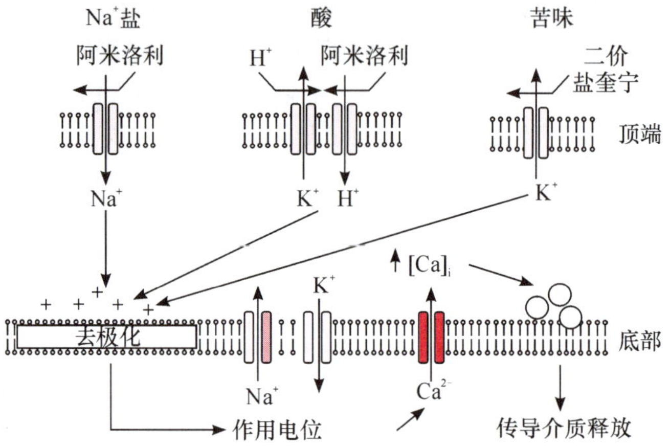

图 4.7 **味觉传导:精神物理学和分子机制的连接。传导中顶端离子通道。Na^+ 和 H^+ 透过阿米洛利敏感 Na^+ 通道使味觉细胞去极化。H^+ 和一些苦味分子阻滞顶端分布的 K^+ 通道致使味觉细胞去极化。去极化激活 Na^+ 和 K^+ 通道依赖的电压引起作用电位,导致 Ca^{2+} 通过电压门控 Ca^{2+} 通道流入。细胞内 Ca^{2+} 的增加介导了传导物质的释放**[资料来源:Reprinted from Food Qual. Pref. 7,153-160. Kinnamon,S. C. Taste transduction: Linkage between molecular mechanism and psychophysics. Copyright (1996)]。

其他的味觉(Other taste sensations)

许多氨基酸都带有轻微的甜味,但是它们在葡萄酒中的含量很低不能被察觉到。另外,谷氨酸盐拥有自己独特的受体和味道——鲜味(Rolls *et al.*,1998)。它产生一种令人愉悦的味道,同时也增强其他化合物的风味。然而,葡萄酒中谷氨酸盐的含量还不足够带来感觉冲击。脂肪酸也能激活特殊的感受器细胞,但是,跟氨基酸一样,他们在葡萄酒中的含量低于被感知的水平。

影响味觉的因素(Factors influencing taste perception)

许多因素影响味觉的感知和识别。这些因素可以很简单地分为4类:物理因素、化学因素、生物因素和心理因素。

物理因素(Physical)

虽然经过一个世纪的研究,但温度在味觉感受中起的作用仍然不清楚。一般的观点认为味觉感受在正常的口温下是最佳的。例如,降温会降低糖的甜味(图 4.8)和生物碱的苦味(Green and Frankmann,1987)。然而,众所周知单宁的苦味在冷凉的温度下会更强。这个异常现象可能跟单宁和生物碱的苦味分别由不同感受器感知有关(表 4.1),葡萄酒只有在特别添加其他风味物质时才会有苦味生物碱,如味美思酒中的苦味生物碱。

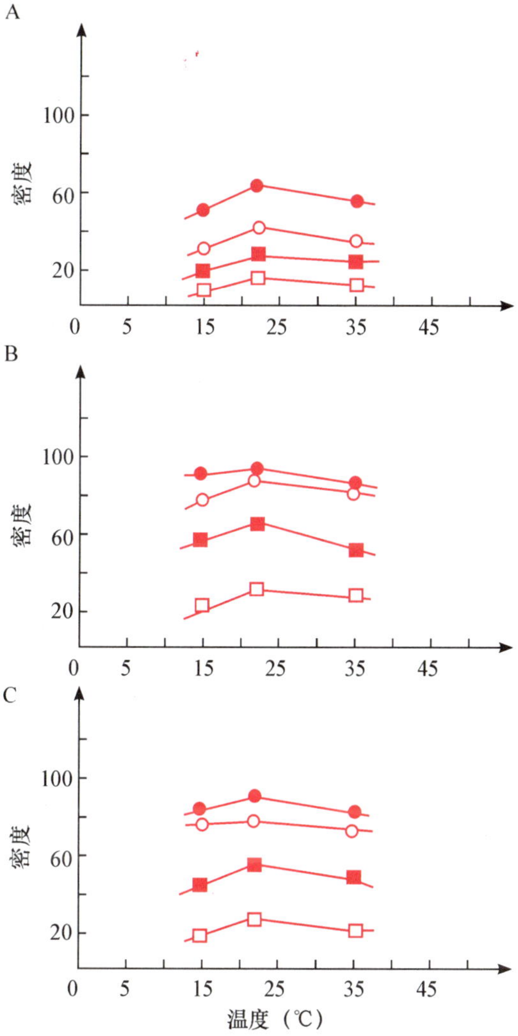

图 4.8　**随着温度和浓度改变(A)*D*-葡萄糖、(B)*D*-果糖和(C)蔗糖的甜味强度的变化(● 9.2 g/mL;○ 6.9 g/mL;■ 4.6 g/mL;□ 2.3 g/mL)**[资料来源:Reprinted from Food Chem. 44,83-92. Portmann, M.-O., Serghat, S., and Mathlouthi, M. Study of some factors affecting intensity/time characteristics of sweetness. 83-92. Copyright (1992)]。

另一个重要的影响味觉的物理化学因素是 pH 值。它既可以通过影响盐和酸的解离起到直接作用,又可以通过影响蛋白形状和生物活性起到间接的作用。味觉神经上的受体蛋白结构的改变能够很大程度上影响味觉反应。

化学因素(Chemical)

呈味物质不仅直接刺激感受器神经,还会影响其他味觉刺激物的感知。例如,不同糖的混合物会抑制对甜味的感知强度,高糖浓度下表现尤其明显(McBride and Finlay,1990)。此外,一组呈味物质会影响其他呈味物质的感知,如糖会降低对苦味、收敛性和酸味的感知。奶酪的咸味可以降低红酒的苦涩味。这些相互作用会影响感知的响应时间、持续时间和最大感知度(图 4.9 和图 4.10)。尽管酒精可以抑制感觉的敏感性,但它可以增强糖的甜味和类黄酮的苦涩味,降低一些酸的收敛性和酸味。

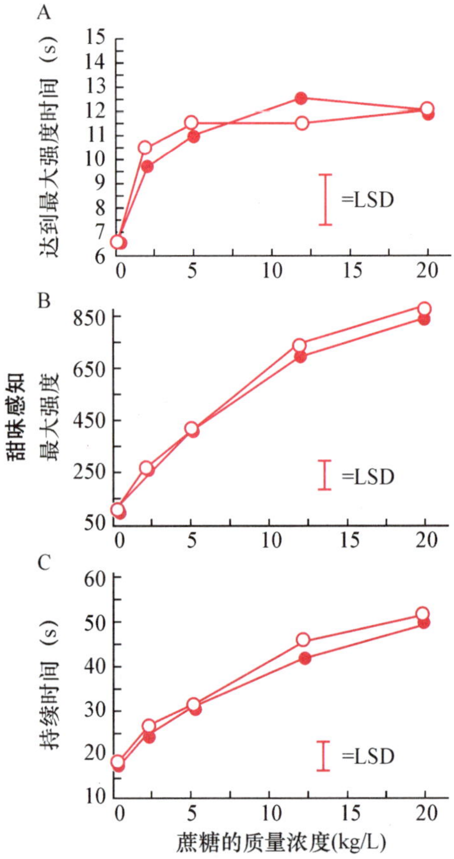

图 4.9 **单宁收敛性(○低,1 300 GAE;●高,1 800 GAE)对甜味感知达到最大强度时间(A),所达到的最大强度(B)和持续时间的影响(C)。(GAE,没食子酸当量)**[资料来源:Reprinted from *Food Qual. Pref.* 6,27-34. Ishikawa, T., and Noble, A. C. Temporal perception of astringency and sweetness in red wine. Copyright (1995)]。

呈味物质也可以影响其他的感知(Voilley *et al.*,1991)。特别有趣的是糖对芳香化合物挥发性的影响,在很低的浓度下(1%),果糖可以抑制乙醛的挥发,降低其检测量(Maier,1970),增强乙烷醋酸盐和酒精的挥发性(Nawar,1971)。溶解性和挥发性之间平衡的改变可能就是这些影响引起的。

呈味物质往往拥有不止一种感官品质。例如,单宁可以呈现苦味或收敛性,还能呈现芳香味;葡萄糖可以呈甜味或轻微的辣味;酸表现酸味的同时又呈现收敛性;钾盐既咸又苦,酒精除可以带来强烈的灼烧感外,还带来一些甜味。在混合物里,这些味道在很大程

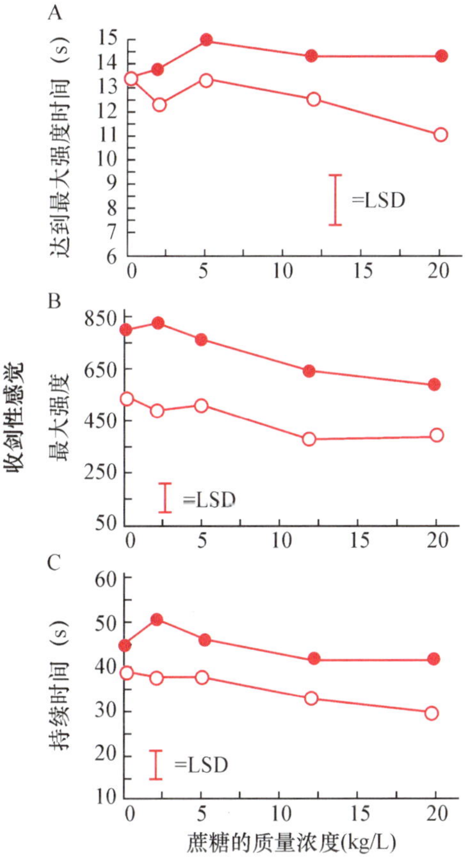

图 4.10　甜味对收敛性感知(A)达到最大强度时间,(B)达到的最大强度和(C)持续时间的影响(○低,1 300 GAE;●高,1 800 GAE)[资料来源:Reprinted from *Food Qual. Pref.* 6,27-34. Ishikawa,T.,and Noble,A. C. Temporal perception of astringency and sweetness in red wine. Copyright (1995)]。

度上影响整体味觉的感知(Kroeze,1982)。对一种混合物的感知强度通常反应里面所含主要成分的强度,而不是单个成分强度的总和(McBride and Finlay,1990),这些相互作用的起因是复杂多样的(Avenet and Lindemann,1989)。

葡萄酒在口腔中化学性质的变化导致呈味物质之间的相互作用更加复杂。葡萄酒刺激唾液的分泌(图 4.11),而唾液会稀释葡萄酒改变葡萄酒化学性质。唾液中富含脯氨酸的蛋白占总唾液蛋白的 70%左右,因此唾液可以和单宁有效结合,从而影响收敛性,并减少与苦味感觉神经作用的单宁分子数量。因为一天中唾液的化学性质一直都在改变,并且个体之间也不一样,所以很难明确预知唾液对味觉的作用。

生物因素(Biological)

一些研究表明随着年龄增长感觉的灵敏度逐渐消失(Bartoshuk *et al.*,1986;Stevens and Cain,1993)。中年以后,不管是味蕾数量还是每个味蕾上面感觉受体的数量都在减少。

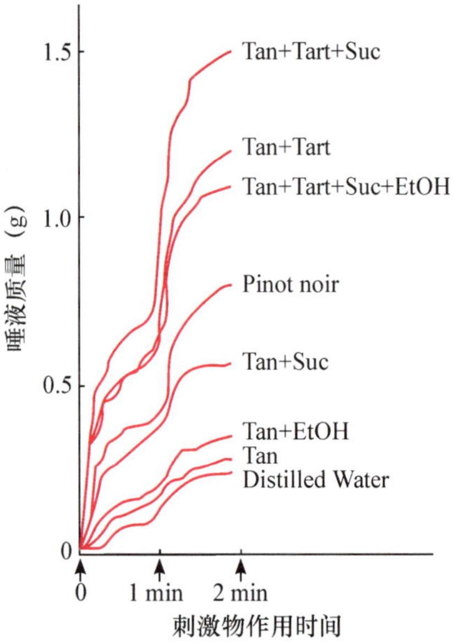

图 4.11 **品尝单独的黑比诺葡萄酒和品尝混合不同成分时分泌的腮腺唾液数量变化。EtOH，乙醇；Suc，蔗糖；Tan，单宁；Tart，酒石酸**[资料来源：Hyde and Pangborn，1978]。

然而，与年龄相关的感觉消失并不特别影响葡萄酒品尝能力。一些药物治疗也能影响味觉灵敏度(Schiffman，1983)。此外，多种多样的日用化学品也能破坏味觉的感知。一个常见的破坏味觉感知的例子就是月桂基磺酸钠，它是一种常见的牙膏成分(DeSimone *et al.*，1980)。

灵敏度消失的表现是检测阈值的上升——一种物质被检测到的最低浓度。长期的慢性口腔和牙齿疾病会产生一种经久不衰的口味，使辨别低浓度的味道更加困难(Bartoshuk *et al.*，1986)。这就可以解释为什么拥有自然牙齿的老人通常比用假牙的老人的检测阈值低。灵敏度的消失也降低了对混合物里呈味物质的辨别鉴定能力(Stevens and Cain，1993)。

尽管退化的遗传特性导致特定的味觉消失，但微妙的个体味觉灵敏度的差异更加普遍(图 4.12)。这些差异可以很好地解释在品尝不同葡萄酒时其优缺点通常表现不同的原因。灵敏度也可以随时间改变。研究发现人在几天之内对苯硫脲(经常用来感官研究的苦味化合物)的灵敏度的变化范围大于 100 倍(Blakeslee and Salmon，1935)。

因为过度与味觉刺激物接触而引起的短期灵敏度丧失被称之为适应。在合适的浓度下，对味觉刺激物能够完全适应。相应地，葡萄酒品酒师通常被建议在品尝不同样品间隙用水或白面包清洁上颚。

交叉适应性是指对一种化合物的适应性影响到对其他物质的感知灵敏度。一些适应作用比较容易理解，例如，在品尝过苦味或酸味溶剂后再喝水时有明显的甜味。然而，一些适应现象却没有那么简单，如在吃过了朝鲜蓟以后品尝出的明显的甜味，而朝鲜蓟没有明显的苦味(McBurney and Bartoshuk，1973)。

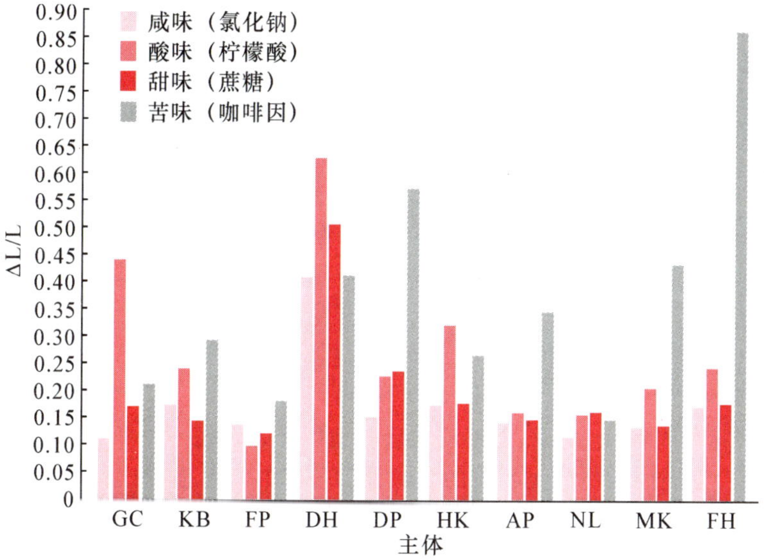

图 4.12　10 个品尝者对主要品尝品质的差别感受性变化图

［资料来源：Schutz and Pilgrim，1957］。

心理因素(Psychological)

颜色影响对食物(Clydesdale *et al.*，1992；Francis，1995)和葡萄酒(Tromp and van Wyk，1977)的评价，同样也影响味觉感知(Maga，1974)。大部分的研究表明这些影响是相互联系的(Clydesdale *et al.*，1992)，但 Pangborn 等(1963)研究的结果却与之相反。

一些芳香化合物也能引起对味觉的感知(Murphy *et al.*，1977；Enns and Hornung，1985)。例如，一些乙酯和呋喃通常被描述为拥有甜味，不管这种结果来自于味蕾对会厌后部的刺激，还是甜味感知的增强(Frank and Byram，1988)，或是大脑前眶额皮质(Rolls *et al.*，1998)里味觉和味觉输入的综合作用都还有待研究。一般来说，添加到食物或饮料中的芳香物表现出更多的是风味而不是气味的感知(Sekuler and Blake，1994)。

文化和家庭的教育也会影响到感觉的感知，或者至少会影响到喜好的发展(Barker，1982)。例如，经常提到的烹饪和当地葡萄酒之间的搭配关系是习惯的体现，这也是在一个迷人的地方度假的乐趣之一。

口感(Mouth-feel)

口感是呈味物质被三叉神经的自由神经末端激活产生的。三叉神经纤维包围着味蕾(Whitehead *et al.*，1985)，它们随机地分布于整个口腔。这也可以解释口腔中扩散的，定位不明确的口感感觉。品尝葡萄酒时，口感包括收敛性、温度、刺痛感、丰满感和热感。它们来自于对一种或更多类型三叉神经感受器的刺激。这些感受器至少存在有 4 种类型：机械感受器(接触)、温度感受器(冷和热)、伤害感受器(疼痛)和自动感知器(运动和位置)。

收敛性(Astringency)

作为葡萄酒典型口感的收敛性是一种复杂的感觉，它能够引起干燥的、苦涩的、粗糙的和灰尘味的口腔感觉(Lawless *et al.*，1994)。这类感觉主要是由葡萄皮和种子中萃取出来的酚类化合物引起的。在橡木桶中的陈酿也可以提供足够的单宁增强葡萄酒的收敛性。白葡萄酒较弱的收敛性是因为它们的酚类化合物含量低。

尽管收敛性可与苦味混淆(Lee and Lawless，1991)，并且它们可由同种化合物引起，但是它们拥有截然不同的感觉。可能造成混淆的主要原因是它们拥有相似的反应曲线——这两种感知都比较缓慢地表现出来而且回味很长(图 4.13 和图 4.14)。缩合单宁强烈的收敛性可以部分掩盖它们的苦味(Arnold and Noble，1978)。当要求经过训练的品酒师区分这些感觉时，苦味和收敛性为什么能够被很成功地区分开仍是一个争论未决的问题。图 4.15 阐明葡萄酒中发现的一些酚类物质的收敛性和苦味的相对强度比较。

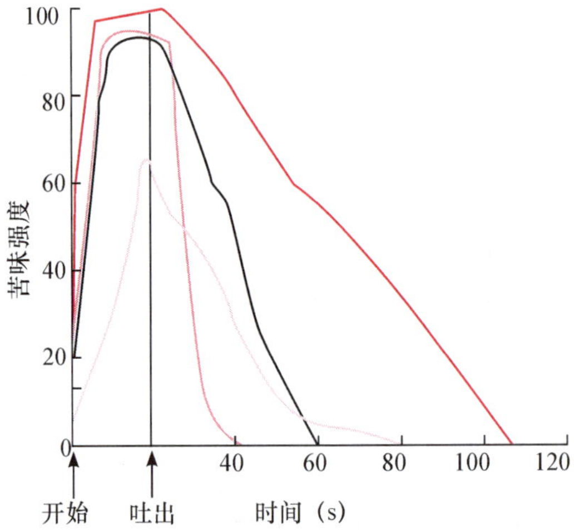

图 4.13　**4 位被测试者对 15 mg/L 奎宁水溶液的苦味响应时间-强度曲线**[资料来源：Leach，E. J. and Noble，A. C. (1986). Comparison of bitterness of caffeine and quinine by a time-intensity procedure. *Chem. Senses* 11，339-345. Reproduced by permission of Oxford University Press]。

收敛性一般产生于富含脯氨酸的唾液为蛋白和糖蛋白与酚类化合物的结合、沉淀(Haslam and Lilley，1988)。主要的酚类化合物包含类黄酮和非类黄酮物质单宁两类(表 4.2)。单宁和蛋白之间主要的反应包括有蛋白中—NH_2 和—SH 基团与单宁 o-醌基团的反应(Haslam *et al.*，1992)。虽然蛋白和单宁之间还有其他反应(Guinard *et al.*，1986b)，但是这些反应在葡萄酒里几乎没有什么意义。在单宁与蛋白结合时，蛋白的分子质量、形状和电性发生改变，产生沉淀。

影响收敛性的重要因素是 pH 值(图 4.16)。氢离子浓度影响蛋白的水和作用，并且影响酚类和蛋白的离子化。在过酸的葡萄酒里，低 pH 值可以单独导致唾液糖蛋白的沉淀(Dawes，1964)从而引起收敛性的感觉(Thomas and Lawless，1995)。单宁与富含脯氨酸的

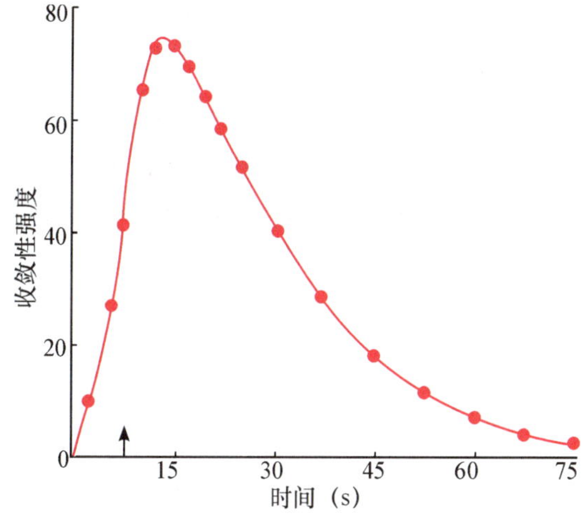

图 4.14 白葡萄酒中 5 mg/L 单宁酸产生收敛性的平均感知时间-强度曲线。酒样在口中保持 5 s 再吐出[资料来源:Guinard *et al.*, 1986a]。

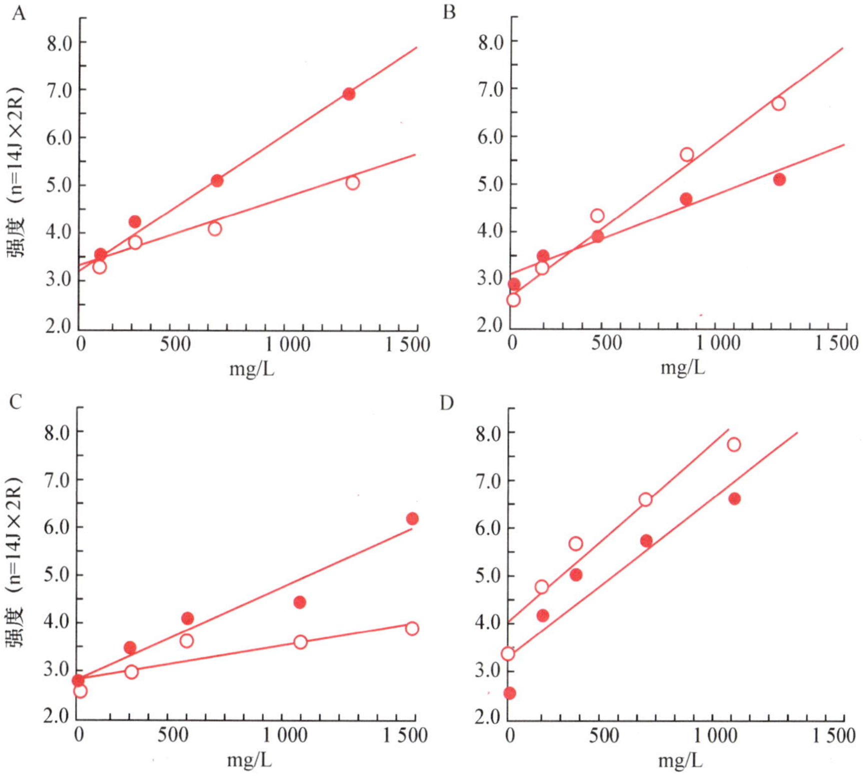

图 4.15 不同浓度(A)儿茶素,(B)葡萄籽单宁,(C)没食子酸,(D)单宁酸产生苦味(●)和收敛性(○)平均感知强度值变化[资料来源:Robichaud, J. L., and Noble, A. C. (1990). Astringency and bitterness of selected phenolics in wine. *J. Sci. Food Agric.* 53, 343-353. Copyright Society of Chemical Industry. Reproduced with permission. Permission is granted by John Wiley & Sons Ltd on behalf of the SCI]。

蛋白作用，使唾液黏性减少而摩擦增加。这两个因素都降低了唾液的润滑性（Prinz and Lucas，2000）。口腔上皮细胞表面蛋白和单宁结合物沉淀夺取细胞表面的水分，引起缺水的错觉。沉淀的唾液蛋白也能覆盖在牙齿上，产生与收敛性有关的特有的粗糙感。

表 4.2　葡萄和葡萄酒里酚类物质及其相关的物质[a][资料来源 Jackson 2000]

一般类型	一般结构	例子	主要来源[b]
非类黄酮化合物 **安息香酸**	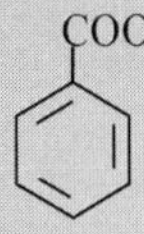	安息香酸 香草酸 没食子酸 原儿茶酸 可水解鞣质	G,O O G,O G,O G
苯甲醛	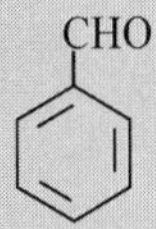	苯甲醛 香草醛 丁香醛	G,O,Y O O
肉桂酸	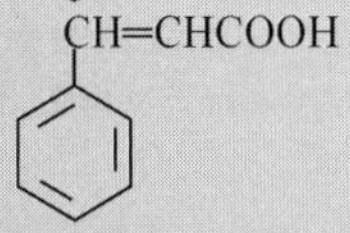	香豆酸 阿魏酸 绿原酸 咖啡酸	G,O G,O G G
肉桂醛	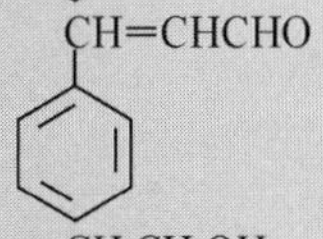	松柏醛 芥子醛	O O
双羟苯基乙醇	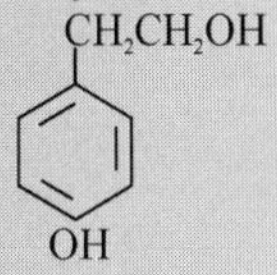	对羟苯基乙醇	Y
类黄酮 黄酮醇	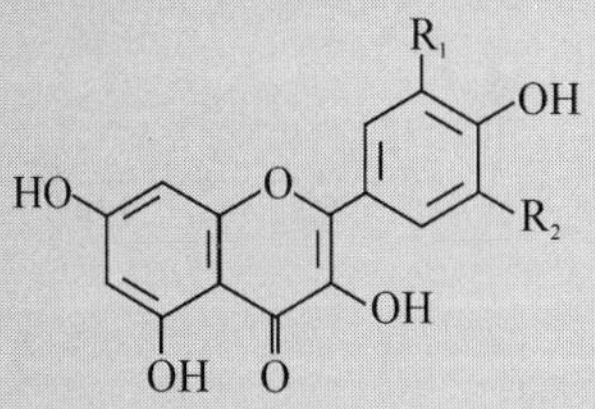	槲皮素 山萘酚 杨梅树皮素	G G G
花青素	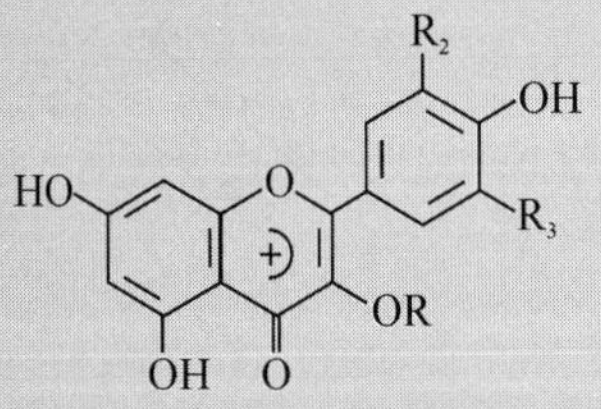	花青素苷 飞燕草苷 矮牵牛苷 芍药色素苷 锦葵色苷	G G G G G
黄烷-3-醇	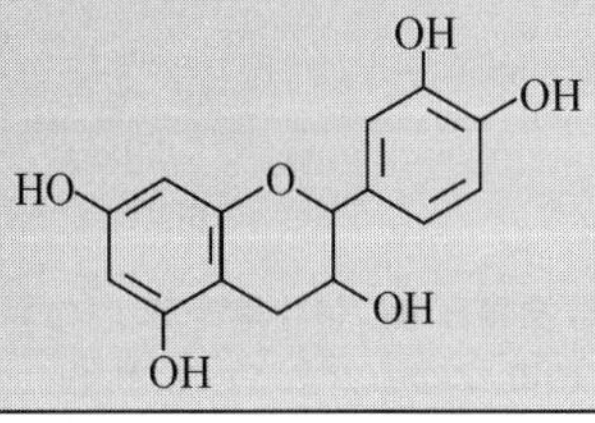	儿茶酚 左旋儿茶素 没食子儿茶素 原花青素 缩合单宁	G G G G G

a. 数据来源：Amerine and Ough(1980) and Ribereau－Gayon(1964)。

b. G，grape；O，oak；Y，yeast.

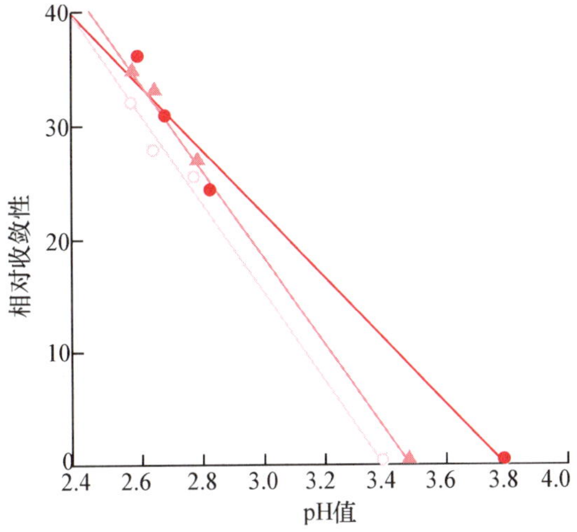

图 4.16 **pH 值对 3 种单宁酸浓度(● 0.5 g/L;▲ 1 g/L;○ 2 g/L)的模拟葡萄酒溶液收敛性感知强度的影响**[资料来源:Guinard,J.,Pangborn,R. M.,and Lewis,M. J.(1986b). Preliminary studies on acidity-astringency interactions in model solutions and wines. J. Sci. Food Agric. 37,811-817. Copyright Society of Chemical Industry. Reproduced with permission. Permission is granted by John Wiley & Sons Ltd on behalf of the SCI]。

单宁与细胞膜上糖蛋白和黏液上皮细胞磷脂的作用同其与唾液蛋白的作用相比,可能更重要。细胞膜的功能障碍,如甲基儿茶酚胺的分解,会影响对收敛性的感知。此外,特定单宁成分与肾上腺素和去甲肾上腺素的关系能够刺激局部血管收缩,进而增强干燥、涩味感觉。连续接触单宁及相关唾液蛋白的降低,增强了收敛性的感知(Guinard *et al*.,1986a)。

收敛性是在口腔里最慢显示出来的感觉。除了依靠存在的单宁的浓度和类型外,收敛性的感知需要 15 s 才能达到最大强度(图 4.14),而感受其强度的减弱则需要更长的时间。不同的品酒师对特定单宁有相似的却是独一无二的反应曲线。

连续的取样品尝通常会增加收敛性反应的强度和持续时间。但是当葡萄酒跟食物一起食用时这种现象很少发生,主要是因为单宁与食品中所含蛋白之间的作用。然而,如果品酒时很快地品尝不同的样品而没有足够地清洁口腔,那么收敛性的增加会导致品尝序列误差。序列误差是由于物品取样顺序导致的感知差异。尽管单宁刺激唾液的分泌(图 4.11),但其产生量不足以限制收敛性感知的增强。

一个更重要的影响单宁引起收敛性的因素是它的分子大小。聚合体可以增强收敛性,直到聚合体沉淀或者不再结合蛋白。个体单宁在这些反应中所起的特定作用还不清楚。这可能部分地由单宁的结构复杂性和在陈酿过程中它们结构的改变所导致。类黄酮和非类黄酮单体能够聚合(形成二聚体、三聚体和四聚体),也能与花色苷、乙醛、烯醇式丙酮酸衍生物以及各种各样的糖类结合。然而葡萄皮和葡萄籽中所谓的“软的”和“硬的”单宁之间的关系仍然不清楚。

尽管葡萄酒的收敛性主要是由单宁和有机酸引起的,但是其他化合物可以增强收敛性,如高浓度的酒精。然而,一般葡萄酒所含酒精的浓度常常会限制单宁引起的唾液蛋白的沉淀(Lea and Arnold,1978; Yokotsuka and Singleton,1987)。这个作用,结合高含糖量的黏性就可以解释波特葡萄酒表现的低收敛性。

灼烧感(Burning)

高酒精度会在口腔中产生灼烧的感觉,尤其是在喉咙的后部。这种感觉来自于响应热的感受器的激活。拥有高含糖量(如 eisweins and Tokaji Eszencia)的葡萄酒会拥有一种被称为糖"灼烧"的感觉。这种感觉是否与酒精和诸如辣椒粉等调味料产生的灼烧感类似还尚未知。

温度(Temperature)

冷藏的白葡萄酒和起泡葡萄酒产生的凉爽口感增加了葡萄酒的微妙风味和品尝乐趣。凉爽的温度增强了刺痛感(图 4.17)并延长了起泡葡萄酒的起泡时间。冷凉的温度也能减弱甜味的感知(Green and Frankmann,1988),增强苦味和收敛性的感知。红酒通常适合在 18～22 ℃享用。在这个温度范围内,挥发性提升,葡萄酒香气的感知增强。然而,品尝温度的偏好也是生活习惯的反映,这就可以解释为什么在 19 世纪时在低温下饮用葡萄酒不被推崇。这就解释了为什么现在看起来品尝红酒时优先选择的温度在 19 世纪却被视为冷凉的温度(Saintsbury,1920)。

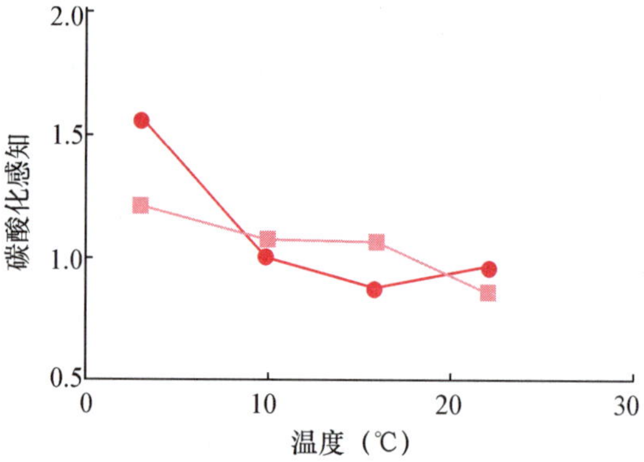

图 4.17 **经过训练和未经过训练的品尝者对葡萄酒(CO_2 和葡萄酒体积比为 2.4)温度和碳酸感知对比(■经过训练的品尝者●未经过训练的品尝者)**[资料来源:Yau, N. J. N. and McDaniel, M. R. (1991). The effect of temperature on carbonation perception. Chem. Senses 16, 337-348. Reproduced by permission of Oxford University Press]。

刺痛感(Prickling)

口腔中泡沫爆裂引起刺痛感、麻刺感,有时是疼痛灼烧感。含有 3‰～5‰二氧化碳的葡萄酒会引起这样的感觉,并且受气泡大小和温度的影响。除了口感,溶解的二氧化碳还有轻微的酸味(来自于碳酸的形成),并带有偏苦和偏咸的味道(Cowart,1998)。二氧化碳改变了呈味化合物的感知(Cowart,1998),尤其明显的是那些含有甜味、酸味和咸味的化合物。它减弱甜味,增强咸味。它对葡萄酒酸味的影响更加复杂。在糖的存在下二氧化碳增强了酸味,但是减弱了对酸类物质的感知。此外,碳酸化作用很大程度上增加了口腔对冷的感知(Green,1992)。

尽管二氧化碳促进了一些挥发性化合物的挥发,但同时也降低了对其他芳香物的检测(Cain and Murphy,1980)。这可以大概解释康可葡萄酿造的起泡葡萄酒减弱的"狐臭"气味。

酒体(丰满感)[Body(weight)]

尽管酒体对于酒的整体品质很重要,但是对于它的精确来源还是不清楚。在甜葡萄酒里,酒体大致与含糖量有关系。在干型葡萄酒里,它通常与酒精含量有关。最近出现了相反的观点(Pickering *et al.*,1998)。甘油似乎能够增强酒体的感知,然而酸会减弱酒体。在大多数红葡萄酒中也都有增加酒体饱满感的单宁存在。此外,葡萄酒香气的浓度似乎也能增强对酒体的感知。

金属味(Metallic)

在干型葡萄酒里有时能够发现金属味,在起泡葡萄酒的回味里也很明显。这种感觉的来源还不知道。铁和铜离子都能引起金属味,但是也只有在一定的浓度下(分别大于20 mg/L和 2 mg/L)才能够被察觉。单宁的存在会明显增强铜离子金属味的感知(Moncrieff,1964)。

芳香化合物,如乙烯基戊基酮和奶制品中出现的金属味有关。乙酰胺也被报道能够呈现金属味(Rapp,1987)。这表明,因为金属常常促进脂肪裂解,导致口腔中来自油脂的乙烯基戊基酮的形成(Forss,1969)。这种类型的反应解释了为什么当鼻孔张开的时候硫酸铁盐在口腔里产生一种金属味道(Hettinger *et al.*,1990)。

有关的化合物(Chemical compounds involved)

糖类(Sugars)

葡萄酒中的甜味主要是由于糖的存在,特别是葡萄糖和果糖。通常糖浓度需要超过0.2%才会产生可以被感知的甜味。因为大部分开胃葡萄酒中残余的糖都低于这个浓度,它们常常表现的是干酒。干葡萄酒中能被察觉的甜味通常来自于存在的芳香化合物和酒精、甘油醇的淡淡的甜味。一些芳香化合物引起的甜味感知可能发生在大脑前眶额皮质部位(图 3.8)。

在糖的浓度大于 0.2%时,糖开始呈现出甜味,他们逐渐为酒体丰满感做出贡献。高浓度的糖会使人产生恶心的感觉,同样也会引起灼烧的口感。糖可以减弱过酸、过苦或收敛性太强的葡萄酒的粗糙感。

酒精(Alcohols)

葡萄酒中的一些酒精,只有乙醇拥有足够的量引起味觉。尽管乙醇拥有甜味,但是酒中的酸减弱了这种感觉。然而,乙醇也能在一定程度上增强糖的甜味。乙醇也能降低对酸味的感知,使偏酸的葡萄酒酸性变弱同时更加协调。在高浓度下(大约 14%),酒精逐渐产生灼烧感,他可能有助于酒体的丰满感或重量感的产生,尤其在干红葡萄酒中。乙醇也能增强苦味酚类化合物强度的感知,然而会减弱单宁引起的收敛性的感知(Lea and Arnold,1978)。

甘油是葡萄酒中最著名的多羟基化合物。在干红葡萄酒里,它也是除了水和乙醇外含量最丰富的化合物。因此,甘油醇常常被认为对于产生柔滑的口感和黏度很重要。然而,甘油很难达到能够被感知的黏度浓度(≥26 g/L)(Noble and Bursick,1984)。不过却足以起到轻微的抑制酸味、苦味和收敛性的作用。在干型酒里,甘油也呈现微弱的甜味,在干酒里它的浓度常常超过感觉甜味的阈值(≥5 g/L)。然而,在佐餐葡萄酒甘油并不能表现出甜味。

一些糖类酒精,如出现在葡萄酒中的醛醇、阿糖醇、赤藻糖醇、甘露醇、肌醇和山梨醇,它们互相作用也可以影响到酒体的厚重。

酸(Acids)

作为一个群体,羧基酸跟酒精一样对于葡萄酒的感官性质同样重要。酸产生凉爽的味道(如果过度的话会是酸味),影响葡萄酒的颜色(和它的稳定性),并且改变对其他呈味化合物的感知。比较明显的是甜味的减弱。此外,压榨时从细胞液泡里释放的酸会水解释放果实里的芳香物(Winterhalter *et al*.,1990)。一些重要的芳香化合物,如单萜、酚类、C_{13}-降异戊二烯、苯甲醇和 2-苯基乙醇在葡萄里常常以酸不稳定的非挥发配糖类形式存在(Strauss *et al*.,1987a)。

除了维持低的 pH 值外,酸对于葡萄酒颜色的稳定性也很关键。在 pH 值上升时,花色苷褪色,它们可能会最终变成蓝色。酸也可以影响酚类化合物的离子化。离子化的酚类化合物(酚盐)比它们非离子化的形式更易被氧化。相应地,高 pH 值(≥3.9)的葡萄酒特别容易被氧化,丧失它们新鲜的香气和年青的颜色(Singleton,1987)。

在葡萄酒里这些影响主要依赖于酸去离子化潜能——一种综合酸结构、葡萄酒 pH 值和各种各样金属、非金属阴离子(显著的有 K^+ 和 Ca^+)的作用。因为部分味觉受体的非特异性,所以人们对葡萄酒中的酸做出特殊的响应,并且被感知到的酸并不能简单地根据 pH 值和含酸量来预测。

酚类物质(Phenolics)

葡萄酒中的酚类化合物主要由类黄酮和非类黄酮单体组成。表 4.2 阐明了类黄酮酚类物质(一组丙素类化合物拥有一个吡喃环连接两个苯酚基团的结构)和非类黄酮物质(一组苯基化合物只拥有一个苯酚基团)的区别。这两类酚类物质都对味觉和口感有显著的影响。单独地或者结合起来,它们产生了很大群体的聚合体称为单宁。在葡萄酒里,它们引起苦味和收敛性,同样有利于酒的颜色、酒体和风味。它们各自单独的影响依赖于所含的酚类成分,以及它们的氧化、去离子化和它们自身与蛋白、乙醛、二氧化硫和其他化合物的聚合作用。在红葡萄酒里,类黄酮单宁是主要的酚类物质组分。非类黄酮来自橡木桶,同样也产生木头、香草、椰子和烟熏等味。来自橡木桶的特殊香味由橡木类型、橡木风化过程、烘烤程度、重复使用和与酒的接触时间长短决定。

类黄酮主要来自于果实的皮和籽，少量来自果柄。黄酮醇类，如栎精和花色素通常集中在果皮细胞液泡内，在果柄组织也有分布。相反地，黄烷三醇主要存在于葡萄茎秆和种子里。这些单宁主要由儿茶素、表儿茶素和表没食子儿茶素组成。果皮中单宁的特点是聚合度高，没食子儿茶素含量高。

儿茶素和它们的聚合体（原矢车菊素和缩合单宁）为葡萄酒提供了主要的苦味和收敛性。儿茶素和原矢车菊素是主要的苦味来源；中等大小的缩合单宁既表现苦味又表现收敛性；大分子单宁主要表现为收敛性。最大的单宁聚合体因为太大以至于不能很有效地与味觉感受器或者唾液蛋白反应。因为这些没味道的聚合体在陈酿过程中很缓慢地形成，这也解释了红酒中单宁粗糙感逐渐减弱的原因。如果它们发生沉淀，产生的沉淀物只有被搅动重悬起来时才会影响口感。单宁与可溶性蛋白的作用促进了互相结合沉淀。

尽管类黄酮影响白葡萄酒的味道和风味，却很少能够被察觉到，并且很少有例外发生。在不同的栽培种如雷司令和赛美容，黄烷酮糖苷类、柚皮苷能为酿造的白酒提供轻微的苦味(Drawert，1970)。此外，非类黄酮酯、咖啡酸与酒石酸缩合物（咖啡酸）可以赋予酒柔和的苦味(Ong and Nagel，1978)。最后，少量的儿茶素和无色花色苷能够赋予葡萄酒的酒体。德国葡萄酒的分级，通常以果实成熟度为基础，与类黄酮含量的增加有关(Dittrich *et al.*，1974)。然而，它们在着色和表现苦味（>40 mg/L 时发生）的作用被定位在预期的上限。

在葡萄酒里最早发现的非类黄酮物质，不是来自于橡木桶陈酿，而是羟基肉桂酸和羟基苯甲酸的衍生物。在压榨时它们很容易从细胞液泡里提取出来。数量最多、含量变化最大的成分是羟基肉桂酸衍生物——特别是咖啡酸、香豆酸和阿魏酸。它们各自的浓度都低于检测阈值(Singleton and Noble，1976)。这些化合物相互结合后会产生苦味。这种结合能力随着葡萄酒酒精含量的增加而增强。

使用橡木桶陈酿后，葡萄酒中羟基苯甲酸衍生物尤其鞣花酸的水平常常提高。鞣花酸来自于水解单宁（鞣花单宁）的降解。在葡萄酒中水解单宁通常以栗木鞣花素和栎木鞣花素（三分子鞣花酸聚合体）两种形式存在。橡木木质素的降解释放了多种肉桂醛和苯甲醛衍生物。

水解单宁几乎不对葡萄酒的感官品质产生影响(Pocock *et al.*，1994)。尽管比缩合单宁更具收敛性，但由于其低浓度和早期降解常常限制它们的感官影响。但是，有时候大量的羟基肉桂酸衍生物借助于酯类的水解结合酒石酸赋予白葡萄酒苦味(Ong and Nagel，1978)。在延长的橡木桶陈酿过程中水解单宁缓慢降解，这说明了为什么有些红酒在陈酿中不会丧失苦味。

酵母代谢产生的对羟苯基乙醇也能赋予葡萄酒苦味，这在起泡葡萄酒里尤其表现明显。在瓶内二次发酵过程中对羟苯基乙醇的量会显著增加，二次发酵是多数气泡葡萄酒所特有的。即使在无泡葡萄酒里，对羟苯基乙醇在特征浓度下（约 25 mg/L）也能赋予葡萄酒苦味。一些酚类物质如 2-苯乙醇和氨基苯甲酸甲酯能够赋予特定的葡萄品种特有的辛辣味。另外，苯酚衍生物也能产生辛辣味道或者加强品种香味。

除了直接影响苦味和收敛性，苯酚类物质也影响甜味和酸味的感知。它们也会直接影响酒体强弱和酒的平衡感。

核酸(Nucleic acids)

如果葡萄酒长期与自解酵母细胞接触，如与酒脚料陈酿成熟的时候或起泡葡萄酒陈酿成熟时候，已死的或垂死的酵母细胞都会释放出核酸。这种释放在陈酿早期最为显著。因为一些核酸(鲜味)对风味有增强作用，它们在葡萄酒中的感官意义引起了广泛关注(Courtis *et al.*，1998)。

葡萄酒品尝中的味觉和口感(Taste and mouth-feel sensations in wine tasting)

为了区别味觉和口感，品酒师需要连续地全神贯注于甜味、酸味、苦味和收敛性的感知。它们的时间响应曲线有利于准确地辨别鉴定(Kuznicki and Turner，1986)。口腔和舌部响应的局部化也有利于确定味觉特征。平衡感是即刻的感觉，来自于味道和口感的相互作用，可能与鼻后香气相关。

甜味大概是最先感知到的味觉。舌尖对甜味最敏感，但舌的其他部位也可以感受到甜味(图 4.3)。可能因为糖含量一般比较低，甜味往往是第一个被适应的味道。酸和葡萄酒酚类物质的存在会减弱甜味的感知。这些作用有利于避免甜酒中因糖过量引起的甜腻感。

酸味也能迅速被感知到。其适应速率通常比糖缓慢，成了干白葡萄酒主要的余味。酸味通常在舌头两侧感觉最强，但是不同的个体不一样。一些人感觉酸味在脸颊或嘴唇内侧更加明显。强酸性葡萄酒引起收敛性，赋予牙齿粗糙感。能察觉到的黏性的存在可以减弱酸性葡萄酒的酸味和收敛性。

如果存在苦味，接下来便是对苦味的感知，需要几秒才能感知到。10～15 s 以后才会达到苦味最高感知强度。大多数苦味酚类化合物在舌头中后部被感知到。相反地，一些生物碱的苦味在软腭和舌头前部被感知到(Boudreau *et al.*，1979)。葡萄酒中这些苦味通常很少能被察觉到，因为舌头后部酚类物质的感知通常更快地显示出来(McBurney，1978)。同样葡萄酒里很少有生物碱。当葡萄酒拥有相等的收敛剂时苦味就更难被鉴定出来。高收敛性可以减弱苦味的感知。糖也会降低苦味(Schiffman *et al.*，1994)，然而酒精会增强苦味(Noble，1994)。

收敛性的感知很缓慢，通常是最后被感知到的主要味道。在有痰时，收敛性感知缓慢甚至超过几分钟。因为自由神经末端在整个口腔中相对随机分布，所以收敛性感知局部分布不明显。因为随着反复品评、取样造成感知强度和持续时间增加，所以一些评判家建议收敛性以最初的味觉为基础。这将赋予葡萄酒和食物更加相近的感觉。其他人认为只有品尝一些酒样以后才能判断收敛性，这时唾液的影响会降到最低。

在品尝葡萄酒时，收敛性感知的增强很大程度上影响评价，尤其是红葡萄酒，最先品尝的葡萄酒常常表现得比较柔和而且协调性更好。在品尝一系列干型酸性葡萄酒或者非常甜的葡萄酒时也会有相似的情形出现。这种序列误差的影响可以通过以随机顺序为每位品尝者提供葡萄酒的方式部分地加以弥补。在品尝样品之间做好足够的清洁也能够进一步把品尝余味的影响降到最小化。

■ 附　录

附录 4.1　味蕾密度测量(Measuring taste bud density)

味觉灵敏度简单的测量可以通过计算舌尖上菌状乳突的数目而得到,以下是经过耶鲁大学 Linda Bartoshuk 改进的方法。

利用蘸过稀释的亚甲基蓝溶液(或者蓝色食物颜料)的棉签擦拭舌尖。用清水擦洗掉多余的染料,显示出与蓝背景相反的粉色圆点即未染上色的菌状乳突。把舌头放到舌部固定架上抚平,使菌状乳突更容易被观察到。舌部固定架包含有两个塑料显微镜片,由三个螺丝钉固定到一起(参见下面的图片)。为了更加方便和标准化,只对舌尖中心区域的菌状乳突进行计数。可以利用一小张中间有一个孔的蜡纸(打孔器打孔)完成。计数可以很方便地采用一个 10 倍的手持镜头。所计算的乳突数除以观察的孔洞面积(πr^2)即得到平均每平方厘米所含有的菌状乳突数。

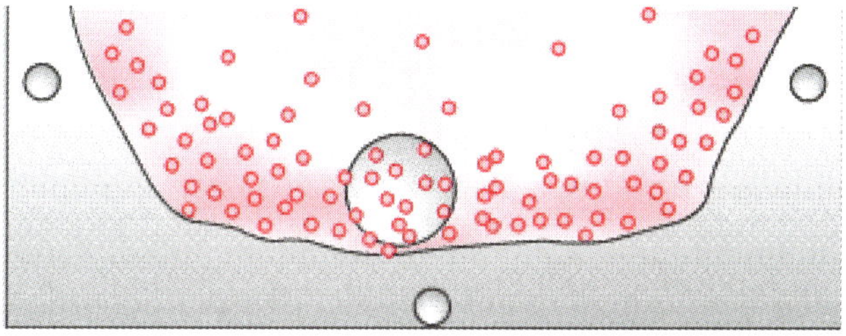

阅读建议

Beauchamp, G. K., and Bartoshuk, L. (1997). "Tasting and Smelling." Academic Press, San Diego, CA.

Doty, R. L. (ed.) (1995). "Handbook of Olfaction and Gustation." Marcel Dekker, New York.

Ebeler, S. E. (1997). Phytochemicals and wine flavor. *In* "Functionality of Food Phytochemicals" (T. JohnsandJ. T. Romeo, eds.), pp. 155-178. PlenumPress, NewYork.

Froloff, N., Faurion, A., and MacLeod, P. (1996). Multiple human taste receptor sites: A molecular modeling approach. *Chem. Senses* 21, 425-446.

Gawel, R. (1998). Red wine astringency: A review. *Aust. J. Grape Wine Res.* **4**, 74-95.

Haslam, E., and Lilley, T. H. (1988). Natural astringency in foodstuffs—A molecular interpretation. *Crit. Rev. Food Sci. Nutr.* **27**, 1-40.

Herness, M. S., and Gilbertson, T. A. (1999). Cellular mechanisms of taste transduction. *Annu. Rev. Physiol.* **61**, 873-900.

McLaughlin, S., and Margolskee, R. F. (1994). The sense of taste. *Am. Sci.* 82, 538-545.

Schifferstein, H. N. J. (1996). Cognitive factors affecting taste intensity judgements. *Food*

Qual. Pref. **7**,167-176.

Smith,D. V. , and Margolskee, R. F. (2001). Making sense of taste. *Sci. Am.* **284**(3), 32-39.

Stevens,J. C. (1996). Detection of tastes in mixture with other tastes: Issues of masking and aging. *Chem. Senses* **21**: 211-221.

Stevens,J. C. ,and Cain,W. S. (1993). Changes in taste and flavor in aging. *Crit. Rev. Food Sci. Nutr.* **33**,27-37.

Trant,A. S. ,and Pangborn,R. M. (1983). Discrimination,intensity,and hedonic responses to color, aroma, viscosity, and sweetness of beverages. *Lebensm. Wiss. Technol.* **16**, 147-152.

参考文献

Adler,E. ,Hoon,M. A. ,Mueller,K. L. ,Chandrashekar,J. ,Ryba,N. J. ,and Zuker,C. S. (2000). A novel family of mammalian taste receptors. *Cell*,**100**,693-702.

Amerine,M. A. ,and Ough,C. S. (1980). "Methods for Analysis of Musts and Wines." John Wiley,New York.

Arnold,R. A. ,and Noble,A. C. (1978). Bitterness and astringency of grape seed phenolics in a model wine solution. *Am. J. Enol. Vitic.* **29**,150-152.

Avenet,P. ,and Lindemann,B. (1989). Perspective of taste reception. *J. Membrane Biol.* **112**,1-8.

Barker,L. M. (ed.) (1982). "The Psychobiology of Human Food Selection. "AVI,Westport,CT.

Bartoshuk,L. M. (1979). Bitter taste of saccharin related to the genetic ability to taste the better substance 6-n-propylthiouracil. *Science* **205**,934-935.

Bartoshuk,L. M. ,Rifkin,B. ,Marks,L. E. ,and Bars,P. (1986). Taste and aging. *J. Gerontol.* **41**,51-57.

Bartoshuk,L. M. ,Duffy,V. B. ,and Miller,I. J. (1994). PTC/PROP tasting: Anatomy, psychophysics and sex effects. *Physiol. Behavior* **56**,1165-1171.

Beidler,L. M. ,and Tonosaki,K. (1985). Multiple sweet receptor sites and taste theory. *In* "Taste,Olfaction and the Central Nervous System"(D. W. Pfaff,ed.),pp. 47-64. Rockefeller University Press,New York.

Blakeslee,A. F. ,and Salmon,T. N. (1935). Genetics of sensory thresholds,individual taste reactions for different substances. *Proc. Natl. Acad. Sci. U. S. A.* ,**21**,84-90.

Boudreau,J. C. ,Oravec,J. ,Hoang,N. K. ,and White,T. D. (1979). Taste and the taste of foods. *In*"Food Taste Chemistry"(J. C. Boudreau,ed.),pp. 1-30. ACS Symposium Series No. 115. American Chemical Society,Washington,DC.

Brodal,A. (1981). "Neurological Anatomy in Relation to Clinical Medicine"3rd ed. ,Oxford University Press,New York.

Cain, W. S., and Murphy, C. L. (1980). Interaction between chemoreceptive modalities of odour and irritation. *Nature* **284**, 255-257.

Chandrashekar, J., Mueller, K. L., Hoon, M. A., Adler, E., Feng, L., Guo, W., Zuker, C. S., and Ryba, N. J. (2000). T2Rs function as bitter taste receptors. *Cell* **100**, 703-711.

Clydesdale, F. M. (1993). Color as a factor in food choice. *Crit. Rev. Food Sci. Nutr.* **33**: 83-101.

Collings, V. B. (1974). Human taste response as a function of focus on the tongue and soft palate. *Percept. Psychophys.* **16**, 169-174.

Courtis, K., Todd, B., and Zhao, J. (1998). The potential role of nucleotides in wine flavour. Aust. *Grapegrower Winemaker* **409**, 31-33.

Cowart, B. J. (1998). The addition of CO_2 to traditional taste solutions alters taste quality. *Chem. Senses* **23**, 397-402.

Dawes, C. (1964). Is acid-precipitation of salivary proteins a factor in plaque formation? *Arch. Oral Biol.* **9**, 375-376.

DeSimone, J. A., Heck, G. L., and Bartoshuk, L. M. (1980). Surface active taste modifiers, a comparison of the physical and psychophysical properties of gymnemic acid and sodium lauryl sulfate. *Chem. Senses* **5**, 317-330.

Dittrich, H. H., Sponholz, W. R., and Kast, W. (1974). Vergleichende Untersuchungen von Mosten und Weinen aus gesunden und aus Botrytis-infizierten Traubenbeeren. *Vitis* **13**, 336-347.

Drawert, F. (1970). Causes deterinant l'amertume de certains vins blancs. *Bull. O. I. V.* **43**, 19-27.

Enns, M. P., and Hornung, D. E. (1985). Contributions of smell and taste to overall intensity. *Chem. Senses* **10**, 357-366.

Erickson, R. P. (1985). Definitions: A matter of taste. *In* "Taste, Olfaction and the Central Nervous System" (D. W. Pfaff, ed.), pp. 129-150. Rockefeller University Press, New York.

Forss, D. A. (1969). Role of lipids in flavors. *J. Agr. Food Chem.* **17**, 681-685.

Francis, F. J. (1995). Quality as influenced by color. *Food Qual. Preference* **6**, 149-155.

Frank, R. A., and Bryam, J. (1988). Taste-smell interactions are tastant and odorant dependent. *Chem. Senses* **13**, 445-455.

Ganzevles, P. G. J., and Kroeze, J. H. A. (1987). The sour taste of acids, the hydrogen ion and the undissociated acid as sour agents. *Chem. Senses* **12**, 563-576.

Gilbertson, T. A., Fontenot, D. T., Liu, L., Zhang, H., and Monrot, W. T. (1997). Fatty acid modulation of K^+ channels in taste receptor cells: gustatory cues for dietary *fat*. *Am. J. Physiol.* **272**, C1203-1210.

Green, B. G. (1992). The effects of temperature and concentration on the perceived intensity and quality of carbonation. *Chem. Senses* **17**, 435-450.

Green, B. G., and Frankmann, S. P. (1987). The effect of cooling the tongue on the perceived intensity of taste. *Chem. Senses* **12**, 609-619.

Green, B. G., and Frankmann, S. P. (1988). The effect of cooling on the perception of carbohydrate and intensive sweeteners. *Physiol. Behav.* **43**, 515-519.

Guinard, J.-X., Pangborn, R. M., and Lewis, M. J. (1986a). The time-course of astringency in wine upon repeated ingestion. *Am. J. Enol. Vitic.* **37**, 184-189.

Guinard, J., Pangborn, R. M., and Lewis, M. J. (1986b). Preliminary studies on acidity-astringency interactions in model solutions and wines. *J. Sci. Food Agric.* **37**, 811-817.

Haslam, E., and Lilley, T. H. (1988). Natural astringency in foods. A molecular interpretation. *Crit. Rev. Food Sci. Nutr.* **27**, 1-40.

Haslam, E., Lilley, T. H., Warminski, E., Liao, H., Cai, Y., Martin, R., Gaffney, S. H., Goulding, P. N., and Luck, G. (1992). Polyphenol complexation, a study in molecular recognition. *In* "Phenolic Compounds in Food and Their Effects on Health, 1, Analysis, Occurrence, and Chemistry" (C.-T. Ho *et al.*, eds.), pp. 8-50. ACS Symposium Series No. 506. American Chemical Society, Washington, DC.

Herness, M. S., and Gilbertson, T. A. (1999). Cellular mechanisms of taste transduction. *Annu. Rev. Physiol.* **61**, 873-900.

Hettinger, T. P., Myers, W. E., and Frank, M. E. (1990). Role of olfaction in perception of non-traditional 'taste' stimuli. *Chem. Senses* **15**, 755-760.

Hyde, R. J., and Pangborn, R. M. (1978). Parotid salivation in response to tasting wine. *Am. J. Enol. Vitic.* **29**, 87-91.

Ishikawa, T., and Noble, A. C. (1995). Temporal perception of astringency and sweetness in red wine. *Food Qual.* Pref. **6**, 27-34.

Jackson, R. S. (2000). "Wine Science: Principles, Practice, Perception" 2nd ed. Academic Press, San Diego, CA.

Kalmus, H. (1971). Genetics of taste. In "Handbook of Sensory Physiology" (L. M. Beidler, ed.), pp. 165-179. Springer-Verlag, Berlin.

Kinnamon, S. C. (1996). Taste transduction: Linkage between molecular mechanism and psychophysics. *Food Qual. Pref.* **7**, 153-160.

Kroeze, J. H. A. (1982). The relationship between the side taste of masking stimuli and masking in binary mixtures. *Chem. Senses* **7**, 23-37.

Kuznicki, J. T., and Turner, L. S. (1986). Reaction time in the perceptual processing of taste quality. *Chem. Senses* **11**, 183-201.

Lawless, H. T., Corrigan, C. J., and Lee, C. B. (1994). Interactions of astringent substances. *Chem. Senses* **19**, 141-154.

Leach, E. J., and Noble, A. C. (1986). Comparison of bitterness of caffeine and quinine by a time-intensity procedure. *Chem. Senses* **11**, 339-345.

Lea, A. G. H., and Arnold, G. M. (1978). The phenolics of ciders: Bitterness and astringency. *J. Sci. Food. Agric.* **29**,478-483.

Lee,C. B. ,and Lawless,H. T. (1991). Time-course of astringent sensations. *Chem. Senses* **16**,225-238.

Levine,M. W. ,and Shefner,J. M. (1991). "Fundamentals of Sensation and Perception"2nd ed. Brooks/Cole Publishing,Pacific Grove,CA.

Maga,J. A. (1974). Influence of color on taste thresholds. *Chem. Senses Flavor.* **1**, 115-119.

Maier,H. G. (1970). Volatile flavoring substances in foodstuffs. *Angew. Chem. Internat. Edit.* **9**,917-926.

Maier,H. G. ,and Hartmann,R. U. (1977). The adsorption of volatile aroma constituents by foods. VIII. Adsorption of volatile carbonyl compounds by amino acids. *Z. Lebensm. Unters. Forsch.* **163**,251-254.

McBride,R. L. ,and Finlay,D. C. (1990). Perceptual integration of tertiary taste mixtures. *Percept. Psychophys.* **48**,326-336.

McBurney,D. H. (1978). Psychological dimensions and perceptual analyses of taste. *In* "Handbook of Perception,"(E. C. Carterette and M. P. Friedman, eds.), Vol. 6A, pp. 125-155. Academic Press,New York.

McBurney,D. H. ,and Bartoshuk,L. M. (1973). Interactions between stimuli with different taste qualities. *Physiol. Behav.* **10**,1101-1106.

Moncrieff,R. W. (1964). The metallic taste. *Perfumery Essent. Oil Rec.* **55**,205-207.

Murphy,C. ,Cain, W. S. ,and Bartoshuk, L. M. (1977). Mutual action of taste and olfaction. *Sensory Processes* **1**,204-211.

Nagai,T. ,Kim,D. J. ,Delay,R. J. ,Roper,S. D. ,and Kinnamon,S. C. (1996). Neuromodulation of transduction and signal processing in the end organs of taste. *Chem. Senses* **21**, 353-365.

Nawar,W. W. (1971). Some variables affecting composition of headspace aroma. *J. Agric. Food Chem.* **19**,1057-1059.

Noble,A. C. (1994). Bitterness in wine. *Physiol. Behav.* **56**,1251-1255.

Noble,A. C. ,and Bursick,G. F. (1984). The contribution of glycerol to perceived viscosity and sweetness in white wine. *Am. J. Enol. Vitic.* **35**,110-112.

Noble,A. C. ,Strauss,C. R. ,Williams,P. J. ,and Wilson,B. (1988). Contribution of terpene glycosides to bitterness in Muscat wines. *Am. J. Enol. Vitic.* **39**,129-131.

Ong,B. Y. ,and Nagel,C. W. (1978). High-pressure liquid chromatographic analysis of hydroxycinnamic acid,tartaric acid esters and their glucose esters in *Vitis vinifera*. *J. Chromatogr.* **157**,345-355.

Ossebaard,C. A. ,Polet,I. A. ,and Smith,D. V. (1997). Amiloride effects on taste quality: comparison of single and multiple response category procedures. *Chem. Senses* **22**, 267-275.

Pangborn, R. M., Berg, H. W., and Hansen, B. (1963). The influence of color on discrimination of sweetness in dry table wine. *Am. J. Psychol.* **76**, 229-238.

Pickering, G. J., Heatherbell, D. A., Vanhaenena, L. P., and Barnes, M. F. (1998). The effect of ethanol concentration on the temporal perception of viscosity and density in white wine. *Am. J. Enol. Vitic.* **49**, 306-318.

Pocock, K. F., Sefton, M. A., and Williams, P. J. (1994). Taste thresholds of phenolic extracts of French and American oakwood: The influence of oak phenols on wine flavor. *Am. J. Enol. Vitic.* **45**, 429-434.

Portmann, M.-O., Serghat, S., and Mathlouthi, M. (1992). Study of some factors affecting intensity/time characteristics of sweetness. *Food Chem.* **44**, 83-92.

Prinz, J. F., and Lucas, P. W. (2000). Saliva tannin interactions. *J. Oral Rehabil.* **27**, 991-994.

Rapp, A. (1987). Veranderung der Aromastoffe wahrend der Flaschenlagerung von Wei β weinen. *In*"Primo Simposio Internazionale: Le Sostanze Aromatiche dell' Uva e del Vino"pp. 286-296.

Ribereau-Gayon, P. (1964). Les composes phenoloques du raisin et du vin. I, II, III. *Ann. Physiol. Veg.* 6, 119-147, 211-242, 259-282.

Robichaud, J. L., and Noble, A. C. (1990). Astringency and bitterness of selected phenolics in wine. *J. Sci. Food Agric.* **53**, 343-353.

Rolls, E. T., Critchley, H. D., Browning, A., Hernadi, I. (1998). The neurophysiology of taste and olfaction in primates, and umami flavor. *Ann. N. Y. Acad. Sci.* 855, 426-437.

Saintsbury, G. (1920). "Notes on a Cellar-Book." Macmillan, London.

Schiffman, S. S. (1983). Taste and smell in disease. *N. Engl. J. Med.* **308**, 1275-1279.

Schiffman, S. S., Gatlin, L. A., Sattely-Miller, E. A., Graham, B. G., Heiman, S. A., Stagner, W. C., and Erickson, R. P. (1994). The effect of sweeteners on bitter taste in young and elderly subjects. *Brain Res. Bull.* **35**, 189-204.

Schmale, H., Holtgreve-Grez, H., and Christiansen, H. (1990). Possible role for salivary gland protein in taste reception indicated by homology to lipophilic-ligand carrier proteins. *Nature* **343**, 366-369.

Schutz, H. G., and Pilgrim, F. J. (1957). Differential sensitivity in gustation. *J. Exp. Psychol.* **54**, 41-48.

Scott, T. R., and Chang, G. T. (1984). The state of gustatory neural coding. *Chem. Senses* **8**, 297-313.

Scott, T. R., and Giza, B. K. (1987). Neurophysiological aspects of sweetness. *In*"Sweetness"(J. Dobbing, ed.), pp. 15-32. Springer-Verlag, London. Sekuler, R., and Blake, R. (1994). "Perception." 3rd ed. McGraw-Hill, New York.

Singleton, V. L. (1987). Oxygen with phenols and related reactions in must, wines and model systems, observations and practical implications. *Am. J. Enol. Vitic.* **38**, 69-77.

Singleton, V. L., and Noble, A. C. (1976). Wine flavour and phenolic substances. *In* "Phenolic, Sulfur and Nitrogen Compounds in Food Flavors" (G. Charalambous and A. Katz, eds.), pp. 47-70. ACS Symposium Series No. 26. American Chemical Society, Washington, DC.

Sowalsky, R. A., and Noble, A. C. (1998). Comparison of the effects of concentration, pH and anion species on astringency and sourness of organic acids. *Chem. Senses* **23**, 343-349.

Stevens, J. C., and Cain, W. C. (1993). Changes in taste and flavor in aging. *Crit. Rev. Food Sci. Nutr.* **33**, 27-37.

Strauss, C. R., Gooley, P. R., Wilson, B., and Williams, P. J. (1987). Application of droplet countercurrent chromatography to the analysis of conjugated forms of terpenoids, phenols, and other constituents of grape juice. *J. Agric. Food Chem.* **35**, 519-524.

Thomas, C. J. C., and Lawless, H. T. (1995). Astringent subqualities in acids. *Chem Senses.* **20**, 593-600.

Tromp, A., and van Wyk, C. J. (1977). The influence of colour on the assessment of red wine quality. In: *Proc. South African Soc. Enol. Vitic.* pp. 107-117.

Voilley, A., Beghin, V., Charpentier, C., and Peyron, D. (1991). Interactions between aroma substances and macromolecules in a model wine. *Lebensm. Wiss.* Technol. **24**, 469-472.

Walters, D. E. (1996). How are bitter and sweet tastes related? *Trends Food Sci. Technol.* **7**, 399-403.

Whitehead, M. C., Beeman, C. S., and Kinsella, B. A. (1985). Distribution of taste and general sensory nerve endings in fungiform papillae of the hamster. *Am. J. Anat.* **173**, 185-201.

Winterhalter, P., Sefton, M. A., and Williams, P. J. (1990). Volatile C_{13}-norisoprenoid compounds in Riesling wine are generated from multiple precursors. *Am. J. Enol. Vitic.* **41**, 277-283.

Yau, N. J. N., and McDaniel, M. R. (1991). The effect of temperature on carbonation perception. *Chem. Senses* **16**, 337-348.

Yokotsuka, K., and Singleton, V. L. (1987). Interactive precipitation between graded peptides from gelatin and specific grape tannin fractions in wine-like model solutions. *Am. J. Enol. Vitic.* **38**, 199-206.

Zuniga, J. R., Davies, S. H., Englehardt, R. A., Miller, I. J., Jr., Schiffman, S. S., and Phillips, C. (1993). Taste performance on the anterior human tongue varies with fungiform taste bud density. *Chem. Senses* **18**, 449-460.

葡萄酒的定量评价（技术上）

Quantitative（technical）wine assessment

5

葡萄酒的定量分析通常包括以下二者之一：评价或分析。评价内容涉及对各种葡萄酒的区别和等级划分。从广大消费者到一个小的实验室的品酒员的品味都会使此评价有所不同。大多数人都将葡萄酒评价等同于葡萄酒品尝，偶尔，小组专家可能会更进一步对所检测的葡萄酒品质加入价格的因素。相比之下，葡萄酒分析更侧重于对葡萄酒的感官品质进行详细的分析，其目的是获得葡萄酒某些方面相对客观的数据，如葡萄酒感官上的区别、导致葡萄酒偏好的原因、感知的本质和动力学特性等。或者，葡萄酒分析可以作为一个质量控制程序。虽然每一项严格的感官分析都必须由经过专门培训的专家执行，但是通常情况下用或者不用经过培训的专家都可以。因为感官分析是一种研究开发工具，要确保在一个安静、中立的环境中进行，避免品酒师间的互动及对样品来源的预先了解，这是非常重要的。

品酒师的选择和培训（Selection and training of tasters）

基本要求（Basic requirements）

对于品评小组的成员来讲最重要的品质就是激情，这一点对学习和参与都是必不可少的。如果没有对葡萄酒发自内心的热爱和兴趣，那么对于持续数周、数月甚至数年的定期高强度劳动，很难保持这种奉献精神。为了保持一致性，可取的做法是保持共同的核心成员。因此，参选人员要远远超过所需人员，参选人员中拥有感官评价所必需的技能的人不会超过60％。

为了保持品酒员的积极性和参与性，清楚地显示该小组工作的重要性是很必要的。提供一间舒适的专用品尝室是小组工作重要性的表现之一。教育会议或定期地示范此工作的用途也是有效的。对小组成员工作有效性的反馈（私下）能够鼓励品酒员的积极性。最后，在合法和可能的条件下，提供葡萄酒购买的优惠券也是一种实际有效的方式。

除了兴趣和坚持,小组成员必须保持评估的一致性,或尽快培养这种能力。一致性可以通过一种或几种统计学工具进行评价。例如,对重复样本进行排名或术语使用的差异显著性是判断一致性的重要指标。方差分析的数据也可以确定是否小组所有成员均单独或集体使用的评分表一致。虽然品评者的感官能力具有波动性,但是如果要检测细微的差别,这种波动必须降低到最低水平。品评小组的分析常常被认为是感官分析仪器的补充。因此,小组成员对某一研究特性的反应必须高度一致。在评估葡萄酒质量(一种综合的品性)的时候,这种品性是否可取是一个还需讨论的要点。如果实验者想辨别细微的区别,那么一小部分内部成员的异议是必须要考虑的。相反,如果目的是为了明确顾客能否区分特定的葡萄酒之间的区别,那么小组的意见应该代表大众群体。后者假定大众群体所感觉到的区别是众所周知的。

专业品评者的另一个要求是要熟知传统的模式,并且具有丰富的经验。当进行评级或文字表述时这一点尤其重要。专业的品酒师必须能够独立于个人喜好进行评定,并能够准确地描述葡萄酒的品性,这就需要培训和丰富的经验。

如上所述,对葡萄酒特殊品质的敏感性会对小组成员是否适合参加品评产生影响。在描述性的感官分析中,对一些特性的高敏锐性是必须的。但是,在大多数情况下,品评员只需要具备对感觉的标准敏感性就可以了。例如,由对苦味和收敛性高度敏感的成员组成的品评小组,可能会不合理地降低对新红葡萄酒的评价。通常,学习能力和始终如一的使用感官术语对品酒师更为重要。对于质量评估,准确地使用综合质量的术语,例如复杂性、发展性、平衡性、酒体及余味等,这是最核心的要求。

在要求对具体特性进行评分的情况下,足够的信心和熟练的打分对品评成员而言是必不可少的。经验不足的品评者往往不合适地将分数打在中等水平(集中趋势)。这可以区分相似的葡萄酒,但是对不同的葡萄酒却是不合适的。

因为专业训练的品评者(大部分爱好者)所偏爱的特性往往不同于普通葡萄酒消费者的爱好,小组评分很少反映消费者的偏好(表 5.1)。但是,消费者是独特的,而不是一个平均组。不同的年龄组别和拥有不同饮酒习惯的组别具有明显的偏爱差异,这就很好地说明这个问题(表 5.2 和表 5.3)。因此,如果评审小组对市场营销进行研究,那么谨慎地挑选小组成员使其能代表目标群体是至关重要的。

表 5.1　一般葡萄酒特性的整体可接受性和享受分数间的相关性
[资料来源:Willisams *et al.*,1982]

	酒的品评者			专业品评
	普通大众	商业产品	特殊品种的葡萄酒	
外观	—	—	—	−0.01
颜色	0.54	0.56	0.74	0.39
香气	0.40	0.96	0.95	0.78
口腔味觉	0.91	0.92	0.89	0.96

表 5.2 一般葡萄酒特性的整体可接受性和享受分数在不同年龄段间的相关性
[资料来源:Williams *et al.*,1982]

	年龄			
	18～24	25～34	35～44	45～64
颜色	0.40	0.43	0.45	0.59
香气	0.17	0.32	0.73	0.46
口腔味觉	0.90	0.82	0.90	0.82

表 5.3 一般葡萄酒特性的整体可接受性和享受分数在不同葡萄酒价格和消费周期间的相关性
[资料来源:Williams *et al.*,1982]

	红葡萄酒:饮用习惯			
	＞每瓶 2 英镑		＞每瓶 2 英镑	
	经常饮酒者	不经常饮酒者	经常饮酒者	不经常饮酒者
颜色	0.42	0.57	0.56	0.48
香气	0.63	0.36	0.73	0.47
口腔味觉	0.88	0.94	0.84	0.96

有潜力的葡萄酒品评小组成员的鉴定(Identification of potential wine panelists)

没有一系列的试验可以准确无误地找出那些具有卓越品尝能力的人,这如同在效能测试中需要多种不同的技能一样。不过,品尝的能力,如感觉敏锐性、辨别力、识别能力、记忆力和得分的一致性等可以衡量,它们可以作为品尝师应该具备或发展的技能指标。此外,记忆力对于品尝家也许更重要,例如,针对直接比较的短期记忆能力和针对评估文体规范相容性的长期记忆能力等,正是这种特殊的记忆而非敏锐的感知区分出了优秀的品评师。

下面介绍品酒师的选择测试。所检测的技能可以显示此人是否适合品酒,并能显示其个人的长处和短处。测试所要求的熟练程度全都以要求的技能为基础。葡萄酒的品评与衡量手工制品的质量是完全不一样的,因为后者的质量标准一般都很明确,并能很容易地做出客观评价。

理想情况下,葡萄酒的品评应该持续数周,这样可以相应地减小压力,提高有效评估的可能性(Ough *et al.*,1964)。但是在商业环境下,很多葡萄酒需要快速连续地取样测评,因此,在较短的时间内集中测试就突出了那些最能迅速辨别出细微差别的品评者。

在准备品评时,葡萄酒样品应该是正确无误的,并且能够代表酒的品种和类型。知名度或被认可程度都不应作为采样的前提。价格不应该是选择或排斥的一个条件。

品酒师的培训和测试(Taster training and testing)

众所周知,超乎寻常的嗅觉敏感度并不是必需的。此外,对气味进行分析的这种基本技能并不是很重要,因为它只是反映了葡萄酒最初暴露在空气中所形成的状态(Cain,1979)。虽然葡萄酒与空气的再次接触,并不一定能改善评价质量(Stevens and O'Connell,1995),但是它经常能提高人们的口头认可度(Clapperton and Piggott,1978)。因此,有关学习能力的各项措施在筛选品评者中是十分有价值的(Stahl and Einstein,1973)。在培训期间要集中精力,通过激发潜在的能力,提高辨别能力。人类可以分辨数以千计的气味(并列比较),但是如果没有视力或相关的线索,很多气味几乎不能被辨别出来。即使是香料商只凭嗅觉也只能辨别出 100～200 种气味(Jones,1968)。感官技能就像智力一样,在没有相应智力改善的前提下,训练能够增加知识的基础储备。不断地训练和高度集中的注意力能够有效地利用我们的味觉和嗅觉潜力。

葡萄酒的品评测试既是一种学习经历又是一种挑选候选者的手段,例如,嗅觉测试对葡萄酒本身的气味和场外的气味都要进行评估并增强对气味的记忆。如果有必要,对不恰当的味道、口感及视觉特性都应该有标准并使之完善。这些不被重视,因此没有列入这里讨论。虽然测试有助于发展相关的气味回忆和促进标准词汇的使用,但是要想使这些记忆牢固地嵌入大脑,定期的训练是十分必要的,特别是在不具备视觉和相关线索来联想气味记忆的情况下。

一般要求小组成员能识别组成葡萄酒质量的特性。因此,除了基本的品尝能力,训练可能包括广泛的培训,包括品种、区域和葡萄酒品尝词汇的标准使用,在评价中这些特别重要。为此,样品应该充分表达预期的各种葡萄酒的特性、特点。基于此重要性,训练要持续到所有候选人达到同样水平的熟练程度和一致性,否则将被淘汰。对于描述性的感官分析,培训集中于恰当和一致的描述性语言使用。在这个训练过程中,技能不足的候选人将会被淘汰。

过去,葡萄酒的评价主要由葡萄酒酿造者或葡萄酒商进行。他们的培训主要侧重于可被接受的区域(品种)的识别等规范上。但是他们中大多数人拥有个人偏见和感官能力不足等方面的弱点。为了弥补个人的缺陷,现在大部分葡萄酒的评价和评估都由品尝团队进行。这就需要培训更多的品评者,远比公司内部产生的、年老的、非正式的具有经验的品评者数量要多得多。由此导致了对品评者更为严格和普遍的味觉等训练。同时,感官技能的教学和评估需要加以规范。

从经济和便利角度考虑,葡萄的品种香气特点可以用气味样本进行摸拟训练(附录 5.2),它具有可供持续参考的优势。标准样品可以放置在无色的葡萄酒架上,或储存在石蜡密封的样品瓶中(Williams,1975 and 1978)。因为纯的化合物可能含有微量杂质,会影响气味的质量,因此在使用前有必要进行初步的分离纯化(Meilgaard *et al.*,1982)。

除了辨别酒的气味,鉴定气味缺陷也是训练的一个重要组成部分。过去,有问题或缺陷的样本均是从酒厂获得,现在实验室可以制备问题样品,并使其规范化和成品化。此外,缺陷样品也可以添加到任何的葡萄酒中,并可以选择不同的浓度(附录 5.3)。

品尝训练还包括味觉样本的练习,可以用水或酒为载体溶解或稀释样品。味觉训练揭示和披露个人在敏感性、感知能力等方面的特性。

基本的选择测试(Basic selection tests)

味觉识别(Taste recognition)

如上所述,对味觉的明确区分很少成为葡萄酒品尝的标准。这并不意味着这种区分不重要,这仅仅表示缺乏普遍认可的标准。因此,这里提到的测试,主要是考虑到参与者的利益,给他们提供一次认识到自己品尝能力的机会,同时深入地了解人类感官差异。

(1)品味的敏锐性(Taste acuity)。初步评估时,可以用水为载体溶解各种化学样品。这将简化检测和鉴定流程,每一种化学物质都是从葡萄酒的复杂化合物中分离提取出来。然后,样品可以溶解在红葡萄酒或白葡萄酒中。表 5.4 提供了准备一系列样品的范例。

表 5.4 味觉和口感的测试标准

样品(溶液)	数量(750 mL 水/酒)	感觉
糖	15 g 蔗糖	甜
酸	2 g 酒石酸	酸
苦	10 g 奎宁	苦
收敛性	1 g 单宁酸	涩,木头味
酒精	48 mL 乙醇	甜,辣,主要味道,酒精味

提前 1 h 将样品倒入 750 mL 水(第 1 部分)或葡萄酒中(第 2、3 部分),充分搅拌以确保完全溶解。对于用葡萄酒准备的样品,允许参与者提前品尝基础葡萄酒,以便于熟悉其特性。

随机摆放样品(含有 30 mL 样品的玻璃杯),对于每一种样品,参与者要记录所有可感知的味觉和口感(附录 5.1),并详细记录一列中最主要的感觉强度。

参与者应该注意味觉最突出的每一个地方,尤其是含水试样。在整个口腔中区分敏感性部位。随后以白葡萄酒和红葡萄酒为溶液检测样品的口感刺激,这种刺激与以水为溶液的样品表现大不相同。

图 5.1 表明了表 5.4 中所列的一系列含水样品的知觉强度高低的多样性。表 5.5 揭示了样品引起的感官评价的多样性。对含水样品的感知可能反映了或者是前面样品味觉的逗留,或者是一定存在一些新的味觉。品评者没有被告知有水空白。图 5.2 演示了溶质如何影响品评者的反应。

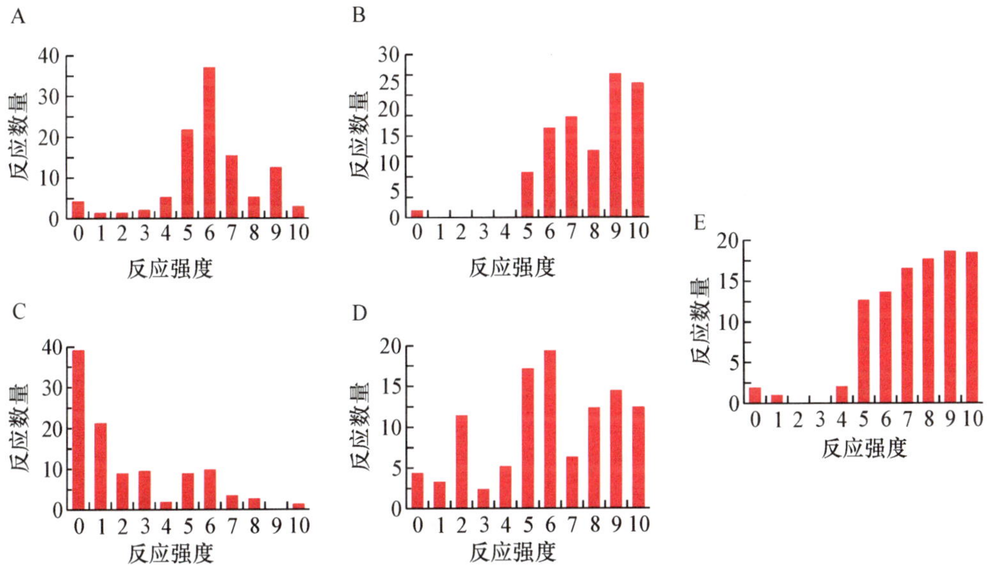

图 5.1 **105 人对不同味道溶液的反应强度:(A)蔗糖(15 g/L),(B)酒石酸(2 g/L),(C)奎宁(10 mg/L),(D)单宁酸(1 g/L),(E)酒精(48 mg/L)。**

表 5.5 27 人对水味觉感知的不同反应,蔗糖(15 g/L),酒石酸(2 g/L),奎宁(10 mg/L),单宁酸(1 g/L),酒精(48 mL/L)。

溶液	响应度							
	甜	酸	苦	涩	酒精味	干	咸	无味
蔗糖	94	6	0	0	3	0	0	0
酒石酸	3	47	17	12	3	0	22	0
奎宁	0	15	40	15	0	4	0	34
单宁酸	0	16	25	47	0	7	7	0
酒精	7	6	12	1	74	0	1	0
水	7	15	7	14	0	0	0	57

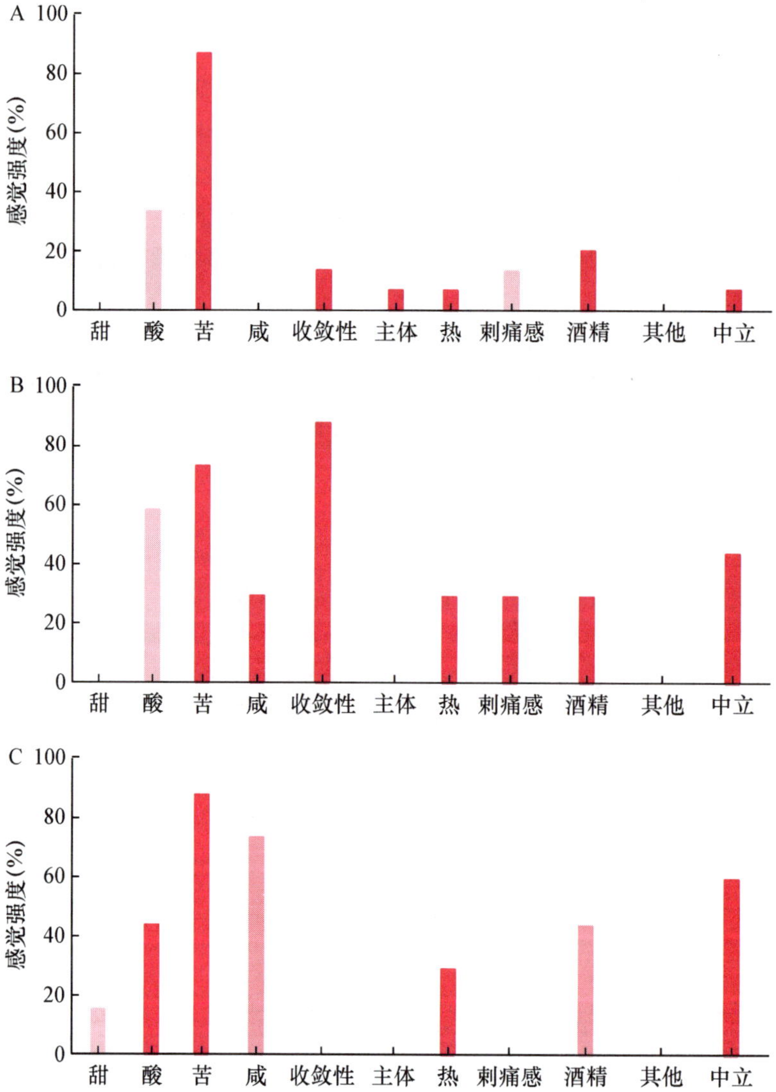

图 5.2 15 人对含有奎宁样品(10 mg/L)的不同溶剂中能被感知的味觉种类。(A)水;(B)赤霞珠酒;(C)赛美容/霞多丽葡萄酒

(2)相对敏感性(甜)[Relative sensitivity(sweetness)]。为了评估相对甜度,分别将蔗糖以3,6,12和24 g/L的浓度溶解在不同的葡萄酒样品中。提供白面包或水用于口腔清洁。品评者要熟悉基础葡萄酒的品性。在随后的测试中,他们要能将样品作为参考。

每个人将收到随机编号的5个样品,以其相对甜度进行排列。这种测试在不同场合、不同葡萄酒中进行多次。表5.6介绍了品评不同葡萄酒的三个环节的例子。对于酸、苦和涩味物质的敏感性检测将按以下方法进行。用柠檬酸或酒石酸检测酸味(5,10,20,40 g/L),奎宁检测苦味(2.5,5,10,20 g/L),单宁酸检测苦味和收敛性(5,10,20,40 g/L)。为了表示没有苦味的收敛性,可以使用明矾(硫酸铝钾)(2.5,5,10,20 g/L)。

表5.6 甜度敏感性测试

第1部分 霞多丽葡萄酒	第2部分 瓦尔波利塞拉葡萄酒	第3部分 雷司令葡萄酒
#5[a](A[b])	#5(E)	#1(E)
#3(B)	#3(D)	#4(D)
#2(D)	#4(C)	#2(C)
#1(C)	#2(B)	#3(A)
#4(E)	#1(A)	#5(B)

a. 标签#1-5用于标记葡萄酒样品。
b. A对照(0 g/L蔗糖);B 3 g/L;C 6 g/L;D12 g/L;E 24 g/L。

(3)阈值检测(Threshold-assessment)。品评者的阈值鉴定很少进行。但是如果要求,下面介绍的简单程序足以够用。通常制备一系列浓度的水溶液,用于测定绝对阈值,使用葡萄酒则用于相对阈值的确定。浓度梯度的数量范围要足以覆盖已知化合物的范围。例如,0,1,2,3,4,5,6,7 g/L的葡萄糖及0.03,0.07,0.10和0.15 g/L的酒石酸会被分别用来测定甜度和酸度。如果要求更高的精确度,一旦确立粗略的范围,额外的设置以使阈值更为精确。例如,如果粗略的阈值是4~5 g/L的葡萄糖,那么4.0,4.2,4.4,4.6,4.8和5.0 g/L的浓度比较合适。

每一个浓度的样品都搭配一个纯水为空白对照。样品要按顺序排放并做以标记,最先品尝对照酒样,随后是品尝样品或其对应的空白对照。品评者要注意第二个样品与空白样品是否相同。这个程序称为A-A测试。每个浓度对应该随机出现,至少不能低于6次。每次应有50%的正确几率。样品间合理的区别检测要求达到75%以上的正确反应率(50%以上的几率)。在表5.7的例子中,参与者应对0.4%~0.5%的葡萄糖浓度设定一个检测阈值。

表5.7 确定葡萄糖检测阈值A-A试验反应

	样品葡萄糖含量(%)						
	对照	0.2	0.3	0.4	0.5	0.7	0.9
反应	3	4	3	4	5	5	5
正确率	50	66.7	50	66.7	83.3	83.3	83.3

* 总参加数目为6。

气味识别(Odor recognition)

(1)香味(芳香和醇香)。这个测试是为了确定并区分几种典型的葡萄酒香气。附录5.2给出了气味样本准备的示例。因为学习是测试的一个组成部分,每个测试至少应在几个小时前准备好样品。用不漏水的密封的杯盖(如60 mm的塑料薄培养皿)覆盖住酒杯的口部,以保证大力摇晃旋转时酒液不会外洒。参加者应该记录下那些能帮助他们识别样品和基础葡萄酒(对照)的气味。另外,样品只能闻味,不能品尝。

测试中,要将样品盛于黑色玻璃杯中或置于红灯下,尽量避免视觉影响(在准备过程中,一些样本的表观会不可避免地受影响)。每组被测试样本之间,用空白样品代替一些气味样品,这样可以减少辨别误差。

答题表列出了所有样品,并且留下空白记录所有未经确认空白的数量。描述性的术语会被提供,因为我们是在进行葡萄酒评估,而不是文字记忆。为了简单起见,参与者可以将样品的序列号标在相应的描述术语下面,或者将样品标记为对照。

测试以后,作为一种额外的学习经验,提倡参加者重新识别出现错误的样本。对于评估学习和鉴定香气样本的能力,3个培训测试单元就足够了。

图5.3显示了15个参加者对这种类型测试的典型反应。当参加者鉴别样品出现错误时,他们经常(但并不是始终)在同一类的气味中找一个代表,如选择柿子椒作为草本植物的代表。

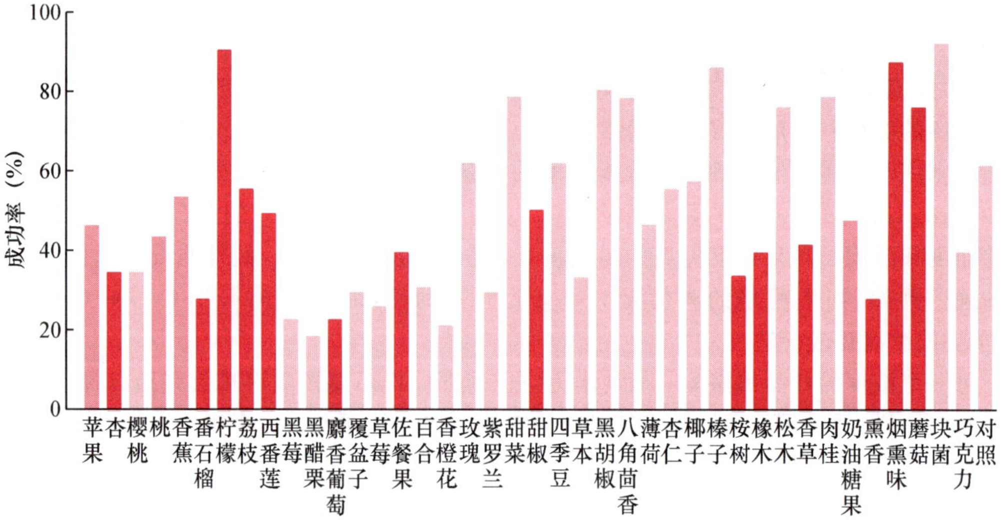

图5.3 对一种相对中性的葡萄酒中香气(附录5.2)进行测定的成功率(15个参加者)。

(2)不良气味:基本测试。这组测试用于评估学习和鉴别几种典型的不良气味的能力。附录5.3给出了一个准备不良气味样本的例子。针对样品的准备工作应该在测试开始前的几个小时进行。测试过程中,测试者最好记录他们的印象,以帮助他们识别不良气味。在随后的测试中他们可以使用这些记录。

答案表中列举了所有不良气味的名字,还有一些对照的。参加者每闻一种样品的气味,应将样品的序列号标在相应的术语前或者标记为对照。当样品不用时,要用培养皿底部覆盖,以避免气味污染环境。将葡萄酒样品盛放于深色的品酒玻璃杯中(或在红光下)。

对于评估不良气味,3 个培训测试单元就足够了。为了保持一定的熟练程度,也应该定期提供额外的培训。图 5.4 说明了 15 个参加者的一系列典型反应。当识别不良气味时,这些气味经常被混淆,特别是焙烤味和氧化味、硫醇味和受光损害酒的味道(goût de lumière)、愈创木酚和三氯苯甲醚、乙酸乙酯与乙酸、杂醇和塑料味。

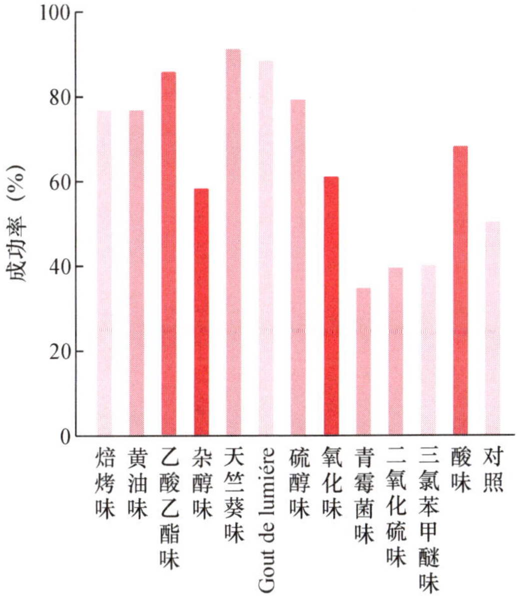

图 5.4 对一种相对性的葡萄酒中不良气味(附录 5.3)进行测定的成功率(15 个参加者)。

(3)不同葡萄酒中的不良气味。以前的测试展示的是在一种相对中性风格葡萄酒中处于同一个浓度的不良气味。为了更为客观地显示辨别能力,这次测试设置了两种浓度(更为接近自然情况)且在红和白两种葡萄酒中测试。葡萄酒的类型对不良气味的感知和辨别有很大影响(Martineau *et al.*,1995)。

在附录 5.4 给出的测试设计中,只有较为重要的和较容易准备的不良气味鉴别才被应用。在正式试验之前参加者一般要对空白样品进行测试以熟悉其品性。

在测试中,不良气味样品和空白对照样本要随机排放。在答题卡上列出所有不良气味的名字,即使只有一部分需要进行测试。要为未标明的空白样品留出空间。参加者要闻每一个样品并将样品的序列号与相应的缺陷进行标注,或者标记在对照样品处。

图 3.15 显示了这类测试的结果。相对于红葡萄酒,白葡萄酒中更容易发现不良气味,究其原因可能是因为白葡萄酒具有较为淡的酒香。有趣的是,几乎所有半数以上的空白样品都被鉴定具有不良气味存在,即使在测试前参加者都对基础酒样进行品尝熟悉。这可能是暗示作用影响品评的一个例子。

辨别测试(Discrimination tests)

(1)品种稀释。品种稀释测试主要用于辨别酒样间极细微的差别。具有独特品种香气的葡萄酒与具有相似颜色的中性葡萄酒混合稀释。如果没有相似颜色的葡萄酒,那么样品应该人为添色,用深色酒杯盛放或者在红光下品评。葡萄酒可以稀释成任何要求的浓度系列,但是 4%,8%,16%和 32%的浓度被认为是最佳的辨别范围。

每个稀释浓度至少配备 5 套玻璃酒杯,3 个酒杯为一套。一个酒杯盛放稀释酒样,另一个盛放未稀释酒样(对照)。余下的酒杯盛放或者稀释的或者没稀释的葡萄酒,保证每套酒杯都盛有不同的酒样,但是不要均为稀释的或未经稀释的酒样,要混匀。这个测试过程就是所谓的三角测试①,测试要随机安排。表 5.8 列举了这类测试的一个例子。

表 5.8　一系列稀释浓度测试的例子

稀释百分数[a]	绿	黄	粉红	最不相同的样本[b]	测试样品序列号		
					#1[c]	#2	#3
4%	c[d]	x	c	y	1	15	13
4%	x	c	c	g	8	18	9
4%	c	c	x	p	13	5	19
4%	x	c	x	y	6	12	18
4%	c	c	x	p	19	1	8
8%	c	x	c	y	12	20	4
8%	c	x	x	g	17	13	14
8%	x	c	x	y	5	4	15
8%	x	c	c	g	18	7	1
8%	c	x	c	y	9	3	7
16%	c	c	x	p	11	11	2
16%	x	c	x	y	2	16	10
16%	c	x	x	g	10	9	5
16%	c	c	x	p	16	2	3
16%	c	x	c	y	14	6	6
32%	c	x	x	g	4	19	12
32%	c	c	x	p	7	10	20
32%	c	x	c	y	15	14	17
32%	c	x	x	g	3	17	11
32%	x	c	x	y	20	8	16

a. 每个葡萄酒样本需要 4 瓶,另加一瓶进行稀释;4 个空瓶进行酒样稀释
样品稀释:4%——384 mL 酒+16 mL 稀释酒样;
8%——368 mL 酒+32 mL 稀释酒样;
16%——336 mL 酒+64 mL 稀释酒样;
32%——272 mL 酒+128 mL 稀释酒样。

b. 用彩色笔在酒杯底部进行标注(g,绿;p,粉;y,黄)。参加者通过在测试表上记录样品的颜色以区别最不相同的酒样。

c. 序列号 #1:赤霞珠葡萄酒,#2:增芳德葡萄酒,#3:霞多丽葡萄酒。

d. c,对照(未稀释样品);x,稀释样品。

参加者从每套玻璃酒杯旁走过,除去覆盖物,闻每个酒样的气味,并在答案表上记录差异最大的两个样品。要求鉴定差异明显的酒样是比较合理的,因为测试并不要求对相近的酒样进行辨别。因为相近的酒样可能取自不同的酒瓶,这与取自于同一酒瓶的葡萄酒是有区别的,同时还能避免感官的适应性所导致的对相同的葡萄酒做出错误判断的情况。如果参加者不能确定哪些酒样是最不相同的,那就必须猜测。统计学测试认为一些正确的反应可以通过猜测得出。

①其他的测试方法,如双重或二-三测试,也同样适用,但是在葡萄酒中使用很不经济。此外,三角测试往往更加严格,要求高度的注意力。

附录 5.5 中的概率表表明，参加者开始区分样本之间差异的水平。在附录 5.5 中的试验条件下(5 个重复)，参加者必须能在 5 个中正确地识别出 4 个的差别，这样才能被认可。

虽然测试是用来区分个人的感官技能，但是小组的结果也耐人寻味。所有的稀释级别一般都能和未经稀释的对照区别开来。但是，不同的葡萄酒的成功率明显不同，几乎都不超过 60%。令人惊讶的是，区别的成功率并不随着稀释浓度的增加而提高。

(2)品种区别。这项测试用于评估区分同类品种葡萄酒之间的区别能力。如以前测试所述，三角测试仍被使用。

成组地选择特色鲜明的三个品种的葡萄酒。对于每一组酒，要准备 10 套玻璃酒杯。两个酒杯盛放一种葡萄酒，第三个酒杯盛放另一种。如果葡萄酒的颜色明显不同，使用深色的酒杯或在红光下观测。另外，也可以使用食品染料调节酒的颜色，来减少颜色的区别。随机排放酒样组，以减少相同酒样放在一起的可能性(表 5.9)。每组酒样要有 10 个重复，参加者要对酒样作出 7 个正确的反映，才能保证辨别正确无误($p=0.05$)(附录 5.5)。

表 5.9　一个葡萄酒辨别测试中酒样的安排示例

	绿色(g)	黄色(y)	紫色(p)	区别最大的样品*	位置#
桑娇维塞葡萄酒	1	2	1	y	1
(Sangiovese)	2	1	1	g	5
1. Melini Chianti 葡萄酒	2	2	1	p	7
2. Ruffino Chianti 葡萄酒	1	2	1	y	11
	1	2	2	g	15
	1	1	2	p	18
	1	2	2	g	21
	2	2	1	p	23
	1	2	1	y	26
	1	2	2	y	28
赤霞珠葡萄酒	2	1	2	y	2
(Cabernet Sauvignon)	1	2	2	g	4
1. Santa Rita 葡萄酒	1	1	2	p	8
2. Santa Carolina 葡萄酒	2	1	1	g	10
	2	1	1	g	13
	2	1	2	y	17
	1	2	1	y	20
	1	1	2	p	24
	2	1	2	y	27
	1	1	2	p	29
黑比诺葡萄酒	1	2	2	g	3
(Pinot noir)	2	1	2	y	6
1. Drouhin 葡萄酒	2	1	2	y	9
2. Pedauque 葡萄酒	1	2	1	y	12
	2	1	1	g	14
	1	1	2	p	16
	2	2	1	p	19
	1	1	2	p	22
	2	1	2	y	25
	1	2	1	y	30

* 每个葡萄酒杯的底部都贴有色标签，参与者要从测试表上找出区别最大的葡萄酒样。

测试之前参加者应该对每一组酒样进行评估，目的是为了消除以往经验对测试的影响因素。如果参加者被要求确定每组葡萄酒的品种起源，这一点是非常重要的。

参加者品尝能力方面的测试是非常重要的。品尝者必须要能品尝出相似葡萄酒之间的细微差别。相应地，酒样应该认真准备，使其能够在规律的基础上显示预期的显著特点，例如，通过调整测试，样品应该是可以被区分的。

图 5.5 说明的是一组酒样可能得出的结果类型。例如，参加者能够区分出哪些是博若莱葡萄酒，但是要区分开两种博若莱葡萄酒，则具有很大的难度。相反，工作组发现，要区分两种霞多丽葡萄酒比辨别出哪些是霞多丽葡萄酒要容易得多。个别的参加者能区分 33%～90%的品种起源，区分 33%～70%的样品组间的区别。

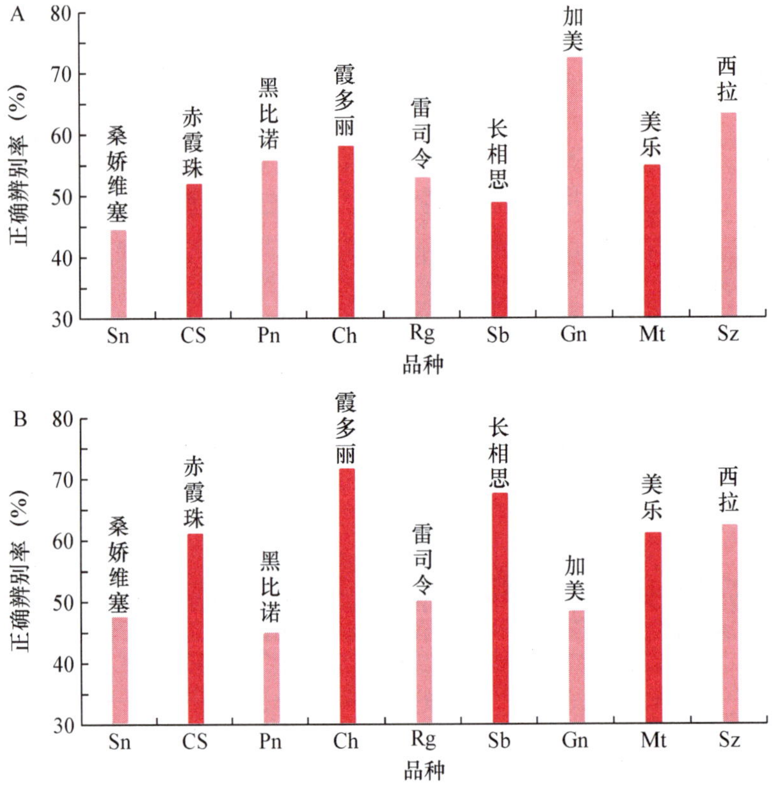

图 5.5　15 名参加者在(A)葡萄酒品种的起源和(B)相同品种的不同样本的辨别试验中的成功率。Sn，*Sangiovese*；CS，*Cabernet Sauvignon*；Pn，*Pinot noir*；Ch，*Chardonnay*；Rg，*Reisling*；Sb，*Sauvignon blanc*；Gn，*Ganay noir*；Mt，*Merlot*；Sz，*Shiraz*。

(3)短期葡萄酒回忆。葡萄酒的记忆测验主要测试辨别以前尝过的葡萄酒样的能力，因而它具有特别重要的意义。这项技能对于公平评价葡萄酒样品是必不可少的。

在准备测试的过程中，参加者会品尝一组共计 5 个品种的葡萄酒。每一种葡萄酒要有足够的特点以保证能够被区分开。深色的玻璃杯或者暗淡的红色灯光，能够消除颜色的干扰，可以作为区分的标准。用一个号码或字母来标识每一款葡萄酒。

参加者要评估每款葡萄酒的气味、味道和风味,使用标准的详细评分卡。参加者在测试中要保留其表格以作为参考。

该测试中包括了盛放有7种葡萄酒的成套玻璃酒杯。参加者会被告知,7款酒样中有5款是以前的酒样。同时还被告知,在7个玻璃酒杯中有两个酒杯中样品是相同的或者盛放以前已经品尝过的一种或两种酒样,或者盛放与以前品尝过的葡萄酒不相同的酒样。参加者要品尝酒样,以确定这是以前品过的酒样还是另外一种新的葡萄酒样。

评估功能品尝技巧(Assessing functional tasting skill)

Brien等人(1987)总结了很多研究人员用于测量参加人员测评准确性的统计学措施。他们还提出了一些额外的指标,如辨别力(辨别出葡萄酒具有鲜明特点的能力)、稳定性(不断地品尝相似的葡萄酒能够得出重复性的得分)、可靠性(重复品尝一组相同的酒样时得分的差别能够重复)、可变性(重复品尝相同酒样时可变的分数范围)和一致性(不同品尝者间的得分差异)。在这些要求一致性的措施中,有两项要求同一款酒重复被用作标样,无论是在一个场合(可靠性)或在不同场合(变异)。关于统计学措施的额外评语参考自Cliff和King(1997),Stone和Sidel(1992)。

这些评估的复杂性,使其很少得到应用。此外还存在的问题就是如何定义可接受的底线。对于大多数目的而言,对品尝结果的方差分析通常能够提供足够的资料。一般而言,一致性和差异性是实施品评时最被关注的两方面。

一致性在关键品尝的各个方面都是必不可少的。在描述性的感官分析中,必须使用描述性的术语。通过对培训期间使用术语的连续监测,可以确定是否存在较少使用的品评术语的变化。对于评价性的品尝,在几周或几个月期间对其进行随机重复品尝可以提供类似的数据。微细的差异也可以认为品尝者有一致性。在后来的评估中,酒样要重复提供,而不要只提供一种样品,这是非常重要的。如果酒样特别有特色,品尝者会很快察觉到,并意识到为什么频繁出现相同的葡萄酒,会相应地调节其分数。

伴随着计算机统计软件包的应用,方差分析已经成为评估一致性的标准手段。因为这些软件包纳入F分布和t分布表,这里没有列举。如果需要,他们可以在任何一套现代统计图表中找到。即使没有专门的统计软件,也可以随时安装office软件包中的电子数据表程序来执行方差分析。

表5.10a列举了假设性的品尝结果,这些数据用来评估品评的一致性。在这个例子中,对两款不同的葡萄酒进行了五个单独的品评,其间两款酒随机品评两次,对得出的结果进行汇编。方差分析(表5.10B),最小显著性差异(LSD)可以从下面的公式得到:

$$\mathrm{LSD} = t_\alpha \sqrt{2v/n} \qquad (1)$$

表 5.10 A. 同一位品评者在两种独立的情况下对两款葡萄酒(A 和 B)进行打分。5 个品评过程进行相同的操作。

品评情况	葡萄酒				总计
	A_1	A_2	B_1	B_2	
1	9	10	6	5	30
2	10	8	7	6	31
3	7	9	5	7	28
4	8	9	6	5	28
5	9	8	7	6	30
总值	43	44	31	29	
平均值	8.6	8.8	6.2	5.8	

$G=\sum$ 总值 $=(43+44+31+29)=(30+31+28+28+30)=147$

$C=G^2/n=(147)^2/20=1\,080.45$

总值 $SS=\sum$(个体分值)$^2-C=(9^2+10^2+7^2+8^2+\cdots6^2)-C=1\,131-1\,080.45=50.55$

葡萄酒 $SS=\sum$(葡萄酒总值)$^2/n-C=(43^2+44^2+31^2+29^2)/5-C=1\,117.4-1\,080.45=36.95$

重复 $SS=\sum$(重复总值)$^2/n-C=(30^2+31^2+28^2+28^2+30^2)/5-C-1\,082.25-1\,080.45=1.8$

误差 $SS=\sum$(个体分值)$^2-\sum$(葡萄酒总值)$^2/n-\sum$(重复总值)$^2/n=50.55-36.95-1.8=11.8$

df(自由度):总值(# 分数 − 1) = (20 − 1) = 19;葡萄酒(# 葡萄酒 − 1) = (4 − 1) = 3;
重复(# 重复值 − 1) = (5 − 1) = 4;误差(总值 df − 葡萄酒 df − 重复 df) = 19 − 3 − 4 = 12

ms:葡萄酒(葡萄酒 SS ÷ 葡萄酒 df) = 36.95/3 = 12.32;重复(重复 SS ÷ 重复 df) = 1.79/4 = 0.45;
误差(误差 SS ÷ 误差 df) = 11.8/12 = 0.98

F:葡萄酒(葡萄酒 ms ÷ 误差 ms) = 12.32/0.98 = 12.52;重复(重复 ms ÷ 误差 ms) = 0.46 ÷ 0.98 = 0.46

B. 方差分析

来源	SS	df	ms	F	$F^{*}_{0.05}$	$F_{0.01}$	$F_{0.001}$
总值	50.55	19					
葡萄酒	36.95	3	12.32	12.52	3.49	5.95	10.8
重复	1.79	4	0.45	0.46	3.26	5.41	9.36
误差	11.8	12	0.98				

* 各个分布数值可以从标准统计数值表中找到。

其中,t_α 代表错误的自由度(可从标准统计表中得到)、在某一个特定意义的水平(α);V 是误差方差值,n 是取得平均值的数目。在 0.1%的显著水平上,表 5.10 的数据公式变为:

$$\text{LSD}=3.055\sqrt{2(0.983)/5}=1.916 \tag{2}$$

对于显著性而言,任何两个平均值之间的差异必须超过 LSD 值(1.916)。葡萄酒 A 和 B 之间分数的差异表明两者的排名没有显著差异。葡萄酒 A 的平均差为 0.2(8.8−8.6),葡萄酒 B 的平均差为 0.4(6.2−5.8)。这两个值都远低于显著性所要求的 LSD 值(1.916)。同样的,结果显示这两款酒能够很好地被品尝者区分。葡萄酒 A 和 B 的重复平均差值的组合要大于 LSD 值(1.916):

$$A_1-B_1=8.6-6.2=2.4 \tag{3}$$

$$A_1-B_2=8.6-5.8=2.8 \tag{4}$$

$$A_2 - B_1 = 8.8 - 6.2 = 2.6 \quad (5)$$

$$A_2 - B_2 = 8.8 - 5.8 = 3.0 \quad (6)$$

分数的可变性(Score variability)

当测试者对具有相似品质的葡萄酒能否被区分十分感兴趣的时候,他们之间达成高度的共识是非常重要的。但是,这种共识也可能表明了技能的缺乏,或是没有足够地体现出人类的差异。举例来说,相对于经验丰富的品评者,经验尚浅的品评者可能会有较低的分数差异,这可能是因为经验能够增强品尝者使用整套打分规则的信心。对葡萄酒的品质具有不同意见的品评者往往也增加分数的变动性。这种可变性的接受及辨别潜力的相应减少都要取决于品尝的目的。如前所述,由于缺乏葡萄酒质量的公认标准,人们很难确定评分差异的结果是源于感知能力的分歧、经验、质量的理解或者是其他的原因。

缺乏评分标准的情况下,最佳方法是衡量小组的评分差异。如果品尝已证明是一致的,那么各小组成员对于同一种葡萄酒的打分的显著差异,可能反映了感知的差异。但是,对于多种葡萄酒的分数上的显著差异则可能反映了葡萄酒间的真正差异。表 5.11 提供了 5 名品评者对 4 种葡萄酒的排名数据。

在这个例子中,方差分析(表 5.11b)表明,专家小组成员明显具有区分 4 款葡萄酒的能力。计算得到的 F 值(2.12)要大于统计学 F 值。但是,5 位品评者之间的分数却没有显著的差异——计算得到的 F 值(1.17)小于统计学的 $F_{0.5}$(3.26)。这表明了小组得分的一致性。

表 5.11　A. 5 位品评者对 4 款葡萄酒的打分结果

品评者	葡萄酒				总和	平均
	W_1	W_2	W_3	W_4		
1	15	9	15	12	51	12.8
2	16	10	12	13	51	12.8
3	18	10	13	11	52	13
4	19	11	14	12	56	14
5	17	12	13	15	57	14.3
总和	85	52	67	63		
平均	17	10.4	13.4	12.6		

B. 方差分析

来源	SS	df	ms	F	$F_{0.05}$	$F_{0.01}$	$F_{0.001}$
总和	142.55	19					
葡萄酒	112.95	3	37.65	21.21	3.49	5.95	10.8
品评者	8.30	4	2.08	1.17	3.26	5.41	9.36
误差	21.30	12	1.77				

方差分析同样也能显示一个小组是否具有相同的质量概念。表 5.12A 提供的数据表明葡萄酒没有显著的不同,但是个别的分数有着显著的差异。方差分析表(表 5.12B)得到葡萄酒间差异的 F 值为 2.23。因为此值比统计学 $F_{0.5}$(2.78)要低,这表明葡萄酒间没有显著性差异($P<0.05$)。与此相反,品评者的 F 值为 3.35,要大于统计学 $F_{0.5}$(2.51)。这表明小组成员对葡萄酒的品质没有一个共同的见解。删除那些对酒不太熟悉小组成员的得分、不一致的得分或者针对葡萄酒具有异常意见的小组成员的得分,可能会发现这些酒是可辨的,剩余的小组成员对酒的质量理解具有一致性(至少针对于提供的葡萄酒而言)。

表 5.12　A.7 位品评者对 5 款雷司令葡萄酒品评的分值结果

品评者	葡萄酒					总和	平均
	W_1	W_2	W_3	W_4	W_5		
1	3	5	4	7	7	26	5.2
2	5	6	5	6	9	31	6.2
3	9	3	2	4	5	23	4.6
4	7	2	8	8	6	31	6.2
5	6	5	4	5	6	26	5.2
6	7	8	5	8	7	35	7
7	3	4	7	8	9	31	6.2
总和	40	33	35	46	49	203	
平均	5.7	4.71	5	6.6	7		

B. 方差分析

来源	*SS*	*df*	*ms*	*F*	$F_{0.05}$
总和	56.6	34			
葡萄酒	9.5	4	2.38	2.23	2.78
品评者	21.5	6	3.58	3.35	2.51
误差	25.7	24	1.07		

无论是评估小组成员还是小组的一致性，都是建立在多次品尝的基础上。虽然每个小组成员都有判断失误的时候，且有时他们对葡萄酒质量的意见各不统一，但是对于一些葡萄酒，他们的意见要比其他人更具有一致性。

品尝前的准备工作(Pre-tasting organization)

品尝区域(Tasting area)

间接的自然采光往往被认为是评估葡萄酒颜色的理想环境，这可能是因为弥漫的阳光被认为有着完整的光谱，但这个假设是错误的(图 5.6)。

即使天窗的光照恒定，也很难提供品酒条件下的理想照明。大部分品评室只具备人工照明，几乎没有任何的天然照明。对于光源，日光灯管能提供更多的均匀照明。如果照明必须类似于弥漫性自然光照，可以使用特殊的日光管。但是大多数情况下，冷白色的日光灯管已经足够。大脑能够调整对广泛范围的日光光谱及其强度变化的感知(Brou *et al.*, 1986)。如果品评是在同一间屋子进行，品评者会很快适应大多数形式的标准照明的色彩特点。在典型的范围内，荧光照明的强度和弥漫性的性质比其光谱元素更重要。此外，嵌在天花板上的卤钨灯能够向任何方位提供单个的、明亮的、全谱或低强度的红色照明。相反，标准的白炽灯泡很难发光均一，而且它有过强的黄光。将品评室装饰为明亮的中性色彩，并将柜台和桌子的表面做成磨砂白可以很大程度地减少色彩的失真。

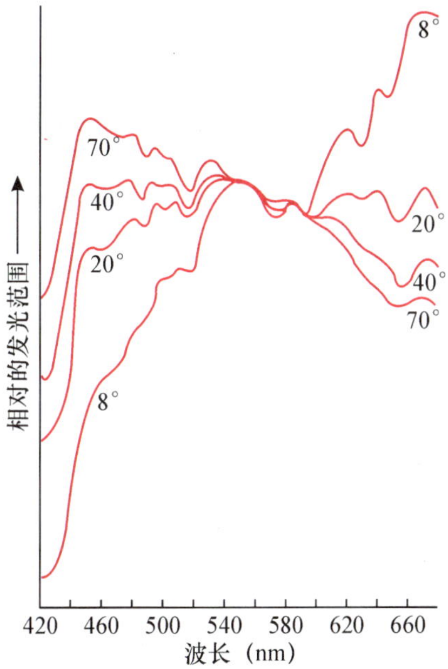

图 5.6 **天空的光线在日常的传播过程中所发生的光谱变化。当太阳在天空中的位置很高时(与地平线呈 70°以上),最强的辐射范围是在蓝光部分,但是在太阳降落前 30 min,光线的辐射范围发生了变化,主要是在红光部分(与地平线呈 8°)**[资料来源:Henderson,1977]。

如果需要消除光线对颜色感官评价的影响,低强度的红灯经常被使用。但这同时会影响颜色的差别,由此提供的依据将不被考虑。使用黑色的玻璃酒杯具有相同的效果。

品评室应该装有空调系统,这不仅是考虑到品评者的舒适,还要防止气味的积累。合适的空气压力能够保证良好的通风,并防止不相干气味的进入。品评者有可能习惯于温和的背景气味,但是最好避免任何致使嗅觉失真的潜在来源。

当空调系统无法使用,空气净化器能够提供一个清新的品尝环境。品尝室要隔绝各种噪声,以防分散品评者的注意力。

品评的位置应该保证个体分离,防止体验者互动(图 5.7)。即使沉默,面部表情也可以进行交流。如果没有品评专用的隔间,则要对每位品评者进行独立和随机的酒样排列,以尽量减少体验互动。

椅子或凳子是可以根据舒适度调整的。小组成员需要花费几小时集中精力来鉴定、区分或评价酒样,因此要努力使品评工作在愉快的环境下完成。

品评专用的房间应该在每一个角落配有类似于牙科医生用的痰盂。他们能够保持卫生并防止气味集结。因为大部分品评室都不具备如此精良的装备,所以 1 L 不透明的塑料桶也可以作为代替品。这些东西要勤更换,或者加一个盖子,防止气味污染环境。在玻璃酒杯的口部加一个盖子能够很有效地防止气味在品尝区域扩散。

可以准备清水或者干燥的新鲜白面包,用于口腔的清洁。如前面所述,口腔清洁到何种程度比较合适仍处于争议之中。因为面包和水除了去掉残留的酒之外还能去掉唾液,这

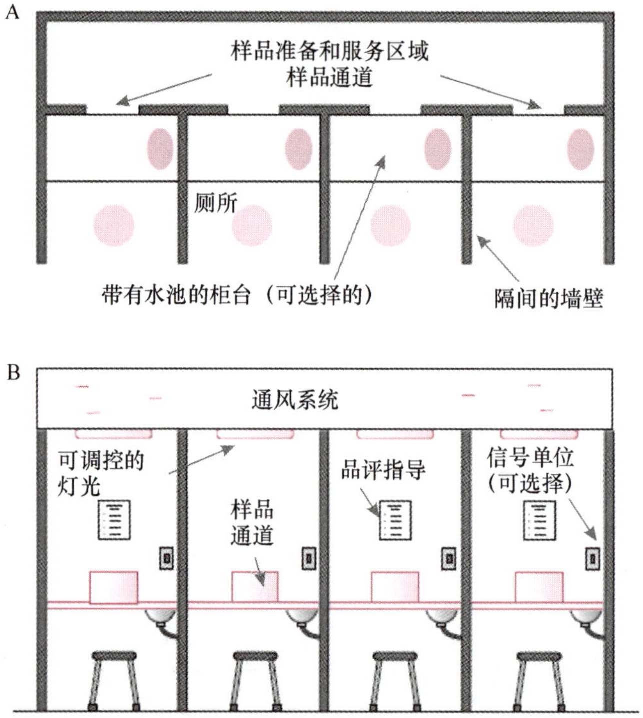

图 5.7　感官评定室中品评隔间的图表(不成比例)(A)平面图;(B)正面图[资料来源:Stone and sidel,1992]。

将会影响口腔的感知。

Peynaud(1987)推测,清洁会扰乱口腔表面对葡萄酒基本特性的适应。在非常相近的葡萄酒作为样品的情况下,Peynaud 的观点似乎是合理的。但是在其他的任何情况下,在品尝样品之前或之间清洁口腔都是必需的,它能防止序列错误对酒样的感知产生影响。

摆放在每个隔间或品尝位置的电脑会大大方便数据的采集。快速分析技术能够保证训练时的任何瞬间反应得到分析,而样品可以接着用于再次的评价。现在,触摸式的荧屏监视器再配合上品评表,取代了原来的杂乱的手写记录材料。如果检查之外还需要更详细的记录,那么可以在桌面下的滑轨上安装键盘。这样就能解决难以辨认的字迹所带来的问题。

工业洗碗机对于快速、高效和卫生的品评中所用到的大量玻璃制品是必不可少的。无味的清洁剂再加上适当的清洁,可以确保玻璃制品完全透明,没有气味和清洁剂残留。所有用品必须储放在无味的酒具柜中。

样品的数目(Number of samples)

目前还没有公认的、适合品尝的最佳取样数目。如果样品很相似,那么只需要很少数共同抽样。为了准确评价,品评者必须能够同时记住每个酒样的特点——这绝非易事。此外,由于鉴定等级是相对的,所以品评越详细,能够同时被充分评估的酒样就越少。

如果酒样十分不同,那么可以对较大数目的酒样进行评估。然而,6 种葡萄酒是同时能够充分比较的数目上限。但相反的是,品评者们往往被期望在几个小时内品评 30 种以上葡萄酒。很显然，这种评估比较快速简单，有时甚至成组地提供酒样。在这种情况下，不太可能预测葡萄酒的香气发展和持续的有效期。一般而言，葡萄酒的评估是基于其整体的品质，但是快速的品尝可能会对葡萄酒的某些很珍贵的品质作出不公平的评价。

重复(Replicates)

在大部分的品评中，出于经济的原因，并不需要重复。如果品评者技术熟练并且具有良好的一致性，那就没有重复的必要。但是，如果品评者的一致性不能确定，那么设有几个重复能够确定品评者的可靠性。而且，如果需要替换有问题的样品，那么重复的准备是有用的。

温度(Temperature)

一般认为白葡萄酒最好在较低的温度下品尝，而红酒在室温即可，桃红葡萄酒则应该介于红白葡萄酒的温度之间。除了这些一般的准则，权威人士间没有明确的协议。

对于白葡萄酒，推荐的饮用温度为 8～12 ℃，上限温度可变化。根据作者的经验，在这个范围内的任何温度都是合适的。但是，最重要的是要保证所有的葡萄酒处于相同的温度。考虑到品牌的其他方面的要求，保持样品条件一致是非常重要的。甜型白葡萄酒在较低的温度能够表现出好的品质，而干型白葡萄酒则在较高温度范围有较好的品质表现。即使在 20 ℃，干型白葡萄酒仍表现很好的品质，这个并不令人惊讶。因为当酒进入口中后，其温度会迅速达到并超过 20 ℃。关于葡萄酒发展性的某些方面可能是由于随温度升高而增强的挥发性导致的。

红葡萄酒一般建议在 18～22 ℃进行品评。这个温度范围能够增强香气并减少苦味和收敛性。只有清淡的果味葡萄酒，如二氧化碳浸渍葡萄酒(如博若莱)，会被建议在较低的温度 15～18 ℃品评。桃红葡萄酒一般在 15 ℃品评。

起泡葡萄酒的最佳品评温度是 4～8 ℃。这个温度范围能够增强大部分起泡葡萄酒所特有的舒适特性。此外，它还能减缓二氧化碳的释放及由此产生的气泡。较低的温度同样能加强起泡酒的刺痛感(Green，1992)。最后，清凉的感觉能够赋予葡萄酒耳目一新的感受。但不幸的是，低温也会增强在某些起泡酒中偶尔存在的金属味。

一般雪莉酒要求更低的温度，这样能使其花香的味道变得柔和。低温同样能减弱奶酪雪莉酒的甜腻和高酒精度带来的灼烧感。相反，波特酒(Port)则建议在红酒品评范围的温度下限进行品评。

虽然温度参数的选择一定程度上反映了人们的习惯，但是他们也体现了温度对味觉波动灵敏度的影响。

虽然随着温度的升高，芳香化合物变得越来越不稳定，掩盖了个别化合物由于温度变化而导致的重要差异。因为温度对挥发性的作用因化合物的不同而不同，而葡萄酒中香气的相对比例又随着温度的变化而变化。因此，温度的变化能够增强或降低对某些芳香物质的检测强度。这就能解释为什么有些白葡萄酒在低温时要比在高温时更芳香。此外，温度的变化对于摇晃之后靠近杯壁的薄膜的形成也具有重要的意义。这部分的酒精浓度也快速下降，进一步影响了芳香物质的相对挥发性。

温度对味觉和口感有着巨大的作用。低温能够降低对糖的敏感性，增强对酸的接受性。这些现象部分解释了为什么甜酒在低温表现更为柔和。低温也可以产生一种令人愉快的新鲜感，这是桃红葡萄酒成为夏季流行的魅力之一。对比之下，较高的温度能减少苦味和收敛性，这有助于解释为什么红葡萄酒要在 18 ℃或更高的温度下品尝。

葡萄酒一般在开始品评的前几个小时就放到理想的温度环境中。在大部分商业环境中，专门的冷藏酒柜可以满足这个条件。某些情况下葡萄酒将被更加详细分类，使其保存在不同的温度下。另外，葡萄酒也可以浸在具有理想温度的水中、房间或者冰箱中，直到葡萄酒达到饮用温度。图 5.8 介绍了 750 mL 瓶装的葡萄酒分别在空气和水中的温度变化率的示例。在水中温度的调整要比在空气中的快 10 倍；在水中只要几分钟就可以达到平衡，而在空气中需要几小时。一旦达到理想的温度，葡萄酒可以存放在良好密封的容器或单个的葡萄酒外套中，这样就可以在短时间内或几个小时保持温度恒定。

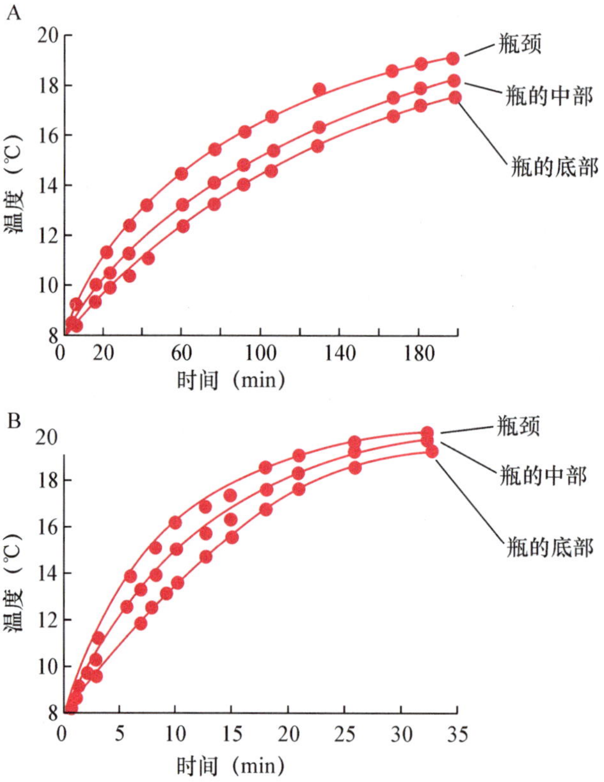

图 5.8　对于分别放置在 21 ℃空气中(A)或 21 ℃水中(B)的 750 mL 瓶装葡萄酒，其温度的分布和变化情况［资料来源：Gyllensköld，1967］。

因为酒倒出后温度就开始升高，因此一般将酒存放于比理想温度稍低的环境中。这样，葡萄酒将在理想温度范围内保持更长的时间。如果要评估一款酒的芳香性发展和持续期，这一点尤为重要。不幸的是，大部分的品评时间非常短暂，这些值得注意的地方往往被忽略。

软木塞的去除(Cork removal)

没有适合所有情况的开酒器。一般情况下，开瓶器具有螺旋线圈的就足够用了。侍酒员使用的开瓶器是一个典型例子,但是要拔出软木塞需要一定的力量。

蝶形开酒器更为可取,他们在将螺丝钻旋入软木塞的同时,慢慢将软木塞拔出。一种杠杆模型的螺丝除帽钻专供商业用途。不考虑设计本身,很多开酒器很难将旧的酒塞拔出。随着时间的推移,软木塞渐渐失去弹性,在拔出的时候容易破碎。在这种情况下,两管的 U 形 Ah-So,或者一个连接到长的空心针上的手动泵是非常有用的。如果在酒塞的瓶颈部发生腐蚀,那么在拔出前要用湿布擦净。

滗析(Decanting)

当葡萄酒中出现沉淀时要进行滗析,这也有助于发现不良气味。虽然在这个过程中,葡萄酒会接触到氧气,但如果葡萄酒开瓶后不久就品尝的话,这就不用太担心。对于老龄的葡萄酒,一旦倒出就要立即品尝,否则就会失去拥有的香气。在玻璃杯口部盖一块玻璃或者平面皿有助于减少香气的损失。现代的葡萄酒一般都足够稳定,不易产生沉淀,因此很少需要滗析。

在挥发物和结合松散的非挥发物之间的平衡变化能够解释和滗析有关的奇闻轶事。无论如何解释,当把酒倒入玻璃酒杯并旋转摇晃的时候,香气会更容易被观察到。此外,如果滗析有益于感官品评,那么品评者应该加以体验。

样品的体积(Sample volume)

每个酒样的体积应该完全相同。依据不同的品评目的,酒样体积一般为 35～70 mL。如果仅是简单的品评,35 mL 的体积足够了。如果要求更为详细或长时间的品评,一般酒样体积为 50～60 mL。对于 50 mL 的酒样体积,一瓶 750 mL 的酒可以服务 12～14 个品评者。

自动倒酒机(Dispensers)

自动倒酒机最多可以盛放 16 瓶 750 mL 瓶装葡萄酒,且具有冷藏功能。此外,红白葡萄酒可以储存在毗邻的单独隔间,并拥有不同的稳定温度。每一瓶酒分别有接管连接氮气筒。当推动酒拴时依靠氮气提供的压力来分配酒样。虽然此机器原本是为了商业酒吧设计的,但是在培训课上也拥有很大的价值。葡萄酒可以在数天或数周内进行取样,不受氧化和其他任何形式变化的影响。如果冷却作用相对不重要,那么所有的酒样可以用酒拴连接到共同的一个氮气灌上。当需要评价葡萄酒的香味和不良气味时,这种自动倒酒机十分有用,因为这些样品在较长的时期内的使用是不规则的,这样能保证样品能被及时使用,并且数月之内非常稳定。

代表性样品(Representative samples)

在处理瓶装的葡萄酒时,一般认为单瓶的葡萄酒就能代表一类酒的特点。对于相对年青的酒,这很可行。对于不同的陈酿条件下的老龄葡萄酒,这是不可行的,因为不同保存条件对葡萄酒的影响会很大。对于罐装或桶装的葡萄酒,要获得具有代表性的样品很困难。

在比较大的盛酒容器中,如酒罐,酒在其中很可能会分层,这样不同的部分就会经历不同的成熟条件。在底部堆积的沉淀物容易引发低氧化还原电位,因此桶底部的酒样可能会带有硫化氢或硫醇。靠近橡木的地方可能会含有较高浓度的橡木浸出物。因此，取样时要尽量从罐的中部取。为了获得具有代表性的样品，取样时要先排出几升的酒样。

在酒桶中发酵的酒样的变化要明显小于在酒灌中发酵的，因为酒桶的体积较小。不过，桶与桶之间的差别可能大于罐与罐间的差异。这些变化可能是由桶制作技术、条件和以前的使用情况以及不一致的酒窖条件而引起的。如果要想获得代表性的酒样，就需要对酒窖中不同地区的酒桶进行选择。但是通常情况下，从酒桶或大酒罐中获取有代表性的酒样是不需要的，因为此时取样、品酒只是为了检查缺陷或跟踪葡萄酒的发展。

在这两种情况下，样品应该放在密闭的容器中并立即送到品评室进行品评，众所周知，酒窖是不适合品酒的。如果样品必须推迟品尝，那么使用前储存样品的容器必须充满氮气或二氧化碳，这有助于减少品尝之前的氧化。

酒杯(Glasses)

对于重要的葡萄酒品评，玻璃酒杯必须符合特定的标准。玻璃必须清澈透明无杂色。这些特性是观察葡萄酒的色泽所必不可少的。酒肚的形状和容量要足够大以剧烈摇晃 35～60 mL 的葡萄酒。酒杯的底部要宽于酒杯顶部，以便于收集从酒中挥发出的香气。此外，杯颈也要方便端持和摇晃酒杯。这些特点已被纳入国际标准组织(ISO)品酒玻璃杯(图 1.2)。宽阔的杯底和倾斜的杯壁有利于观察和剧烈地摇晃，同时窄小的杯口(赋予酒杯郁金香的形状)能够聚集酒中挥发的香气。后一种酒杯特别适合于检测微妙的香气。

大多数 ISO 酒杯都是细水晶材质。虽然轻薄的酒杯能够增强优雅性，但是太脆弱的材质不适用于商业洗碗机进行长期的清洗。因此厚一些的杯形更为可取(如从 Durand 获得)，他们的酒杯拥有 210～310 mL 的容量。另一种较便宜但足以代替的是＃8470 型号玻璃杯，它们只适合于商务品酒会，杯壁会有一圈标记线来表明足够的酒量位置。

对于起泡酒，经常使用修长而苗条的笛形酒杯。这种形状有利于观察酒的气泡情况。包括气泡的大小、持续性及气泡串的性质，气泡在酒杯中央的积累，以及气泡在杯子边缘的状态。

工业洗碗机对玻璃酒杯清洗的同时还进行消毒。大量的清洗能够去除洗涤剂和气味的残留物。

玻璃酒杯洗净之后，应该放于无尘无味的环境中。酒杯应该直立放置，防止气味污染物在酒杯内侧聚集。如果玻璃杯需要储存于硬纸板箱内，这一点就尤其重要。餐馆中经常使用倒置的瓷器悬挂酒杯，但是它不适用于木材或手绘橱柜中。

品评者人数(Number of tasters)

理论上讲，品评者的数目越多，获得准确数据的可能性越大，或者该数据更能显示品尝者可以作为消费者的代表。但是，一般情况下，尽可能少的品评者参加品评。选择数目的多少往往反映了对品评的性质和精确度的需要。使用熟练的、一贯的品评者能够提高信心水平，同时维持最低成本。实践中，15～20 位核心的训练有素的品评师通常是足够的，尤其是对葡萄酒进行分析。对于任何品评，应该至少有 12 名品评者参加。但对于葡萄酒的评价，6～7 名熟练的品评者就足够了。

因为品评者有可能存在偶尔的味觉敏感失控，因此理想状况下应对其体验功能进行连续的监测。然而设计一个简单的感官测评有效性的测试已经证明是不可行的。为使测试结果有效,当小组成员达不到标准时,不提倡为自己找借口开脱。

对于酒的日常质量控制,品酒者的数量可能会少至一名(酿酒者)。不过,最好有几个人同时参与。人类感知能力日常波动很明显,如果评价的决定只由一个人决定,不论技术熟练程度如何都将是比较冒险的行为。

因为每个品评者对察觉到的口味和气味感知不同,他们也可能对酒的品质的感知也不相同。因此,品评者的数目要足够多以排除这个因素,或者品评者要经过训练和挑选,以保证达到所要求的感官品评的一致性。哪一种方法最合适则取决于品评的意图和性质,举例来说,在葡萄酒的评价方面,能够代表某一亚类消费者多样性的品评成员是可取的,但是对于感官描述分析则是不适合的。

在主要的葡萄酒比赛中,品评者的数目一般较大。但是,参加某些特殊评选的品评者的数目一般很少。单个品评者只能准确地品评有限的葡萄酒,并且要求他们根据其经验对特定的这几款酒进行评估。例如,对干雪莉酒几乎没有经验的品评者,就不能期望他们对此酒能做出完全准确的评估。如果不了解品评者的经验,应该要求提供其专业方面的资料,以避免不合适的分配。比较理想的情况是,在正式测试之前,举行一个合格的感官技能测试,但在实践中,很少这样做。一般情况是,根据可用性和品评经验的报道进行选择,没有可以表明所要求的技巧性、准确性和一致性的证据。在这种情况下,统计分析的结果是尤其重要的。否则,就无法区分有效和偶然所得排名。虽然对于品评者(和组织者)而言,如果发现他们的排名是没有意义的,会让他们非常失望,但是承认现实总要好于接受没有依据的结论。更重要的是,认识到品评者适当的资格对品评结果的信心是很必须的。如果能够找到对酒的品质具有清晰、一贯和准确观点的品评者,那么统计分析就不是必需的。

对于偏爱方面的研究,需要大量的人群来代表消费者的多样性。例如,不太富裕的社会群体和不常饮酒者认为酒的甜味和没有苦味和涩味是特别重要的(Williams,1992)。他们也不喜欢酒香馥郁的酒,而这点却恰恰被很多葡萄酒专家所欣赏。关于酒的色泽和香气对于可接受性的贡献,随着消费者年龄和消费葡萄酒的频率而增加。毫不奇怪,经验也会影响人们对葡萄酒的评价(Durr,1984;Solomon,1990)。

测试设计(Tasting design)

提供的信息(Information provided)

对于葡萄酒的重要评估需要隐瞒其身份特性。不过提供基本的信息,将是有用或必须的。例如,如果测评要符合特定的品种或区域规范这一点是非常重要的话,那么品评者要提前了解这些信息。其他情况下,是否应该提供品尝的信息还有待商榷。例如,要求检查酒的缺点可能会强调它们的存在。然而如果避免提及这方面的信息,则可能会遗漏这些信息。

将酒倒在有标记的统一酒杯或玻璃容器中会使酒的身份特性变得不明显。除了隐藏酒的身份特性之外,这个做法还有很多优势:它能够消除已经形成的沉淀物,允许优先检测,并可以取代非代表性的样品。若将酒倒入深色的玻璃杯中,则可以掩盖葡萄酒的颜色。这个在对小组成员被训练辨别由酒龄相关的因素引起酒香的变化的过程中有很大作用(避免它们相互关联的颜色作用)。

如果葡萄酒被事先倒出或需要滗析,这个过程需在临近品尝时进行,以减少香气的损失。如果提前倒出不切实际,那么将酒瓶放在纸袋中也是一种不错的选择。虽然成功地隐瞒了标签,但是酒瓶的颜色和颈部的设计仍是显而易见的,这些都能对酒的起源提供线索。留在颈部的腐蚀材料也能够对酒龄提供线索,瓶型也可以表明酒的原产地,所以由不参与者将酒倒出则能消除此信息来源。

上样顺序和理解性错误的来源(Presentation sequence and source of perceptive error)

如果没有适当的防范措施,序列的错误可以使品尝结果无效。序列的错误会歪曲基于酒的排列顺序而产生的看法。当所有品评者的酒样以同样的顺序排列时,会经常发生一种常见的典型的排列错误。例如,在一系列红酒中排在第一位的往往会比随机顺序的打分高出很多。这可能是由于唾液中的蛋白质与单宁酸结合沉淀使其消除,使第一款酒变得很平滑。相似的错误发生的另一个原因是味觉的偏好,特别是甜味,序列中的第一个往往感觉最甜。同样的,同一款葡萄酒如果在一款较差的葡萄酒后品尝要比在一款较好的葡萄酒后品尝感觉要好很多。当明显不同的葡萄酒按同样的顺序排列,类似的结果还会发生。按种类将酒分组是减少顺序错误影响的标准方法。

每个样品间充分的品尝时间(至少 2 min)以及充分的口腔清洁都能够减小顺序错误对小组数据的影响。但是这在大多数情况下很不实际也不可能。因此,可取的方法是每个品评者的酒样排序不同。我们经常使用 Latin Square(表 5.13)或其修改表来保证顺序的不同。

表 5.13　使用 Latin Square 方法评价 6 位品评者对 6 款葡萄酒随机选择的示例

	品评顺序					
品评者	1	2	3	4	5	6
A	1	3	6	4	2	5
B	2	4	1	5	3	6
C	3	5	2	6	4	1
D	4	6	3	1	5	2
E	5	1	4	2	6	3
F	6	2	5	3	1	4

通过给每一款葡萄酒两位数字的代码来减少潜意识的数值偏见。Amerine 和 Roessler(1983)建议随机使用 14～99 间的任何数字。比起 1～13 间的数字,这些数字不太可能引起心理偏见。

如上所述,其他问题能否避免(或发生),这取决于所提供的资料。提前对可能出现的相似样品进行描述,有助于减少品评者对区别的夸大。然而,同样的信息可能会诱使品评者忽视合法的分歧。因为提供或者隐瞒信息都会影响人的观感,因此,对于非常关键的品酒测试,设计时进行十分详密的考虑是很必要的。面部反应的潜在影响前面已经提到过。对于越困难的品评,越容易被意见所动摇。小组成员应该认识到这些影响,以预防这些影响力。

关于先白酒后红酒,先干型葡萄酒后甜葡萄酒,先酒龄小的后酒龄大的标准建议,这是很恰当的。如果条件允许,每套葡萄酒应该不同。这有助于保持兴趣,并尽量减少感官疲劳。

通常,只有类似的葡萄酒才一起品尝,如相同区域或相同品种的葡萄酒。葡萄酒有时也会根据价格或等级进行分类。如果品评的重点是这种区域或品种的特点,那么这种安排是很有必要的。但不幸的是,在较窄的范围内品尝不利于改变或提高。跨区域或跨品种的比较是比较好的方法,有助于辨别哪些可以改善或应作出修改。

时间选择(Timing)

品酒通常是在上午晚些时候举行,这时人们的敏感性最高。另外,也选择下午晚些时候或者傍晚的时候。饭后 2～3 h 后举办品酒会有助于改善感官技能。过饱导致敏感度下降,是由于中央神经系统的活性受到抑制(Rolls,1995),而非接受系统的敏感性降低。

葡萄酒术语学(Wine terminology)

和葡萄酒相关的语言往往丰富多彩,充满诗意,琅琅上口。但同时它也很难完美地描述感官知觉,特别是那些气味。通常情况下,对品味和口中感觉通过语言描述以后,对它们的印象就像经过漏斗过滤一样。如果提到风味,则会涉及大小或形状(如大或圆)、有力度(如强劲或轻微)或者重量(如浓重或平淡)。其余的词汇,往往引起一般的情绪反应(如愉快、油腻、活泼)。随着经验的增加,会产生更加绚丽的(如蜂蜜、樱桃、松露、焦油)和隐语的(如天堂的、艳丽的、女性的、强劲有力的)语言。通过对葡萄酒消费者者使用的词汇(如果香和花香)和葡萄酒节制者使用词语(如辛辣、酸味、酒精味)的比较,可以发现葡萄酒语言使用的偏好是十分明显的(图 5.9)。

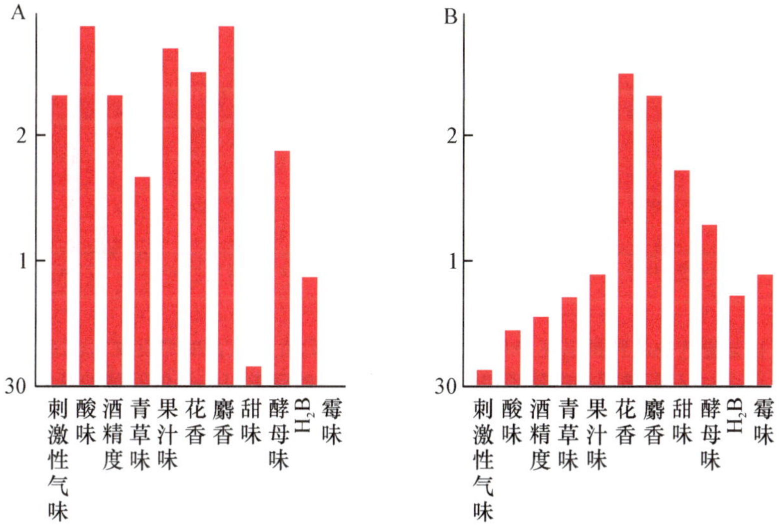

图 5.9 葡萄酒节制者(A)和葡萄酒消费者(B)在描述葡萄酒时词语选择的比较。

对于关键的品尝，信息的描述必须清晰准确。品味和触摸的感觉很容易用词语来描绘，因为我们的语言有专用于描述这方面的词汇。气味的描述是人类最大的问题。我们嗅觉词汇的词典是极其有限的，而且主要局限于描述消极的反应——特别是来自三叉神经的反应(辣、辛、腐烂)。对于积极气味的印象，我们几乎完全取决于参考的物体或与此气味相关的情景。这些可以分类(果香、花香)，但是精确度要求更为详细(如干荔枝味、罐装绿色豆类、“Granny Smith”苹果)。

虽然提供一部分普遍的、精确的葡萄酒用语是需要的，但是实践证明这很难取得进展。此外，人们在正确使用术语上，即便是描述一般的气味，也有难度。图 5.10 描述了这种不准确。甚至个人对气味的分类也是可变的，并且可能每天都不一样(Ishii *et al.*，1997)。这就能解释人们在用自己总结的描述性语言进行葡萄酒说明时的一些困难(Lawless，1984；Duerr，1998)。术语往往反应了具体的个人经验，这也有助于解释为什么每个人在描述葡萄酒时差异会很大。

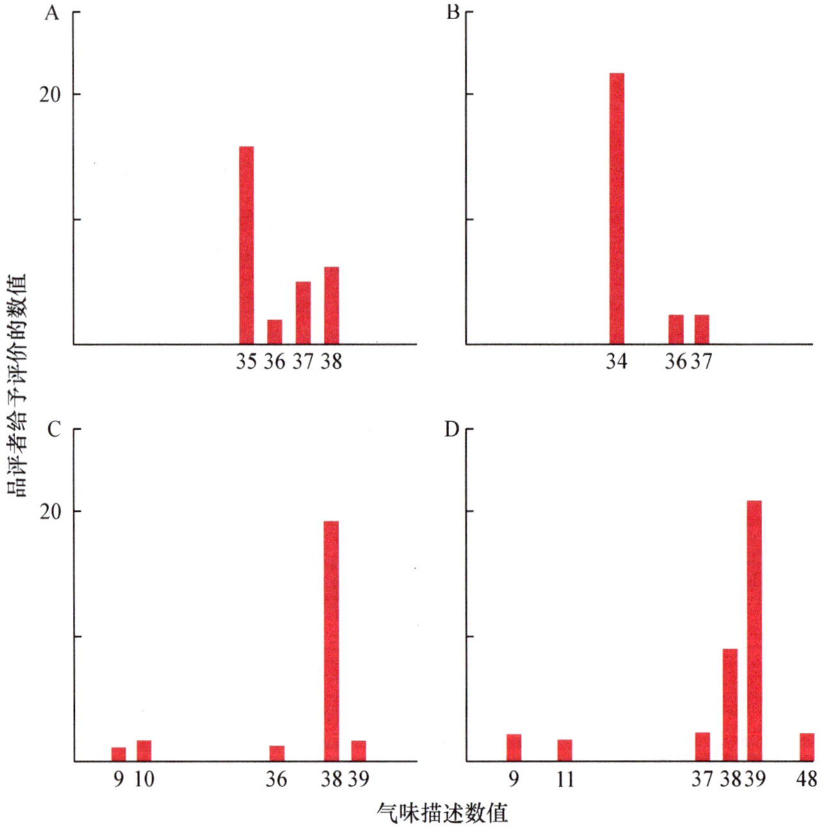

图 5.10　四种芳香气味的特殊描述符号的分配百分数：(A)香蕉味，(B)草莓味，(C)梨树味，(D)苹果味；9，类似杂醇油酒精的味道；10，类似乙酸乙酯的味道；11，类似乙醛的味道；34，类似草莓的味道；35，类似香蕉的味道；36，类似菠萝的味道；37，类似梨的味道；38，类似梨子糖的味道；39，类似苹果的味道；48，辣味[资料来源：Williams，A. A. (1975). The development of a vocabulary and profile assessment method for evaluating the flavour contribution of cider and perry aroma constituents *J. SCI.* Food Agric，26，567-582. Copyright Society of Chemical Industry，Reproduced with permission. permission is granted by John wily & Sons Ltd. on behalf of SCI.]。

普遍使用的其他术语，特别是进行葡萄酒排名时，表明了强度或时间的发展。像完成、发展、持续和记忆等术语可能综合描述了很多独立感觉的综合。附加的术语具体涉及感官的交互作用，尤其是平衡、主体、复杂性和风味。这些抽象的词语是必须的，但是不可能准确界定。对这些感觉没有展示样品，使得对它们的测评只能靠猜测。

对于葡萄酒的评价，所用术语经常在准备的品评表上提供。不过，在自我生成时，保持使用的一致性是较好的。此外，如果所提供的术语不具备足够的代表性，那么很有可能现有的术语将被征用(误用)。对于葡萄酒的评估(感官评价)，使用的术语往往在品尝师训练的过程中产生。

■ 酒的评价(Wine evaluation)

评分表(Score sheets)

品酒具有多重功能，它有很大的跨度，从纯粹的学术研究，如感觉功能或生产技术的影响，到保持性质恒定的任务，或是针对某些类别给出“最佳购买”建议。此外，涉及的还有只为酒排名而进行的公共和比较品尝。排名只是基于美学原则，不一定需要考虑某种独特的特性。即便在这里，这些数据可能只用来形成品评者的感官材料，或者用来研究在排名过程中起重要作用的一些特点。

因为品评具有多种用途，因此品评表同样多种多样。对于偏好评价，有序列分界的表格就足够了(图 5.11)。这与详细的评价功能相同(Lawless *et al.*，1997)。相反，大多数品评表对一些特性进行排名(图 5.12)，或者提供足够的空间进行详细的讨论。分类的重点在于能够赋予酒鲜明特点的重要特性。这些可能强调某些特殊类别葡萄酒的具体感官特性(图 5.13)，或整体感官。详细的评分表在确定具体的优势和缺陷时特别有用。在充分评价强调特征或衡量负面的影响时，大多数的评分表都有缺陷。最后，也有专门用于描述性感官分析的品评表(图 5.19 和图 5.20)，他们主要试图定量测量区分相似葡萄酒间的区别。很少有对评价表进行研究以决定如何更快更有效地使用它们。从评价表获得所有数据的有效性依赖于品评者使用此表的准确度和一致性。

等级	酒名
第一：	________________
第二：	________________
第三：	________________
第四：	________________
第五：	________________
第六：	________________

图 5.11 Hedonic 评分卡(评分等级)。

一般而言，评价表越详细，品评者就要花费越长的时间保持其一致性(Ough and Winton，1976)。如果评价表过于复杂，葡萄酒的一些显著特点可能会被忽视，并且排名是基于先前的品质特性(Amerine and Roessler，1983)。相反，不恰当的选择方式可能会导致“光环倾销”——使用很多无关的词汇来描绘评价表上原本就不存在的特性感知(Lawless and Clark,1992;Clark and Lawless,1994)。

葡萄酒:______________________　　　　日期:______________________

特征	描述	得分
外观与色泽		
0	差——混浊或有轻微的不良气味	
1	良好——外观清亮并具有特征色泽	
2	好——特征色泽完美	
气味和花香		
0	不完美——有明显的不良气味	
1	没有特点——轻微的不良气味	
2	可以接受——没有明显的品种、区域、典型香气或者陈酿香	
3	令人愉快的——温和的品种、区域、典型香气或陈酿香	
4	良好——标准的品种、区域、典型香气或陈酿香	
5	很好——品种、区域、典型香气或陈香独特复杂	
6	异常好——品种、区域、典型香气或陈香丰富,复杂,精良	
酸度		
0	差——酸度过高(尖锐)或过低(平淡)	
1	良好——酸度符合酒型	
平衡		
0	差——酸甜比不和谐,过于苦涩	
1	良好——酸甜比适当,适度的苦涩	
2	很好——酸甜比和谐,口感清爽	
酒体		
0	差——淡薄或酒精度过高	
1	良好——明显的结构感	
风味		
0	不完美——不良的口味或气味明显	
1	差——在口中感觉不到品种、区域或者典型的香气	
2	良好——有明显的品种、区域或者典型的香气	
3	很好——非常明显的品种、区域或者典型的香气	
余味		
0	差——口中几乎没有余香,特别的苦涩	
1	良好——口中有适当的余香,感觉很好	
2	很好——口中有较长的余香(超过 10～15 s),口感很好	
整体质量		
0	不可接受——很明显的不良品质	
1	良好——所表现的此类型葡萄酒的传统特征可以接受	
2	很好——明显好于此类型葡萄酒的大多数其他款	
3	非常好——感官品质接近于完美,值得回忆	

图 5.12　Davis 模型的评分表

葡萄酒：________________________　　　日期：________________________

特征	描述	得分
外观与色泽		
0	差——混浊或有轻微的不良气味	
1	良好——特征色泽清亮	
2	好——特征色泽完美	
气泡		
0	差——很少的，较大的气泡松散冒出，很短的持续期	
1	良好——较多的长串中等体积气泡，较长的持续期，不形成慕斯状	
2	很好——长串连续的很多气泡冒出，长时间持续，形成慕斯状*	
3	完美——很多长串的紧凑完美的小气泡，有慕斯的显著特点	
气味和花香		
0	有缺陷——有明显的不良气味	
1	没有显著特征——稍有不良气味	
2	标准——温和的品种香和发展中的花香**	
3	很好——微妙的品种香以及复杂的烤面包和陈酿香气	
4	完美的——复杂微妙丰富的香气，精妙的焙烤香，较长的持续期	
酸度		
0	较差——酸度过高(尖锐)或过低(平淡)	
1	好——酸度适中清爽	
平衡		
0	差——淡薄，酸甜不平衡，过苦，有金属味	
1	好——标准酸甜平衡，口感爽滑，无金属味	
2	很好——酸甜比动态平衡，口感丰富，和谐	
风味		
0	很差——明显的不良气味，使酒很难闻	
1	差——无传统的香气特点，有肥皂泡状物	
2	好——具有传统香气，气泡造成轻微的刺痛感	
3	很好——典型香气丰富，整个口腔具有气泡产生的振动感	
余味		
0	差——口中余味滞留较短，过强的收敛性和苦味	
1	好——口中余味滞留时间合适，感觉良好	
2	很好——余味滞留时间较长(10～15 s)，品后口感很好	
总体质量		
0	不可接受——很明显的不好特征	
1	好——能很好地体现此类品种的典型特征	
2	很好——明显比大多数的起泡酒要好	
3	很好——所有的感官评价几乎完美	

图 5.13　气泡酒评分表

* 酒杯中心葡萄酒的表面聚集很多气泡，且在外围也有一圈。

** 此特性从发酵结束后的处理中获得。

Davis 评分卡可能是应用最广泛的计分方式。因为它是为识别葡萄酒生产过程中的缺陷而设计的，所以它并不完全适用于普通或高级的葡萄酒品尝(Winiarski *et al.*,1996)。此外，对于某些酒这个评分卡可能会评价某些不合适的特性(如评价白葡萄酒的收敛性)或者缺乏特定类型葡萄酒的重要特点(如起泡葡萄酒的起泡性)。为起泡酒专门设计的评价表格设有专门评价起泡性的部分(图 5.13;Anonymous,1994)。对于特定品种或特定区域的葡萄酒，进行酒的综合质量评价时，会使用特殊类型的评分表(图 5.14 和图 5.15)。因此，评分表的选择必须根据其使用目的决定。它应该简单(快速且易于使用)、精确(不造成混乱或冗余)，始终能准确地使用。

葡萄酒：________________ 日期：________________

特征	描述	得分
外观与色泽		
0	差——混浊或有轻微的不良气味	
1	好——特征颜色明亮	
2	很好——特征颜色灿烂清亮	
气味和花香		
0	有缺陷的——有明显的不良气味	
1	不良特征——处在形成不良气味的边缘	
2	可以接受——没有明显的品种、区域香气或花香	
3	好的——有温和的标准的品种、区域香气或花香	
4	很好——有品种、区域香气，且有明显复杂的陈酿香气	
5	完美的——丰富复杂的传统香气或者优雅悠长的陈酿香气	
味觉和香气		
0	有缺陷的——明显的不良口感和不良气味时酒很不好闻	
1	差的——没有品种、区域香气或花香	
2	好的——有明显的品种、区域香气或花香	
3	特等的——超级好的品种、区域味觉感受和香气特点	
平衡		
0	差的——酸甜比不和谐，过苦或过涩	
1	好的——酸甜比合适，苦味和涩味适中	
2	特等的——酸甜比完美，口感爽滑	
发展/持续期		
0	差的——香气简单，没有发展，持续期很短	
1	标准的——香气典型，发展复杂，品尝过程中不会减弱	
2	很好——香气强度有所增加，典型，品尝中持续	
3	特等的——香气丰富，强度和特性都有所增强，持续期长	
余味		
0	差的——口中余味较少，过苦过涩	
1	好的——口中余味适中，品后口感新鲜	
2	特等的——口中有较长的持续期(>10～15 s)，品后感觉微妙优雅	
整体质量		
0	不可接受——明显的不良气味	
1	好的——此类型酒的传统特征表现得可以接受	
2	很好的——比此类酒的大多数要好	
3	特等的——值得回忆	

图5.14　葡萄酒感官质量评价表

场合

委员	样品	葡萄收获期	酒名	种类介绍
n° ______	n° ______	______	______	______

日期	时间
______	______

测试			完美	很好	好	一般	不满意	差的	令人不满的	不合格的	发过的	缺乏的	不平衡的
视觉		清澈透明	6	5	4	3	2	1	0	■	■		■
	色泽	颜色	6	5	4	3	2	1	0		■	■	■
		亮度	6	5	4	3	2	1	0				■
花香		清淡的	6	5	4	3	2	1	0	■	■		■
		剧烈的	8	7	6	5	4	2	0		■		■
		精致的	8	7	6	5	4	2	0		■		■
		和谐的	8	7	6	5	4	2	0	■	■	■	
味道		清淡	6	5	4	3	2	1	0	■	■		■
		剧烈	8	7	6	5	4	2	0		■		■
		主体	8	7	6	5	4	2	0				■
滋味		和谐	8	7	6	5	4	2	0	■	■	■	
		持续	8	7	6	5	4	2	0	■	■		■
		品后感觉	6	5	4	3	2	1	0		■	■	
总体评价			8	7	6	5	4	2	0		■	■	
部分 总和		十个											
		单位											

缺点

缺点的实质：生物 □　化学物理 □　次要的 □　原有的 □

总计 □□□

备注

小组成员　　签名

图 5.15　品酒竞赛的感官分析品评表[资料来源:Method of the “Union international des Oenologues”，Anonymous，1994]。

总分的使用范围不能超过有效一致使用的范围。在十点(十进制)系统中,半分允许使用,以增加最高可以有效利用的范围。它还增加了中间范围的广度,大多数品评者都避免极端(Ough and Baker,1961)。通常情况下,只有当具体到特定的质量,两端的范围才被使用(图 5.12 和图 5.16)。

字母等级评分表

葡萄酒 #	口头描述	字母等级

等级	亚类*			特征	比例(%)**
A	A^+	A	A^-	非常好	5
B	B^+	B	B^-	明显好于一般水平	25
C	C^+	C	C^-	一般水平	40
D		D		低于一般水平	25
E		E		有缺陷的	5

图 5.16 葡萄酒字母等级评分表

* A,B,C 类再分为低于平均水平、平均水平和高于平均水平,代表每个等级。在细分类中很容易偏向左边,更多会打“-”而不是“+”,因为在人们的努力表现中很少能达到完美。如果想得到,每一种类可以用数值代替,由此对一系列酒进行比较。

** 在葡萄酒间假设一个随机的质量分布。

假设葡萄酒表现出质量的正态分布,那么分数也应该同样表现正态分布。虽然一般情况下正确,但是分数倾向右边(图 5.17),说明有缺陷的酒不太常见。当品评者充分利用范围,得分分布往往是不正常的(图 5.18)。品评者使用 Davis 20 分评分卡时是非正规分布,当使用固定点表时则为标准分布(Ough and Winston,1976)。

从 1～100 的跨越范围似乎是没有道理的,目前并没有证据表明品评者能区分到这么细微的程度。在流行的 100 分排名制中常用的 80～100 范围能够证明这一点。

另一种程序是要求品评者指定任何他们想要的数目。在这种情况下,就没有上限限制,且品评者的打分不受限制。普鲁克分析用来解释数据,基于以下假设:人们对相同的特性即便使用不同的术语和规模来衡量也类似。Procrustes 程序会寻求相同的趋势,并缩小或扩大或变动测评范围以达到与数据最佳的匹配。

大多数专业的评分表用数字权衡葡萄酒的感官类别时,往往具有令人惊讶的一致性(表 5.14)。当整体的感觉与味道/味觉相结合时,它们才会不同。

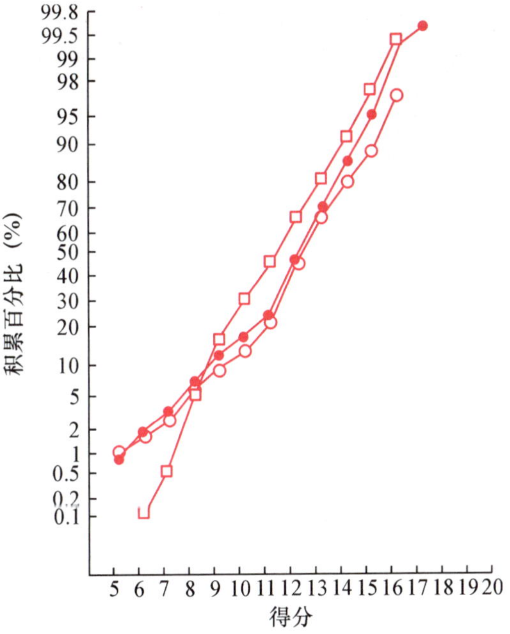

图 5.17　品评者(XⅡ)对 3 个不同年份的酒使用 Davis 20 分评分表进行评价的分数-百分比分布图。○ **1964**;● **1965**;□ **1971**[资料来源:from Ough and Winton,1976]。

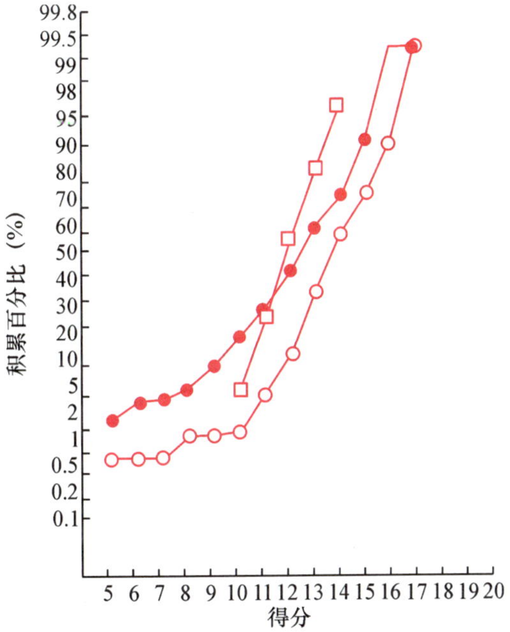

图 5.18　品评者(XⅠ)对 3 个不同年份的酒使用 Davis 20 分评分卡进行评价的分数-百分比分布图。○ **1960**;● **1965**;□ **1968**[资料来源:from Ough and Winton,1976]。

表 5.14 不同评分表中各感官评价部分所占的比重比较

评分表	外观	气味	品尝/香气	整体/典型性
Associazione Enotecnici ltaliani(1975)	16	32	36	12
Davis scorecard(1983)	20	30	40	10
O. I. V. tasting sheet(1994)	18	30	44	8

如果对排名和详细的感官分析都有要求，那么就应该使用独立的评分系统。这不仅简化评估，而且还能避免晕轮效应——一个评估会导致对另一个评估的偏见(McBride and Finlay，1990；Lawless and Clark，1992)。例如，苦涩的葡萄酒在整体的质量上、可饮用性方面会得分很低，但是当葡萄酒的感官方面进行独立评估时，得分会比较宽松。

统计学分析(Statistical analysis)

统计学分析对数据的潜在有效性进行评估。理想的情况下，统计分析只对从数据观察得到的不言自明的结论提供数学确认。当重要性受到怀疑时，统计学是最有意义的。它可能确认疑问(无需证明)或者增强对所观察到的区别的信心。当涉及很多因素且很难进行直接比较时这是很有价值的。例如，主成分分析有助于确定这些因素导致的差异。显著性分析一般会导致进一步的试验，皆在提供额外的证明。

其中对于统计学家的一个问题就是很难直观地证实复杂的统计分析得出的结论。除了那些受过广泛的统计培训的人，向专业人士寻求帮助以获得最合适的分析方法和解释是很必须的。复杂数据分析的图样很容易使人眼花缭乱。结论建立在有效的数据上，这是再好不过的了——它们基于使用正确的试验设计、充足的重复、能力可靠的品评者，并遵守统计检验所规定的条件。只有统计测试才有多元程序的充分讨论，相对简单的统计分析一般只提供图表。更为复杂的统计测试在葡萄酒分析中很著名。

由于其简单性，统计分析可以用来判断某个特定小组的成员能否发现一组葡萄酒之间的差别。此外，该数据往往被用来辨别哪些葡萄酒是可以区别的，或者成员给葡萄酒的打分是否相同(表 5.10 至表 5.12)。体验的一致性特别重要，因为技术不好的成员得出的数据可以潜在地否定由熟练的小组成员得出的区别的意义。统计数据不能表示出所观察到的区别是否具有实际意义。建立一个可检测的差异并不能表示有相等的偏好差异，任何超过苹果和橘子之间的差异都代表了偏好的存在。同样地，偏好是明确存在的，但是分数可能会完全相同。

大多数情况下，简单的统计分析就能充分确定葡萄酒间是否存在区别。数据可以很快得到，无需计算机或电脑进行复杂的计算。

简单的测试(Simple tests)

表 5.15A 列出了 5 名品评者对 6 款葡萄酒排名的假设结果。粗略地看一下数据可以发现各酒间存在差异。但是，统计分析(附录 5.6 和附录 5.7)表明，在 5%意义水平时各酒之间是不存在明显区别的。对于重要性而言，级别的总数应该降至 9～26 的范围以外。实际级别的总数是 9～24。每个人的排名变化太大就会导致结果没有区别。

在很多情况下，增加品评者的数目可以提高小组的识别力。在表 5.15B 中，品评者的数目增加到 10 个，但是他们的评分模式是复制的。附录 5.6 表明，5%水平的区别要求排名总数超过 22～48，实际范围是 18～48。因此，10 个品评者参与下，葡萄酒 A 显著不同于其他的葡萄酒。相同的方式，15 个品评者采用相同的技术，那么葡萄酒 A 和葡萄酒 E 将是有区别的(最高和最低排名的葡萄酒)。即使少数人的打分不一致，或者对酒的质量有不同的理解，这都会否定酒之间的区别。

表 5.15 显示了简单排名的局限性。葡萄酒可能是有区别的，但是只具体到分层分类。但是足以区分的差别程度是未知的。以每款葡萄酒的个性特点的打分为基础进行排名能够纠正这个问题。表 5.16 说明了这个问题，这 5 款酒由 7 位品评者进行评价。要达到区别的程度，葡萄酒的分数范围必须要大于附录 5.8 中的统计数据。这些数值是每款酒分值总合的乘积。

表 5.15　6 款葡萄酒的等级排名

A 5 名品评者

品评者	葡萄酒					
	A	B	C	D	E	F
1	1	3	6	4	5	2
2	2	1	4	5	3	6
3	3	6	2	5	4	1
4	1	4	5	3	6	2
5	2	5	3	4	6	1
排名总计	9	19	20	21	24	12
总排名	6	4	3	2	1	5

B 10 名品评者

品评者	葡萄酒					
	A	B	C	D	E	F
1	1	3	6	4	5	2
2	2	1	4	5	3	6
3	3	6	2	5	4	1
4	1	4	5	3	6	2
5	2	5	3	4	6	1
6	1	3	6	4	5	2
7	2	1	4	5	3	6
8	3	6	2	5	4	1
9	1	4	5	3	6	2
10	2	5	3	4	6	1
排名总计	18	38	40	42	48	24
总排名	6	4	3	2	1	5

表 5.16　7 名品评者对 5 款葡萄酒的打分(最大 20)

A 葡萄酒分值

品评者	葡萄酒						
	A	B	C	D	E	总和	排名
1	14	20	12	13	14	73	8
2	17	15	14	13	18	77	5
3	18	18	15	13	17	82	5
4	15	18	17	14	18	82	4
5	12	16	15	12	19	74	7
6	13	14	13	14	17	71	4
7	15	17	13	14	16	75	4
平均	15	16.9	14.1	13.3	17		
总分	104	118	99	93	119		
排名	6	6	5	2	5		

排名分值总和：6＋6＋5＋2＋5＝24(葡萄酒)；8＋5＋5＋4＋7＋4＋4＝37(品评者)

总分变化幅度：119－93＝26(葡萄酒)　　　82－71＝11(品评者)

附录 5.8 为 12 位品评者 12 款葡萄酒的情况提供了 2 个统计数值：0.58(高)和 0.54(低)

对于重要性而言，各葡萄酒分值之间的差异必须超过各葡萄酒排名分值的总和(24)与较高统计数值(0.58)的乘积 13.9。

对于重要性而言，各品评者分值之间的差异必须超过各品评者排名分值的总和(37)与较高统计数值(0.58)的乘积 20.0。

对于重要性而言，每两款葡萄酒分值之间的差异必须超过 24(0.54)＝13。表 B 列出了每两款葡萄酒间总分的差异。

B 每两款葡萄酒间总分的差异

	葡萄酒 A	葡萄酒 B	葡萄酒 C	葡萄酒 D	葡萄酒 E
葡萄酒 A	—				
葡萄酒 B	14*	—			
葡萄酒 C	6	19*	—		
葡萄酒 D	12	25*	6	—	
葡萄酒 E	14*	1	10	25*	—

* 重要性在 5％的水平。

C 方差分析表

来源	SS	df	ms	F	$F_{0.05}$	$F_{0.01}$	$F_{0.001}$
总和	164.2	34					
葡萄酒	76.2	4	19.0	6.74	2.78	4.22	6.59**
品评者	20.2	6	3.4	1.19	2.51		
误差	67.8	24	2.8				

** 重要性在 0.1％水平。

在表 5.16A 中，7 位品评者对 5 款葡萄酒的相关统计值为 0.58($p>0.5$)。足以区别的要求是所有葡萄酒的总分变化幅度大于 0.58 和所有葡萄酒分数总和(24)的乘积——这种情况下是 13.9。因为葡萄酒总分数变化幅度(26)大于计算得出的乘积(13.9)，所以得出结论：品评者能够区分各款葡萄酒。哪一款葡萄酒是可以辨别的，这可以由附录 5.8 中第二个统计数值(较低的)决定(0.54)。它乘以各葡萄酒分值的总和,得到结果 13。当任意两款葡萄酒之间的总分差别大于计算得出的结果(13),就说明存在显著差异。表 5.16B 表明葡萄酒 A 和 B,A 和 E,B 和 C,B 和 D,D 和 E 之间都存在显著性差异($p>0.5$)。这可以由下图直观地表示,由直线连接的葡萄酒之间没有显著差异。

E　　B　　A　　C　　D　　(7)

要判断品评者之间是否存在差别,将品评者排名分数的总和(37)乘以较大的统计数值 0.58 进行计算。因为乘积(20)超过他们总分的变化幅度值(11),品评者间似乎口味相似。因此就避免第二次计算,以确定哪位品评者的得分不同。

表 5.16 显示的是使用相同数据进行的方差分析。它确认了葡萄酒之间存在的显著差异,但是品评者之间没有显著差异。

差异分析(Analysis of variance)

为了详细分析品评结果,通常使用方差分析(ANOVA)和多元方差分析(MANOVA)。例如,它允许对品评时各影响因素间的相互作用进行评价。虽然这些技术较为复杂,但是在电脑的帮助下可以应用于需要的情况。数据直接进行电子计算进一步简化了大量数据的分析,现在已经发展了专门为食品和饮料行业开发的电脑程序(即 Compusense five®),它们可以根据使用者的特殊要求作出调整。

品评结果的相关性(Pertinence of tasting results)

本章节的大部分内容都基于这样的假设:对于品评者的培训和挑选不仅能提供更加一致的结果,而且能增加有效的数据。但是,也有人认为获得这些好处所需的人工条件使结果得不偿失。1 瓶葡萄酒在吃饭时被消费,与在实验室中被作为样品或者在品尝竞赛中被消费是完全不同的,这毋庸置疑。同样,对葡萄酒的感官看法会依赖于相伴的食物、饮用日期和其他前提不同而变化。因为环境和心理因素对葡萄酒品评的影响如此之大,只有在无可否认的公平的人为条件下才能进行关键的品评比赛。此外,所得结果是相对的,不是绝对的。我们自然希望这些品评所得的结果与现实情况有所联系,但是关联的程度还有待确定。

感官分析(Sensory analysis)

感官分析涉及一系列的技术操作,它们用来研究葡萄酒的特性,如何被检测,如何与化学的、品种的、区域的或者风格起源等相关。也就是说一系列分析技术主要是研究手段,这包括了描述性感官分析、时间-强度分析和魅力分析等技术。

描述性感官分析(Descriptive sensory analysis)

描述性感官分析定量的描述食物或饮料的感官特性,它可以帮助获得一份完整的风味轮廓。但是风味轮廓的形成是需要时间的,这通常涉及使用不必要的特性来决定葡萄酒的差异来源,来改变产品配方所造成的影响。

描述性感官分析一般主要集中于能够区分相似产品的感官特征上——针对特殊消费群体而进行产品开发的关键信息。从这个方面讲,它很少用于葡萄酒生产中。生产者和消费者等都希望葡萄酒被看作自然产品，而不是经过处理的食品等。因此，描述性感官分析主要用来研究或验证那些能够区分特殊的品种(Guinard and Cliff，1987)、特定区域(Williams *et al*.，1982)，或者独特方式酿造的葡萄酒的特性。感官分析也用于调查一个地区的气候特点，搞清楚为何它适于生产特别风格的葡萄酒(Falcetti and Scienza，1992)。它同样可以研究改变葡萄的栽培或灌溉方式所带给葡萄酒的影响。这种情况下，要尽量保证所有其他的影响因素都处于一致水平，这是很重要的。通过与化学分析相结合，感官分析能帮助确定那些引起特殊感觉的化合物。虽然感官分析没有直接参与质量的评估，但是它可以确认在质量感知中那些非常重要的特性或化学物质。最后，该技术可以和偏好研究相结合，用来探询针对顾客的偏好所持有的普遍意见。例如，Williams *et al*.(1982)证实了甜度、低酸及最小限度的苦涩对于极少饮酒者的相对重要性。

在描述性分析的大多数表格中，品尝小组的成员们要专门训练使用常见的一致的感官术语。为了获得一份完整的感官资料，所有相关的感官特性都是量化的。品评葡萄酒包括视觉、味觉和嗅觉等方面感受，虽然一般情况下，只有香气或味道方面被研究。特性并不能充分地描述葡萄酒的风味，但是可以对葡萄酒进行辨别。量化涉及得分的力度，我们并不对特性的质量方面进行评估，因为它们的主体性影响了精确的测量。

感官分析有很多形式，我们只提 3 种最常见的例子，这就是描述性分析、光谱分析以及自由选择剖面。

准成员通常进行筛选，那些没有必备技能的人将被淘汰，这也能使候选人熟悉将要研究的葡萄酒的特性。筛选方式通常是全面具体的，可以作为一种继续训练。相反，自由选择剖面的小组成员就很少接受筛选，感官变性分析的技术对他们来说也不是决定因素。

一旦接受过培训，成员们会很快适应对其他葡萄酒的评价，常常不需要额外的筛选过程。但是这并不能保证所有的成员都具有资格的，也不意味着完全不需要额外的训练。在保证每一个测试都是可取的之前，要对成员表现进行观察，特别是每个测试只有少数重复时。虽然一般并不要求高度尖锐的敏感性，但是每一个成员最好能够察觉到所有重要的区别，而不是偶尔。

一旦筛选完成，就开始训练，在描述酒特性的语言上花费大量的精力训练。语言现在已经可以部分地区分定量描述分析和光谱分析。此外，感官功能被分为相关类别，定义每个特性，准备标准样品和训练成员的打分强度。一些抽象的词语，例如主体、平衡和发展都不会使用。对这些词语进行精确的定义是不可能的，而且也很难获得足够的参考。

通过定量描述分析，成员们达成一个共识：描述符能够充分代表葡萄酒的独特特性。这发生在由一个领导人监督的情况下：他要指导和仲裁讨论，以防止最初的意见发生两极分化(Meyers and Lamm，1975)。小组的领导人并不参与术语的使用或者品酒。否则，对葡萄酒的预先了解可能会对特色的选择和词语的使用产生偏见影响。领导人的责任主要是鼓励富有成果的讨论，组织测试和分析结果。如果大家使用自己的术语而非不熟悉的科技术语，那么培训就会缩短。随后，成员们用这些描述符对葡萄酒的特性进行描述(缺乏混乱或冗余)，并且他们会学习到哪些术语是最可分辨的。这通常涉及对相同的葡萄酒进行几轮测试后所得结果的分析。只有这样，才能使特性的数量减少到最低需要的程度。分析也允许成员使用有待衡量的术语。在这一阶段，不能保证一致的品评者可以明确地从小组中剔除。但是较早的开除是不合适的,因为大家处于训练阶段。

表 5.17 中的数据说明了这些问题。非常重要的"鉴赏家-葡萄酒(J×W)的互动实验"(其中包括薄荷味、桉树味、泥土味和浆果味的口感分析)表明在术语使用方面某些变化的不可接受的程度。因此,在其后的分析中将去除这些特性。高水平的单个的"鉴定家-葡萄酒(J×W)的互动实验"能够指出那些使用术语不一致的品评者。

表 5.17　黑比诺葡萄酒的特性评级差异分析(7 位鉴赏家):*df*,自由度;MES,错误平均方差[资料来源:Guinard and Cliff,1987]。

	F ratios						
	Judges(J)	Reps(R)	Wines(W)	J×R	J×W	R×W	MSE
红色	30.74***	0.02	61.17***	0.90	1.12	1.97**	94.87
新鲜浆果	37.30***	0.08	2.61***	0.59	1.17	1.15	198.73
果酱	70.34***	2.20	2.90***	0.28	1.32*	0.85	150.17
樱桃	71.91***	0.35	2.71***	0.39	1.42*	0.83	130.65
李了	72.46***	0.23	1.39	0.66	1.21	1.38	147.57
辛辣	130.64***	1.17	1.78*	1.82	1.28	0.99	89.32
薄荷/桉树	121.27***	0.90	2.32***	0.55	2.10***	1.40	105.02
泥土	121.47***	1.33	5.28***	1.03	1.64***	1.93**	125.67
皮革	56.59***	0.63	2.39***	0.98	1.17	0.85	181.54
植物	103.28***	0.01	4.74***	2.64*	1.38*	0.77	130.74
烟味/柏油	110.38***	0.07	4.02***	2.81*	1.99	1.22	129.90
浆果般口感	36.05***	3.67	2.21**	1.79	1.55**	0.92	171.75
苦	111.21***	5.72*	3.83***	2.22*	1.19	1.06	134.94
涩	128.78***	0.29	5.05***	1.45	1.24	1.65	146.91
df	6	1	27	6	162	27	162

*,**,*** 其重要性分别为 $p<0.05$,$p<0.01$,$p<0.001$。

术语的冗长经常在相关矩阵的重要性中被发现。表 5.18 表明新鲜浆果味和浆果果酱味,皮革味和烟草味以及苦味和涩味等特性都有着很显著的相关性。但是众所周知,苦味和涩味是截然不同的感觉,都由即便不同也相似的化合物诱导。因此,在这种情况下,显著相关性并不代表术语冗长。感官分析的数据要谨慎分析,而且一定要有其他信息的支持。

表 5.18　黑比诺葡萄酒区别测试中描述性评语间的相关矩阵($df=26$)

术语	1	2	3	4	5	6	7	8	9	10	11
1. 红色	0.01										
2. 新鲜浆果	−0.05	1. 00									
3. 果酱	0.01	0.60***	1.00								
4. 樱桃	0.13	0.71***	0.42*	1.00							
5. 李子	−0.22	−0.22	0.04	−0.19	1.00						
6. 辛辣	0.32	0.29	0.27	0.47*	−0.25	1.00					
7. 皮革	0.18	−0.50**	−0.45*	−0.28	0.14	0.16	1.00				
8. 植物	−0.46*	−0.57**	−0.27	−0.61***	0.51**	−0.54**	0.11	1.00			
9. 烟味/柏油	0.46*	−0.66***	−0.41*	−0.35	0.04	0.20	0.70***	0.15	1.00		
10. 苦	0.09	−0.14	−0.14	−0.08	0.35	0.04	0.35	0.10	0.27	1.00	
11. 涩	0.57**	0.00	0.00	−0.02	−0.04	0.23	0.23	−0.27	0.36	0.61***	1.00

*,**,*** 其重要性分别为 $p<0.05$,$p<0.01$,$p<0.001$。

光谱分析主要向专家提供预选特性来衡量、参考标准并建立强度模型。在葡萄酒的可辨特性已经清楚，而且很难再发现新的感官特性的时候，培训的时间可以缩短。当试验者只是对精细的葡萄酒特性感兴趣时，光谱分析也是适用的。但是，这会有小组成员使用非指定术语来描述风险。光谱分析所使用术语的训练与定量描述分析是相似的。

在培训和筛选中，无论是定量描述还是光谱的方法，都会遇到术语使用不一致的问题。此外，一些研究者开始考虑在术语发展过程中与极化相关的一些问题，一些个性化术语的使用，甚至"正确"的一套描述性语言是否可行(Solomon，1991)。这些方面揭示了自由选择剖面的发展，在这种品尝中，成员可以使用他们自己的词汇来形容葡萄酒的特性。虽然训练是最低程度的，但是要获得葡萄酒的经验，发展自己的术语，熟悉强度标的使用仍是很费时间的。相似数目的术语使分析变得简单，但并不是绝对必要的，这时假定成员具有相同的感觉，即便使用不同的术语和强度标。

自由选择剖面面临的问题是由所涉及的复杂的数学调整引起的。在广义的 Procrustes 分析中(Oreskovich *et al*.，1991；Dijksterhuis，1996)，数据的旋转、拉伸和收缩都有使用，以获得共同的趋势。因此，在毫无关联的地方产生联系，这是有可能的。此外，将产生的轴线和具体的感官特性联系起来是很困难的。这往往需要将这些数据与感官剖面和化学分析获得的数据相结合。不过，消费者反映小组参与时，自由选择剖面就特别有价值。它的优势一部分源自其经济性——能够节省发展一个可辨术语学所需的大量时间，根据其需要培训成员，并选择那些能使用术语一致的成员。如果样本之间的区别很小的话，那么一致和统一的术语使用就是很必需的。

所有感官分析程序都尽量减少小组成员的流动，无论是在人员的选择，还是多维的数学模型参与的分析，如普鲁克分析。在这个过程中，它们可以删除有不同观点的重要亚组。虽然是一个合法的问题，但是却是使用人类作为分析工具的替代品的一个无法避免的后果。

可能情况下，对于定量感官和光谱分析，每一个术语都应有参考标准。在品酒时，它们允许成员们在检测和使用术语遇到困难时参阅标准。虽然首选，但是没有一个可以接受的标准也并不排除术语。如果存在参考标准，那么这个标准只需提供目的特性，而不要用额外的特性来迷惑品评者。它们也应该足够微妙来避免感官的互动和疲劳。在试验期间保持标准样品的稳定也是非常重要的。如果它们需要更换，首先要咨询小组成员能否接受。不用标本或样本的时候，通常将标本冷冻储存在无氧环境，使用氮气填充空间防止酒的氧化，并加入少量抗氧化剂，如二氧化硫(约 30 mg/L)。

当有新成员加入的时候参考标准就特别有用，它能够帮助新成员快速地获得适当的术语使用的经验。参考标准在光谱分析训练新成员中起到非常重要的作用，参与此分析的成员不需要经过术语使用训练。

在大部分描述性分析中不可或缺的一环就是强度打分。在定量描述性分析中，小组成员在线性范围内标注强度。传统上，用一条 15 cm 长的直线，在距其两端 1.27 cm 处各有一条垂直线来表示。在每条垂直线上方是强度和方向的注释。为了有效地使用，小组成员必须给予充足的时间以熟练地使用刻度。提高两个极端的典型事例也是很重要的。虽然个别的小组成员可能使用不同地区的刻度,但是由于样品的重复这一点并不重要,重要的是每一个成员要始终一致地使用刻度。但是,在光谱分析中可能会同时使用好几种刻度。对于特殊的感官特性,一般会提供具体的数值锚定。在自由选择剖面中,只使用一种刻度。在所有的程序中,强度都被转化成数值进行分析。

适用于描述感官分析的品评表例子见图 5.19 和图 5.20。图 5.19 显示了对于几个感官特性的强度刻度的使用方法。图 5.20 是关于对大量葡萄酒进行分类的简化——数量要远远多于传统的感官分析能够很容易就进行评价的数量。小组成员从名单中选择术语,给每款葡萄酒最能表现其特性的 5 个描述。

葡萄酒:______________ 日期:______________

特性 相关强度范围*

香气 低 ———— 高

浆果

黑醋栗

绿豆

草类

黑胡椒

柿子椒

单宁

橡木

香草

皮革

雪茄

味觉/口感

酸

苦

涩

酒体

平衡

图 5.19 **品评波尔多葡萄酒的描述性感官品评表示例。**

* 在水平线上方划一条垂直线能够很好地说明特性强度的大小。

名称：________________　　日期：________________

葡萄酒＃：________　特性：* ________，________，________，________，________

葡萄酒＃：________　特性：________，________，________，________，________

葡萄酒＃：________　特性：________，________，________，________，________

葡萄酒＃：________　特性：________，________，________，________，________

葡萄酒＃：________　特性：________，________，________，________，________

葡萄酒＃：________　特性：________，________，________，________，________

葡萄酒＃：________　特性：________，________，________，________，________

葡萄酒＃：________　特性：________，________，________，________，________

葡萄酒＃：________　特性：________，________，________，________，________

葡萄酒＃：________　特性：________，________，________，________，________

葡萄酒＃：________　特性：________，________，________，________，________

葡萄酒＃：________　特性：________，________，________，________，________

葡萄酒＃：________　特性：________，________，________，________，________

葡萄酒＃：________　特性：________，________，________，________，________

图 5.20　多种葡萄酒描述性分析打分卡。

* 使用 2～5 个名单中的术语来描述每一种葡萄酒样品，以下给出的是两种葡萄品种：

霞多丽葡萄酒：苹果味，柑橘味，麝香味，水果味，黄油味，蜂蜜，焦糖，橡木，草本，中性。

Semillion 葡萄酒：花香，酸橙，凤梨，蜂蜜，坚果，草味，焙烤味，番茄，烟熏味，橡木味。

所有方法一般都重复试验 4～6 次就足够了。大部分的小组一般都有 10～20 个成员。

从这些程序产生的数据往往被看作极性图（“蜘蛛网”）。距离中心的距离代表了每个特性的平均值（图 5.21）。如果用相关系数来定义代表强度值的直线间的角度的话，我们能获得其他的信息（图 5.22）。这种演示同样作用于 5 种比较对象（特别是比较色彩时），但和其他的比较对象在一起时在视觉上就会很混乱。在这种情况下，就用统计方法来减少每个比较中的比较点。当处理大量的数据时，多元数据分析很有价值而且是唯一受承认的分析方法（Meilgaard *et al.*，1999）。每一个感官特性可以看作是多维空间的一个点，其坐标被看作是相关特性的大小。多元统计分析有助于分析最有差别的特性。

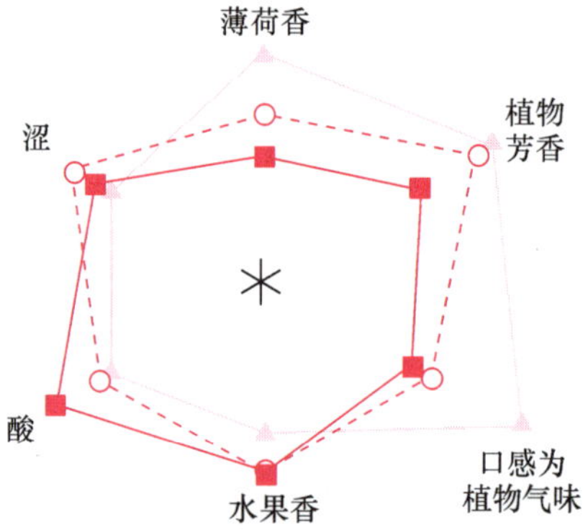

图 5.21　赤霞珠红葡萄酒的描述性分析比较：Napa Valley（■），Monterey（▲）和 Mendocino（○）［资料来源：Noble，A. C.（1998）. Analysisof wine sensory properties *In*“Wine Analysis”（H. F. Linskens and J. F. Jackson，eds），pp. 9-28. copyright Springer-Verlag］。

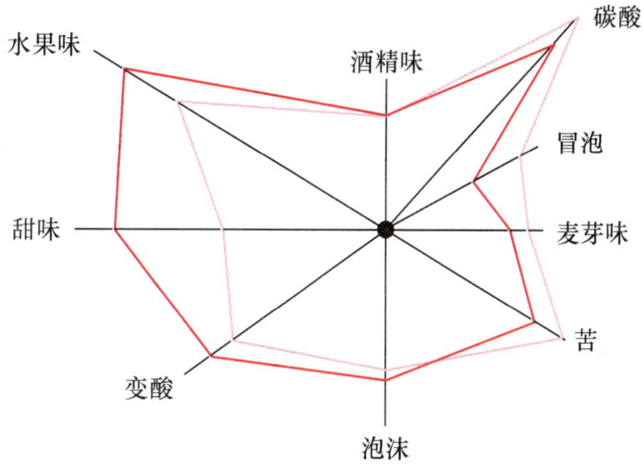

图 5.22 两种有竞争力的产品的定量描述性分析:距离中心的距离代表了此特性的平均值,向外的两条直线间的角度来自相关系数[资料来源:Stone *et al.*,1974]。

主成分分析在各特性间的可视化关系上非常有用。例如,图 5.23 表明霞多丽葡萄酒的桃子味、花香味和橙子味密切相关(感觉相似),但是这些和辣椒味(第一主要成分)呈负相关(相关很少)。第二主要成分表明和甜味间的独立关系,而香草味和明显的苦味间是相反的关系。这些关系可以在传统的柱状图中发现,但是在视觉上并不是很明显。柱状图并不代表相关性的量化指标。个别葡萄酒与平均数值的组合能够表明某款葡萄酒是否拥有某种具体的风味特色(图 5.24)。主成分分析也可以用来监测哪种特性不够辨别的程度,可以被取消。通过限制对品评者的具体要求来改善分析。如果品评过于繁重,那么品评者的积极性就很难保持,这会导致数据的不可靠。但是如果大量的特性被消除,不用检测,那么成员可能会有不好的感觉,认为在准备上花费那么多的努力是不值得的。它可能意味着期待一些"隐藏"的名单。

聚类分析是另外一项突出各因素间定量关系的统计技术。这些往往类似于一棵树的分支。各分支间的联系表明了其相关的程度。因为这种信息与感官分析相关很少,所以很少用。

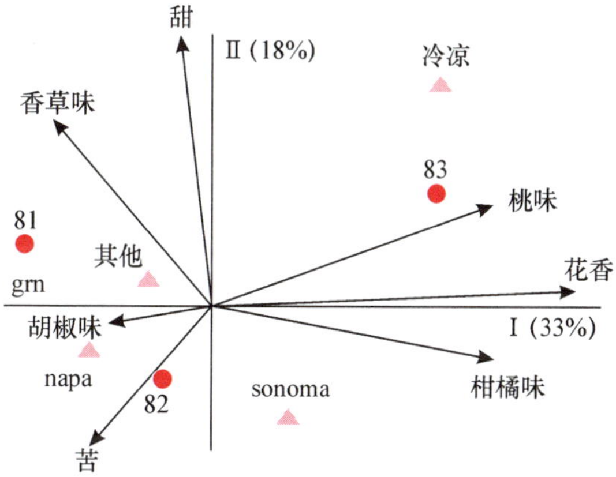

图 5.23 霞多丽葡萄酒的主成分分析,感官数据的主成分投影分别为Ⅰ和Ⅱ。箭头表示相关特性,1981、1982、1983 年(●)和来自于 Napa、Sonoma、冷凉地区和其他地区(▲)的葡萄酒的平均因素分数如图所示[资料来源:Noble,A.C.,1988]。

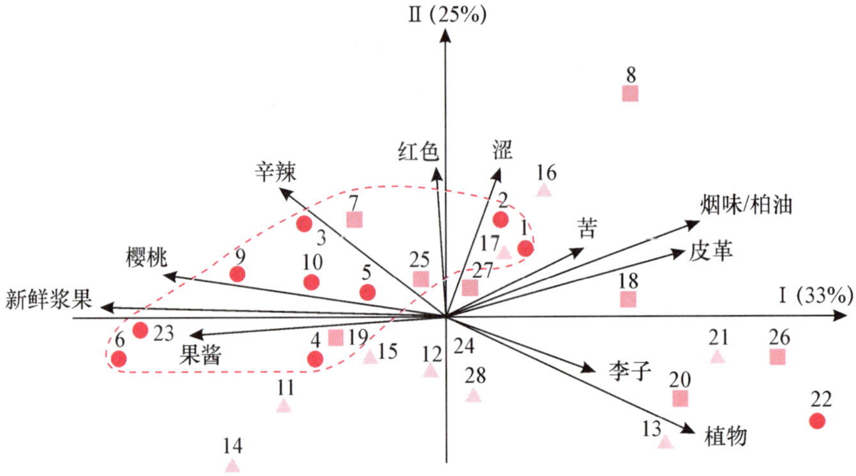

图 5.24 三个不同地区 Carneros(●),Napa(■),Somoma(▲)平均分数为 28 的黑比诺葡萄酒的主成分分析[资料来源:Guinard and Cliff,1987]。

迄今为止,描述性感官分析主要是用来分辨或描述成组葡萄酒的特点。这一限制是令人遗憾的,特别是考虑到花费的时间和精力。例如,图 5.23 中所表明的具体香味间相关联原因的调查可能已经有详细的解释了(由于术语的冗余、相关的化学物质、品种原产地或者统一的葡萄酒酿造程序等),也揭示了为什么有些特性是正相关。描述性感官分析的潜力在 Williams *et al*. (1982)和 Williams(1984)的著作中都有描述,著作中指出个人偏好的数据与一些特殊的芳香和有趣的物质有关。与消费者的偏好有关的葡萄酒化学物质将有助于生产针对特定消费者的葡萄酒。这可能不符合葡萄酒酿造的浪漫决策,正如葡萄酒生产者所言,但是这将有高利润回报。葡萄酒冷却器的成功就是一个明显的例子。

此外,感官分析的另一用途是培训酿酒师。酿酒师必须培养灵敏的感觉能力,如准备混合调配葡萄酒时就要求酿酒师对酒的每个感官特性进行评价,这是调配葡萄酒时加强其优良品质而降低其缺陷的一个先决条件。描述性感官分析中所要求的强烈的关注和谨慎品评不论是对于年轻的还是经验丰富的酿酒师而言都是很好的学习经验。

时间-强度分析(Time-intensity analysis)

时间-强度分析主要分析记录口腔感觉的时间动态变化(Overbosch *et al*. ,1986; Lawless and Clark,1992)。此技术要求参与者要不断地记录他们对一种特殊味道的感觉,口感或者风味感觉。这个过程对于纯粹的芳香感觉没有太大的适用性,因为它们会在瞬间发展和消失。唯一例外的是鼻后嗅觉(图 3.18),如葡萄酒的余味。令人遗憾的是,时间-强度分析尚没有检测这一重要特征。

使用计算机上的几个软件很容易实现对测量的实时监控(如 CompuSense *five* ®)。以前这是用移动打孔器来完成的。

如图 5.25 所示,感知的 4 个基本方面可以同时被分辨,这包括达到最大强度所需要的时间、最大的感知强度、感知持续的时间和感知随时间的动态变化。这些特点因人而变,但是对于固定的某人而言是相对恒定的。样品品尝完后一般要吐出。

该技术在量化个体或团体对某些促味剂的反应时特别有用,不论这些促味剂是溶在水

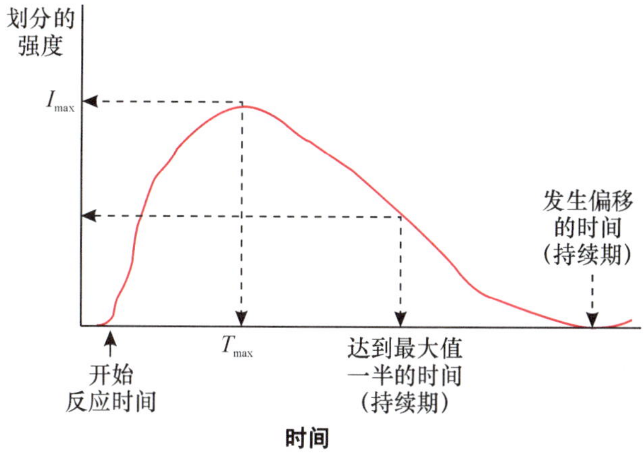

图 5.25 **时间强度标(T_{max},达到最大强度所用的时间;I_{max},可感觉到的最大强度)**[资料来源:Lawless and Clark,1992]。

中还是在葡萄酒的模拟混合物或葡萄酒中。现已经证实甜、酸、苦和涩的感知动力学是不同的。浓度对达到最大强度的时间几乎没有所影响,虽然它对持续期有所影响。因为样本在品尝后就被吐掉,所以测试程序必须要加以修改以适应研究。研究表明浓度的增加延误了适应的开始(图 5.26)。突出的时间选择也必须改变以研究重复暴露对某些特点的影响,如涩味(图 5.27)。迄今为止,该程序很少用于研究有趣物质间的相互作用,或者有趣物质和嗅觉化合物对风味的联合作用。

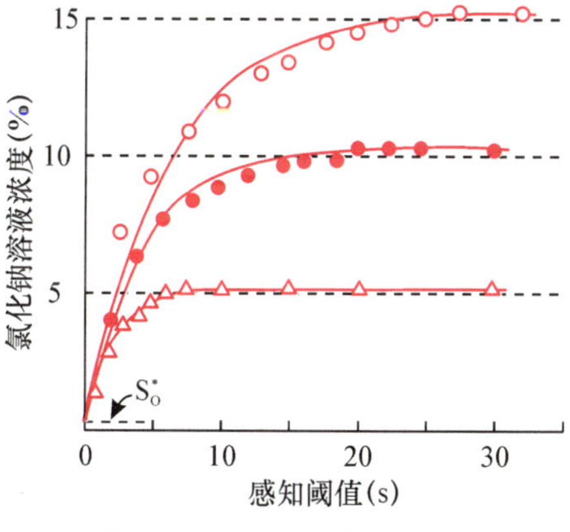

图 5.26 **5%,10%,15%的氯化钠溶液刺激下在感知阈值 30 s 内的适应变化。不适应的阈值 S_0^* 是 0.24%。测量方法参考自 Hahn(1934)**[资料来源:from Overbosch,P.(1986)。A. theoretical modelfor perceived intensity in human taste and smells as a function of time. *Chem. Senses*. **11**,315-329. Reproduced by permission of Oxford University Press]。

虽然时间-强度分析提供了感知本质的宝贵数据,但它并不能直接用于品酒。不过,很长时间以来它都被用作一种快速可视的研究葡萄酒香味和风味物质动态变化的手段(图 1.7,Vandyke Price,1975)。

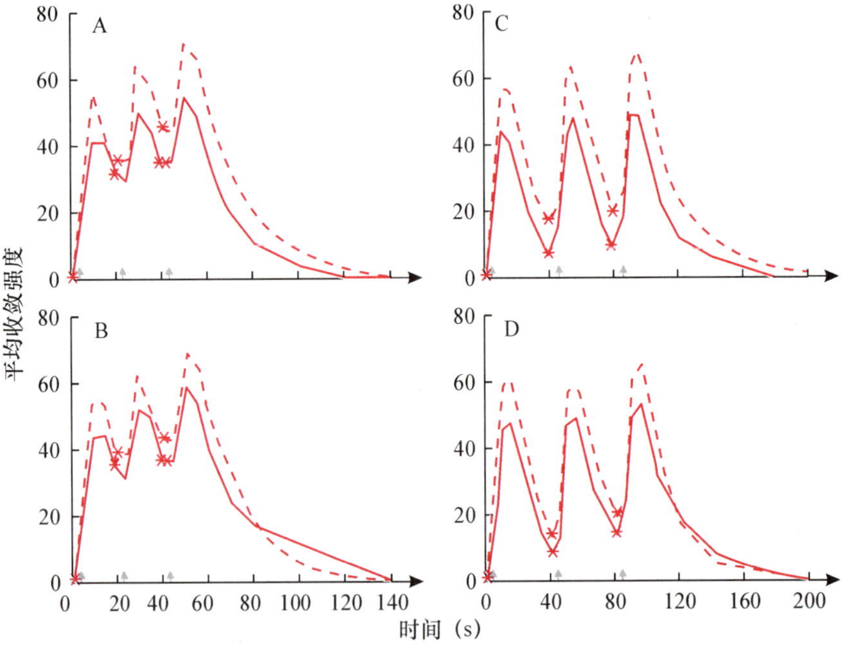

图 5.27 **样品分别加入 0(—)和 500 mg/L(---)的单宁酸后,连续进样 3 针所得的葡萄酒中收敛性的平均时间-强度曲线。(A)8 mL 样品,上样间隔 20 s;(B)15 mL 样品,上样间隔 20 s;(C)8 mL 样品,上样间隔 40 s;(D)15 mL 样品,上样间隔 40 s;样品的吸收和吞咽分别由星状和箭头表示(*n*=24)**[资料来源:Guinard *et al.*,1986]。

魅力分析(Charm analysis)

魅力分析主要评价一些通过某些程序从葡萄酒中分离出的化合物的嗅觉意义,如气相色谱等程序(Acree and Cottrell,1985)。气相色谱能够有效地分离芳香族化合物,检测它们的相对浓度,但是不能说明它们对嗅觉的影响。魅力分析中,在各类化合物被分离时,检验者要闻取这些气味并表明在何时和在什么强度这些化合物的气味能够被感知。然后这些数据被整理,来解释这些化合物被分离的变动比率。在这种情况下,很多单个的、不同条件下获得的或者用不同手段获得的结果就能和被分离的化合物进行比较。在这种方式中,只有特别芳香的化合物(可能是从数百个化合物中分离出来)才被用来研究以建立其化学身份和感知重要性。图 5.28 表明了由气相色谱和魅力分析两者所获得的数据间的区别。

葡萄酒质量的化学分析(Chemical analysis of quality)

标准化学分析(Standard chemical analysis)

前面的部分,重点放在了人类对葡萄酒的直接评估。但是,研究已经证实了多酚物质的含量和某些特定红葡萄酒质量之间存在着出乎意料的高相关性(图 8.11)。这些数据还表明,颜色的浓度(测定 420 nm 和 520 nm 处的总吸光值)和酒的质量之间有很高的相关性。之所以选择波长 420 nm 和 520 nm,是因为此处的吸光值在陈酿过程中发生了巨大的变化。在颜色深度上的视觉感知差异并不是颜色-质量相关性的原因,因为品评者在观测酒的颜色时并不能保持一致性。此外,最高分 20 分中只有 3 分是关于颜色的(Somers,1975)。颜色的浓度同样和总酚酸的提取物(测定 280 nm 处的吸光值)密切相关,在陈酿过程中它是相

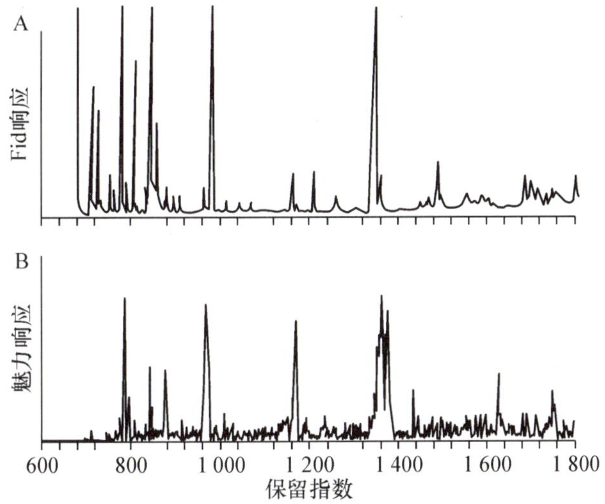

图 5.28　对 40 个不同品种苹果的提取物分别进行(A)气相色谱和(B)魅力响应的比较[资料来源:from Acree *et al*.,1984]。

对稳定的。与葡萄酒的质量相关的另一个很好的参数就是有色花青素的比例(特别是黄羊盐离子的形式)。不幸的是,这些研究只在两个深色品种,即赤霞珠和西拉上进行。研究白葡萄酒并没有发现酚类物质的含量和葡萄酒质量之间的关系(Somers and Pocock,1991)。

另一个衡量葡萄和葡萄酒质量的潜在指标是葡萄糖的含量(Iland *et al*.,1996)。它所具有的优势就是对酒的风味起重要作用的化合物在葡萄中均以葡萄糖聚合物的形式存在(Williams,1996)。因此一个简单的测定可以衡量葡萄潜在的风味强度。这项措施在评估影响葡萄酒的质量和陈酿的潜力方面的因素上将大大有助于研究人员、葡萄种植者和葡萄酒酿造者。不可否认,比起检测具体的风味影响物质而言,该测验不够详细和翔实,但是检测葡萄糖的含量具有相对快速和潜在的普遍联系等优点。

电子鼻(Electronic noses)

在客观的感官分析方面最重大的进展可能就是电子鼻的产生(e-noses;Hurst,1999)。现在已经生产了一些手持模型。大部分都有一个收集板(传感器),它是由均匀的嵌在一个非导吸收聚合板上的电导线组成的(如炭黑)。每一个传感器都具有不同的聚合板来微量收集一系列芳香族化合物。每一个光碟还拥有一对由复合膜构建的电接触桥(如氧化铝)。当挥发性化合物通过以上传感器,吸收导致光碟膨胀(图 5.29a)。膨胀逐步分开导电粒子,导致电阻的上升。每个传感器记录阻力的速度和程度,对气味混合物产生一个独特的指纹图谱(图 5.29b)。随着传感器数目的增加,电子鼻的辨别能力也逐渐增强。商业电子鼻系统,例如 Cyranose 320™,拥有 32 个独特的传感器。测过每个样品后,传感器恢复其原来的大小和敏感性,因为吸收的芳香气体均被冲洗气体带走了。

每个传感器的电阻数据要先调整(平滑)好背景的电噪声,然后才进行分析。这些数据可以生成柱状图,但是由于模式和重叠很复杂,它们通常会受到一个或一个以上的统计识别测试,这些通常包括主成分分析和数学算法。所产生类似于主成分关系的这种模式,来自于描述感官分析(图 5.30)。与机器相连的电脑软件能够自动地进行数学分析。

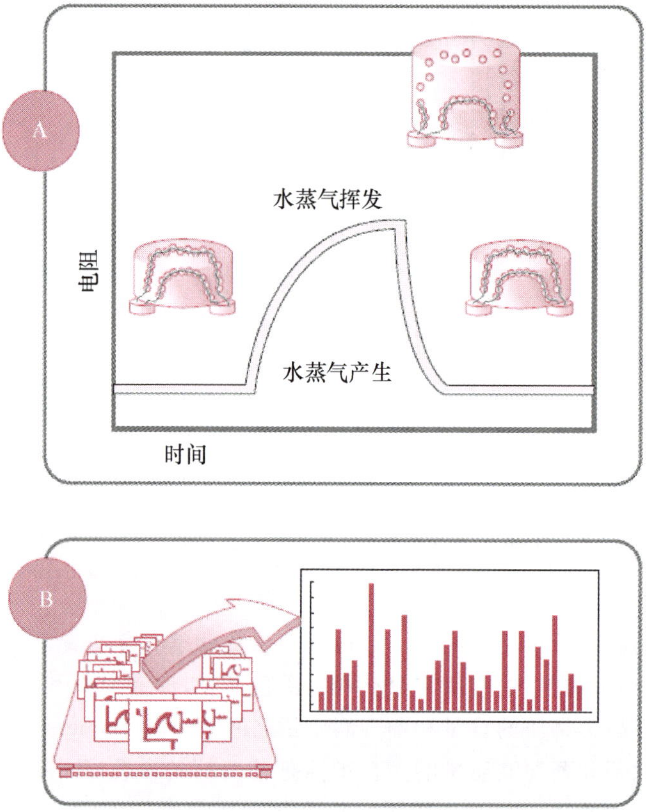

图 5.29 **大部分电子鼻都由一系列的传感器组成，一旦吸收化合物就开始膨胀，电阻增加，直到没有电流(A)。传感器的不同吸收特性产生只针对特种对象或芳香物质的模式(B)**[资料来源：Courtesy of Cyrano Sciences，Inc.，Pasadena，CA]。

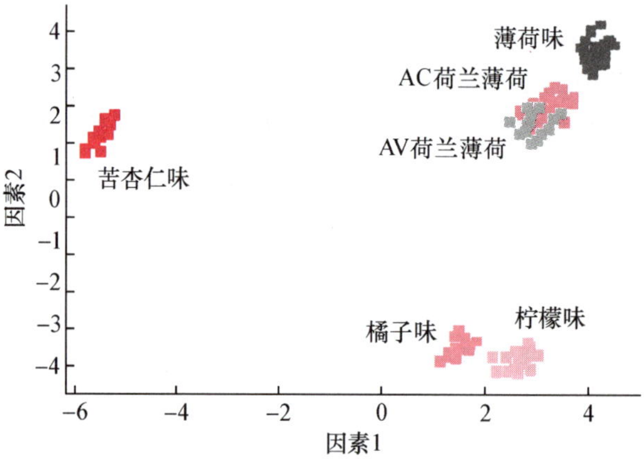

图 5.30 **使用 Cyranose 320 电子鼻针对不同的必需香精油的主因素分析图**[资料来源：Courtesy of Cyrano Sciences，Inc。Pasadena，CA]。

将数据和计算机神经网络相结合(Gopel *et al.*，1998)，就可以得出可识别的气味模式。但是，葡萄酒的参考样品必须仔细选择，确保能代表所品葡萄酒的所有特征。与感觉描述性分析相同,但不同于传统的分析技术,电子鼻并不获得单个挥发化合物的分离、鉴定和量化。随着基因工程嗅蛋白的引入,这个潜在的缺点可能会减少(Wu and Lo,2000),它们的应用将会大大提高灵敏度,并降低来自其他非目标化学物质的干扰。

电子鼻技术的不同之处是基于反光色谱。与传统的气相色谱不同,该技术使样本可以在几秒内被分析,而不用几小时。在 znose™ 中,样品先被集中在一个 Tenax trap 中,加热使芳香物质蒸发,与氦气混合。然后气体经过 1 m 长得非常热的毛细管,将其中的挥发物分开。当化学物质从管中出现时,它们被吸到一个石英表面的探测器上。当芳香物质被探测器吸收和释放的时候,声波监测器释放的声波频率会发生变化。每 20 ms 记录一次声波的变化,变化的程度代表了浓度的大小。因为声波脉冲和物质在毛细管柱的保留时间相关,因此可以对化合物进行具体鉴定。这种反光色谱也需要标准样品做参照,就像典型的气相光谱分析一样。特别吸引人的地方就是数据可以用坐标图的形式很快展现出来,这样,就能在视觉上展现葡萄酒的芳香成分。葡萄酒中芳香物质的含量或浓度并不是特定的葡萄酒或品种所独有的,该仪器可以指示记录指定的某种化合物的释放,这就为葡萄酒的芳香特点提供了一个更为清晰的视觉展示。对一些特性的调整,如预浓缩作用、线圈温度及声学传感器的温度等,都会影响其敏感性和对化学物质的判断。

目前的 Z-电子鼻主要是解决和量化碳氢化合物的影响。因为葡萄酒含有很多碳氢化合物,它们的存在将会掩盖很多重要化合物的存在,如辛酸酯和己酸酯的存在可能会掩盖 2,4,6-三氯苯甲醚所散发的不良气味(Staples,2000)。某个特定品种的特定化合物,目前还不能检测到。当输送系统改进后,这一缺点就会消除。但是,现在的模式也能区分出几种类型的葡萄酒(图 5.31)。

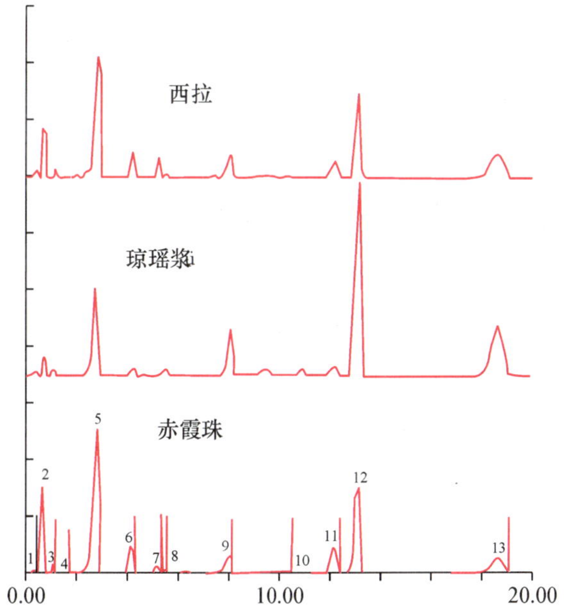

图 5.31 使用 z-nose™(电子鼻科学技术的一种色谱形式),对不同品种的葡萄酒进行可能性区分的示例[资料来源:Courtesy of Electronic Sensor Technology,Newbury Park,CA]。

电子鼻技术已经应用于食品和饮料不良气味的检查,它们的快速性、准确性、经济性、便携性,以及适用于任何任务,甚至是气味评估(包括疾病检测、犯罪调查及军事用途),这些用途都大大带动了其快速发展。电子鼻可以快速地检测葡萄酒重要的品种香气,即葡萄成熟度的指标(Young *et al.*,1999),这将有利于确定采摘时间以获得理想的风味。图 5.32 显示成熟的果实芳香的复杂性大大增强。电子鼻也可以应用于质量控制,例如,电子鼻技术正被考虑用来监测橡木桶的烘烤水平(Chatonnet and Dubourdieu,1999),检测软木塞和 2,4,6-三氯苯甲醚对葡萄酒的污染。

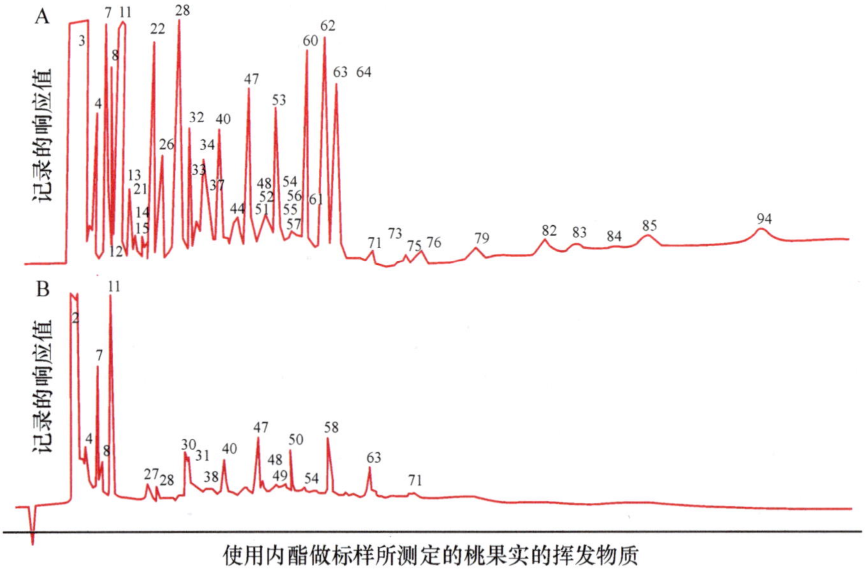

图 5.32 色谱方法表明,与人工催熟的果实(B)相比,自然的在树枝上成熟的果实(A)是有明显增强的香气复杂性[资料来源:Do *et al.*,1969]。

人们永远需要品评酒的某些特点,如味道、口感、气味和余味,以及复杂性、平衡和酒体等主观方面。很多情况下,人类将电子鼻作为一种客观的嗅觉工具来进行研究。在这种情况下,电子鼻即使不能代替人类,它也能加入这些研究中。此外,经过培训的小组成员会与仪器分析相结合,因为感官评价的化学本质需要澄清。电子鼻技术(以及即将来临的电子舌)一旦达到易用性、效率性、可靠性和准确性的理想标准,将会代替人类在很多领域进行感官评价,因为人力评价既花费大又不准确。

附　录

附录 5.1　品味-口感测试的回应表

名称：______________________　阶段　1 □　2 □　3 □

样品 #　**感官强度**

弱　中等　强

1 ______________________
感觉：
场所：

2 ______________________
感觉：
场所：

3 ______________________
感觉：
场所：

4 ______________________
感觉：
场所：

5 ______________________
感觉：
场所：

6 ______________________
感觉：
场所：

附录 5.2　香气和花香样品[c]

样品	每 300 mL 葡萄酒[a] 中含量
温带水果/树	
苹果	15 mg 乙酸乙酯
樱桃	3 mL 樱桃白兰地香精
桃	从罐装桃中获得 100 mL 果汁
杏	2 滴 undecanoic acid γ-lactone 加上 100 mL 从罐装杏获得的果汁
热带水果	
荔枝	100 mL 荔枝水果饮料(Leo's)
香蕉	10 mg 乙酸乙戊酯
番石榴	100 mL 番石榴果饮料(Leo's)
柠檬	0.2 mL 柠檬提取汁(Empress)
蔓生水果	
黑莓	5 mL 黑莓香精(Noirot)
树莓	60 mL 树莓利口酒
黑醋栗	80 mL 黑醋栗饮料(Ribena)
西番莲果	100 mL 从一个西番莲果中提取的乙醇物质
瓜	0.2 mL 瓜类利口酒
植物的花	
玫瑰	6 mg 香茅醇
紫罗兰	1.5 mg β-紫罗酮
橙花	20 mg 氨基苯甲酸酯
岱尾	0.2 mg 岱尾酮
百合	7 mg 羟基香茅醛
蔬菜	
甜菜	25 mg 罐装甜菜汁
柿子椒	5 mL 10%干柿子椒的乙醇提取物
绿豆	100 mL 罐装绿豆汁
绿叶	3 mg 1-Hexen-3-ol

续附录 5.2

样品	每 300 mL 葡萄酒[a] 中的含量
香料	
茴芹	1.5 mg 茴芹油
薄荷油	1 mL 薄荷提取物(Empress)
黑胡椒	2 g 整黑胡椒
肉桂	15 mg 反式-肉桂酸
坚果[b]	
杏仁	5 滴苦杏仁油
榛子	3 mL 榛子香精(Noirot)
椰子	1.0 mL 椰子香精(Club House)
树木	
橡木	3 g 橡木芯(1 个月或以上)
香草	24 mg 香草醛
松树	7.5 mg 松针油(1 滴)
桉树	9 mg 桉树油
热源	
烟熏味	一半的中国香烟
烟	0.5 mL 山胡桃馏分(Colgin)
菌类	
木耳	从 200 g 微波木耳中提取的汁液
块菌	30 mL 醋
混杂的	
巧克力	3 mL 巧克力液
奶油糖果	1 mL 奶油糖果香料(Wagner)

a. 将整个果实放在含有 95%酒精的搅拌器打碎中。在不接触空气的情况下,溶液大约放置一天,然后通过多层棉布过滤,加入到基础葡萄酒中。几天以后,样品需要轻轻倒出,以除去过剩的沉淀物。

b. 为了限制氧化,每个样品中需要加入 20 mg 的焦亚硫酸钾。

c. 重要说明:所有的参加者必须被告知样本的成分。例如,对坚果过敏的人即便闻到气味也会有不良反应。

以上仅作为参考指南,因为要根据个别的需要和材料的性能作出调整。对于大部分的目标这些都是足够的,但是哪部分用于研究,哪些准备要保证其纯度和一致性是非常重要的细节,这些都要详细地阅读 Meilgaard *et al*. (1982)的文章(其他的意见可以参考网站 http://www.nysaes.cornell.edu/fst/faculty/acree/fs430/aromalist/sensorystd.html,或者 Meilgaard,1988; Noble *et al*.,1987;Peynaud,1980 和 Williams,1975 等文章)。纯的化学物质具有提供重复性好的样品的优势,而"自然"来源的样品很复杂,并很难加以规范。读者如果需要样品准备的基本资料,可以参考 Stahl 和 Einstein (1973),Furia 和 Bellanca (1975),Heath (1981)等文章,这些都很有用。大部分具体的化学物质可以从主要的化学品供应商那里得到,水果来源、花香和其他的香精可以从葡萄酒供应商,香水和香精供应公司获得。

因为每次测试只需要 30 mL 的样品,因此将样品原样分装到 30 mL 的螺旋帽试管中储存会比较方便。可以在试管口覆盖封口膜,以防止氧气渗透。将样品放在冰箱中可以保质达几个月之久。另外,样品也可以保存在密封的小瓶中,放在冰箱中,需要时再打开。

附录 5.3 基本的不良气味样品[abcd]

样品	含量(每 300 mL 中性基本葡萄酒中)
木塞气味	
2,4,6-TCA	3 μg 2,4,6-三甲基氯苯甲醚
愈创木酚	3 mg 愈创木酚
菌类	2 mg geosmin(一种链霉菌的乙醇提取物)[e]
青霉菌	2 mg 3-辛醇(一种青霉菌的提取物)[f]
化学的	
杂醇油	120 mg 异戊酯和 300 mg 异丁醇
天竺葵类似物	40 mg 2,4-Hexadienol
黄油	12 mg 双乙酰[g]
塑料味	1.5 mg 苯乙烯
硫磺味	
二氧化硫	200 mg 焦亚硫酸钾
Goût de lumière	4 mg 二甲基硫化物和 0.4 mg 乙硫醇
硫醇	4 mg 乙硫醇
硫化氢	2 mL 溶质为 1.5 mg 的 $Na_2S \cdot 9H_2O$ 溶液
混杂的	
氧化味	120 mg 乙醛
焙烤味	加 1.2 g 果糖,55 ℃焙烤 4 周
酸味	3.5 g 乙酸
乙酸乙酯	100 mg 乙酸乙酯
鼠臭	Brettanomyces 的酒精萃取物(或 2 mg acetyltetrahydropyridines)

a. 为了防止氧化,每 300 mL 的基础葡萄酒中要加入约 20 mg 的焦亚硫酸钾。

b. 因为每次测试只需要 30 mL 样品,因此将样品原样分装到 30 mL 的螺旋帽试管中储存会比较方便。可以在试管口覆盖封口膜,以防止氧气渗透。将样品放在冰箱中可以保质达几个月之久。

c. 其他的不良气味样本的准备可以参考 Meilgaard *et al*.(1982)的文章。

d. 重要说明:参加者需要被告知测试中将要闻的化学物质。例如,一些哮喘病患者会对二氧化硫高度过敏。如果这样的话,这些人就不能参加品评。

e. 灰色链霉菌在直径 100 cm 的培养皿上,以营养琼脂为培养基,培养 1 周或以上。繁殖体被刮下来加到基础葡萄酒中。几天后进行过滤就得到一个清澈的样本。

f. 青霉菌是从酒塞上挑取然后接种到浸泡在葡萄酒中的小块上(1～5 mm)。接种软木放在培养皿中,用封口膜密封以防软木干燥。1 个月后就会观察到真菌明显生长。大块的生长旺盛的软木加到基础葡萄酒中。几天后,样品就可以过滤除去软木塞。最后获得的样本应该是清澈的。

g. 因为这些化学物受污染可能会对气味质量导致严重的影响,因此 Meilgaard *et al*.(1982)建议在使用前对他们进行纯化:对于双乙酰,使用分馏和吸收柱(硅胶、氧化铝和活性炭);对于二甲基硫,使用吸收柱。

附录 5.4　2 种浓度 4 种类型葡萄酒的不良气味

葡萄酒	不良气味	添加的化合物	含量(每 300 mL)
琼瑶浆	氧化	乙醛	20、60 mg
	二氧化硫	焦亚硫酸钾	67、200 mg
	2,4,6-TCA	2,4,6-三甲基氯苯甲醚	2、10 μg
	塑料	苯乙烯	1.5、4.5 mg
长相思			
	酸味	乙酸	0.5、2 g
	黄油	双乙酰	2、6 mg
	乙酸乙酯	乙酸乙酯	40、100 mg
	天竺葵类似物	2,4-Hexadienol	10、40 mg
博若莱			
	天竺葵类似物	2,4-Hexadienol	10、40 mg
	黄油	双乙酰	5、24 mg
	乙酸乙酯	乙酸乙酯	40、100 mg
	氧化	乙醛	20、60 mg
黑比诺			
	愈创木酚	愈创木酚	0.2、0.6 mg
	硫醇	乙硫醇	5、24 μg
	2,4,6-TCA	2,4,6-三甲基氯苯甲醚	2、10 μg
	塑料	苯乙烯	1.5、4.5 mg

附录 5.5　三角测试中各水平均有意义时正确判断的最低数目(一尾检验 $p=1/3$)*［资料来源：Compiled by Roessler *et al*.(1978). from Amerine and Roesslers,(1983)］

试验编码(*n*)	可能的水平						
	0.05	0.04	0.03	0.02	0.01	0.005	0.001
5	4	5	5	5	5	5	
6	5	5	5	5	6	6	
7	5	6	6	6	6	7	7
8	6	6	6	6	7	7	8
9	6	7	7	7	7	8	8
10	7	7	7	7	8	8	9
11	7	7	8	8	8	9	10
12	8	8	8	8	9	9	10
13	8	8	9	9	9	10	11
14	9	9	9	9	10	10	11
15	9	9	10	10	10	11	12
16	9	10	10	10	11	11	12
17	10	10	10	11	11	12	13
18	10	11	11	11	12	12	13
19	11	11	11	12	12	13	14
20	11	11	12	12	13	13	14
21	12	12	12	13	13	14	15
22	12	12	13	13	14	14	15
23	12	13	13	13	14	15	16
24	13	13	13	14	15	15	16
25	13	14	14	14	15	16	17
26	14	14	14	15	15	16	17
27	14	14	15	15	16	17	18
28	15	15	15	16	16	17	18
29	15	15	16	16	17	17	19
30	15	16	16	16	17	18	19
31	16	16	16	17	18	18	20
32	16	16	17	17	18	19	20

续附录 5.5

试验编码(n)	可能的水平						
	0.05	0.04	0.03	0.02	0.01	0.005	0.001
33	17	17	17	18	18	19	21
34	17	17	18	18	19	20	21
35	17	18	18	19	19	20	22
36	18	18	18	19	20	20	22
37	18	18	19	19	20	21	22
38	19	19	19	20	21	21	23
39	19	19	20	20	21	22	23
40	19	20	20	21	21	22	24
41	20	20	20	21	22	23	24
42	20	20	21	21	22	23	25
43	20	21	21	22	23	24	25
44	21	21	22	22	23	24	26
45	21	22	22	23	24	24	26
46	22	22	22	23	24	25	27
47	22	22	23	23	24	25	27
48	22	23	23	24	25	26	27
49	23	23	24	24	25	26	28
50	23	24	24	25	26	26	28
60	27	27	28	29	30	31	33
70	31	31	32	33	34	35	37
80	35	35	36	36	38	39	41
90	38	39	40	40	42	43	45
100	42	43	43	44	45	47	49

* 表中未出现的 X 值由 $X=(2n+2.83z\sqrt{n+3})/6$ 公式获得。

附录5.6　排除重大区别的排名总数,5%水平。任何不在此范围的排名总数都是重要的[资料来源:Amerine and Roessler(1983),from table compiled by Kahan *et al*.]

品评者数目	葡萄酒数目										
	2	3	4	5	6	7	8	9	10	11	12
3				4～14	4～17	4～20	4～23	5～25	5～28	5～31	5～34
4		5～11	5～15	6～18	6～22	7～25	7～19	8～32	8～36	8～39	9～43
5		6～14	7～18	8～22	9～26	9～31	10～35	11～39	12～43	12～48	13～52
6	7～11	8～16	9～21	10～29	11～31	12～36	13～41	14～46	15～51	17～55	18～60
7	8～13	10～18	11～24	12～30	14～35	15～41	17～46	18～52	19～58	21～63	22～69
8	9～15	11～21	13～27	15～33	17～39	18～46	20～52	22～58	24～64	25～71	27～77
9	11～16	13～23	15～30	17～37	19～44	22～50	24～57	26～64	28～71	30～78	32～85
10	12～18	14～26	17～33	20～40	22～48	25～55	27～63	30～70	32～78	25～85	37～93
11	13～20	16～28	19～36	22～44	25～52	28～60	31～68	34～76	36～85	39～93	42～101
12	15～21	18～30	21～39	25～47	28～56	31～65	34～74	38～82	41～91	44～100	47～109
13	16～23	20～32	24～41	27～51	31～60	35～69	38～79	42～88	45～98	49～107	52～117
14	17～25	22～34	26～44	30～54	34～64	38～74	42～84	46～94	50～104	54～114	57～125
15	19～26	23～37	28～47	32～58	37～68	41～79	46～89	50～100	54～111	58～122	63～132
16	20～28	25～39	30～50	35～61	40～72	45～83	49～95	54～106	59～117	63～129	68～140
17	22～29	27～41	32～53	38～64	43～76	48～88	53～100	58～112	63～124	68～136	73～148
18	23～31	29～43	34～56	40～68	46～80	52～92	57～105	61～118	68～130	73～143	79～155
19	24～33	30～46	37～58	43～71	49～84	55～97	61～110	67～123	73～136	78～150	84～163
20	26～34	32～48	39～61	45～75	52～88	58～102	65～115	71～129	77～143	83～157	90～170

附录 5.7　排除重大区别的排名总数，1%水平。任何不在此范围的排名总数都是重要的[资料来源：Adapted by Amerine and Roessler(1983)，from table compiled by Kahan *et al*.(1973)]

品评者数目	葡萄酒数目										
	2	3	4	5	6	7	8	9	10	11	12
3									4～29	4～32	4～35
4				5～19	5～23	5～27	6～30	6～34	6～38	6～42	7～45
5			6～19	7～23	7～28	8～32	8～37	9～41	9～46	10～50	10～55
6		7～17	8～22	9～27	9～33	10～38	11～43	12～48	13～53	13～59	14～64
7		8～20	10～25	11～31	12～37	13～43	14～49	15～55	16～61	17～67	18～73
8	9～15	10～22	11～29	13～35	14～42	16～48	17～55	19～61	20～68	21～75	23～81
9	10～17	12～24	13～32	15～39	17～46	19～53	21～60	22～68	24～75	26～82	27～90
10	11～19	13～27	15～35	18～42	20～50	22～58	24～66	26～74	28～82	30～90	32～98
11	12～21	15～29	17～38	20～46	22～55	25～63	27～72	30～80	32～89	34～98	37～106
12	14～22	17～31	19～41	22～50	25～59	28～68	31～77	33～87	36～96	39～105	42～114
13	15～24	18～34	21～44	25～53	28～63	31～73	34～83	37～93	40～103	43～113	46～123
14	16～26	20～36	24～46	27～57	31～67	34～78	38～88	41～98	45～109	48～120	51～131
15	18～27	22～38	26～79	30～60	34～71	37～83	41～94	45～105	49～116	53～127	56～139
16	19～29	23～41	28～52	32～64	36～76	41～87	45～199	49～111	53～123	57～135	62～146
17	20～31	25～43	30～55	35～67	39～80	44～92	49～104	53～117	58～129	62～142	67～154
18	22～32	27～45	32～58	37～71	42～84	47～97	52～110	57～123	62～136	67～149	72～162
19	23～34	29～47	34～61	40～74	45～88	50～102	56～115	61～129	67～142	72～156	77～170
20	24～36	30～50	36～64	42～78	48～92	54～106	60～120	65～135	71～149	77～163	82～178

附录 5.8　评估差异显著性的成绩列表：A，5%水平；B，1%水平［资料来源：After Kurtz *et al*.(1965)。Reprinted with permission of *Technometrics* through the courtesy of the American Statistical Association，modified in Amerine and Roessler(1983)］

A 品评者数目	葡萄酒数目 2	3	4	5	6	7	8	9	10	11	12
2	6.35	2.19	1.52	1.16	0.94	0.79	0.69	0.60	0.54	0.49	0.45
	6.35	1.96	1.39	1.12	0.95	0.84	0.76	0.70	0.65	0.61	0.58
3	1.96	1.14	0.88	0.72	0.61	0.53	0.47	0.42	0.38	0.35	0.32
	2.19	1.14	0.90	0.76	0.67	0.61	0.56	0.52	0.49	0.46	0.44
4	1.43	0.96	0.76	0.63	0.54	0.47	0.42	0.38	0.34	0.31	0.29
	1.54	0.93	0.76	0.65	0.58	0.53	0.49	0.45	0.43	0.40	0.38
5	1.27	0.89	0.71	0.60	0.51	0.45	0.40	0.36	0.33	0.30	0.28
	1.28	0.84	0.69	0.60	0.53	0.49	0.45	0.42	0.40	0.38	0.36
6	1.19	0.87	0.70	0.58	0.50	0.44	0.39	0.36	0.33	0.30	0.28
	1.14	0.78	0.64	0.56	0.50	0.46	0.43	0.40	0.38	0.36	0.34
7	1.16	0.86	0.69	0.58	0.50	0.44	0.40	0.36	0.33	0.30	0.28
	1.06	0.74	0.62	0.54	0.48	0.44	0.41	0.38	0.36	0.34	0.33
8	1.15	0.86	0.69	0.58	0.50	0.44	0.40	0.36	0.33	0.30	0.28
	1.01	0.71	0.59	0.52	0.47	0.43	0.40	0.37	0.35	0.33	0.32
9	1.15	0.86	0.70	0.59	0.51	0.45	0.40	0.36	0.33	0.31	0.29
	0.97	0.69	0.58	0.51	0.46	0.42	0.39	0.36	0.34	0.33	0.31
10	1.15	0.87	0.71	0.60	0.51	0.45	0.41	0.37	0.34	0.31	0.29
	0.93	0.67	0.56	0.50	0.45	0.41	0.38	0.36	0.34	0.32	0.31
11	1.16	0.88	0.71	0.60	0.52	0.46	0.41	0.37	0.34	0.32	0.29
	0.91	0.66	0.55	0.49	0.44	0.40	0.38	0.35	0.33	0.32	0.30
12	1.16	0.89	0.72	0.61	0.53	0.47	0.42	0.38	0.35	0.32	0.30
	0.89	0.65	0.55	0.48	0.43	0.40	0.37	0.35	0.33	0.31	0.30

B 品评者数目	葡萄酒数目 2	3	4	5	6	7	8	9	10	11	12
2	31.83	5.00	2.91	2.00	1.51	1.20	1.00	0.86	0.75	0.66	0.60
	31.83	4.51	2.72	1.99	1.59	1.35	1.19	1.07	0.97	0.90	0.84
3	4.51	1.84	1.31	1.01	0.82	0.70	0.60	0.53	0.48	0.43	0.39
	5.00	1.84	1.35	1.10	0.94	0.83	0.76	0.69	0.65	0.61	0.57
4	2.63	1.40	1.04	0.83	0.69	0.59	0.52	0.46	0.42	0.38	0.35
	2.75	1.35	1.04	0.87	0.76	0.68	0.63	0.58	0.54	0.51	0.48
5	2.11	1.25	0.95	0.77	0.64	0.56	0.49	0.44	0.40	0.36	0.33
	2.05	1.14	0.90	0.77	0.68	0.61	0.56	0.52	0.49	0.46	0.44
6	1.88	1.18	0.91	0.74	0.63	0.54	0.48	0.43	0.39	0.36	0.33
	1.71	1.02	0.82	0.71	0.63	0.57	0.52	0.49	0.46	0.43	0.41
7	1.78	1.15	0.89	0.73	0.62	0.54	0.48	0.43	0.39	0.36	0.33
	1.52	0.95	0.77	0.66	0.59	0.54	0.50	0.46	0.44	0.41	0.39

续表附录 5.8

B 品评者数目	葡萄酒数目										
	2	3	4	5	6	7	8	9	10	11	12
8	1.72	1.14	0.89	0.73	0.62	0.54	0.48	0.43	0.39	0.36	0.33
	1.40	0.90	0.73	0.63	0.57	0.52	0.48	0.45	0.42	0.40	0.38
9	1.69	1.14	0.89	0.73	0.62	0.54	0.48	0.43	0.39	0.36	0.33
	1.31	0.86	0.71	0.61	0.55	0.50	0.46	0.43	0.41	0.39	0.37
10	1.67	1.14	0.89	0.74	0.63	0.55	0.48	0.44	0.40	0.36	0.34
	1.24	0.83	0.68	0.59	0.53	0.49	0.45	0.42	0.40	0.38	0.36
11	1.67	1.15	0.90	0.74	0.63	0.55	0.49	0.44	0.40	0.37	0.34
	1.19	0.80	0.67	0.58	0.52	0.48	0.44	0.41	0.39	0.37	0.35
12	1.67	1.15	0.91	0.75	0.64	0.56	0.50	0.45	0.41	0.37	0.35
	1.15	0.78	0.65	0.57	0.51	0.47	0.43	0.41	0.38	0.36	0.35

此表中的输入数据要乘以邻近葡萄酒分数的差值，以获得葡萄酒总分显著性的差异(乘较大的值)和/或品评者总分显著性的差异(乘较小的值)。

阅读建议

Amerine, M. A., and Roessler, E. B. (1983). "Wines—Their Sensory Evaluation," 2nd ed. Freeman, San Francisco, CA.

Basker, D. (1988). Assessor selection, procedures and results. *In* "Applied Sensory Analysis of Foods" (H. Moskowitz, ed.), Vol. 1, pp. 125-143. CRC Press, Boca Raton, FL.

Cliff, M. A., and King, M. C. (1996). A proposed approach for evaluation expert wine judge performance using descriptive statistics. *J. Wine Res.* **7**, 83-90.

Cliff, M. A., and King, M. C. (1997). The evaluation of judges at wine competitions: The application of eggshell plots. *J. Wine Res.* **8**, 75-80.

Dijksterhuis, G. (1995). Multivariate data analysis in sensory and consumer science: An overview of developments. *Trend Food Sci. Technol.* **6**, 206-211.

Heymann, H., and Lawless, H. T. (1999). "Sensory Evaluation of Food: Principles and Practices." Aspen, Gaithersburg, MD.

Kwan, W., and Kowalski, B. R. (1980). Data analysis of sensory scores. Evaluations of panelists and wine score cards. *J. Food Sci.* **45**, 213-216.

Lawless, H. T. (1985). Psychological perspectives on wine tasting and recognition of volatile flavours. *In* "Alcoholic Beverages" (G. G. Birch and M. G. Lindley, eds.), pp. 97-113. Elsevier, London.

Lawless, H. T., and Clark, C. C. (1992). Physiological biases in time-intensity scaling. *Food Technol.* **46**, 81-90.

Lehrer, A. (1983). "Wine and Conversation." Indiana University Press, Bloomington, ID.

Meilgaard, M. C., Civille, G. V., and Carr, T. C. (1999). "Sensory Evaluation Techniques," 3rd ed. CRC Press, Boca Raton, FL.

Oreskovich, D. C., Klein, B. P., and Sutherland, J. W. (1991). Procrustes analysis and its applications to free-choice and other sensory profiling. *In* "Sensory Science Theory and Application in Foods." (H. T. Lawless, and B. P. Klein, eds.) pp. 353-393. Dekker, New York.

Rantz, J. M. (ed.) (2000). Sensory Symposium. *In Proc. ASEV 50th Anniv. Ann. Meeting*, Seattle, Washington, June 19-23, 2000. pp. 1-34. American Society for Enology and Viticulture, Davis, CA.

Solomon, G. E. A. (1990). Psychology of novice and expert wine talk. *Am. J. Psychol.* **103**, 495-517.

Stone, H., and Sidel, J. (1992). "Sensory Evaluation Practices," 2nd ed. Academic Press, Orlando, FL.

Zervos, C., and Albert, R. H. (1992). Chemometrics: The use of multivariate methods for the determination and characterization of off-flavors. *In* "Off-Flavors in Foods and Beverages." (G. Charalambous, ed.) pp. 669-742. Elsevier, Amsterdam.

参考文献

Acree, T. E., and Cottrell, T. H. E. (1985). Chemical indices of wine quality. *In* "*Alcoholic* Beverages." (G. G. Birch and M. G. Lindley, eds.), pp. 145-159. Elsevier, London.

Amerine, M. A., and Roessler, E. B. (1983). "Wines, Their Sensory Evaluation." 2nd ed., Freeman, San Francisco, CA.

Anonymous. (1994). OIV standard for international wine competitions. *Bull. O. I. V.* **67**, 558-597.

Brien, C. J., May, P., and Mayo, O. (1987). Analysis of judge performance in winequality evaluations. *J. Food Sci.* **52**, 1273-1279.

Cain, W. S. (1979). To know with the nose: Keys to odor identification. *Science* **203**, 467-469.

Chatonnet, P., and Dubourdieu, D. (1999). Using electronic odor sensors to discriminate among oak barrel toasting levels. *J. Agric. Food Chem.* **47**, 4319-4322.

Clapperton, J. F., and Piggott, J. R. (1978). Flavour characterization by trained and untrained assessors. *J. Inst. Brew.* **85**, 275-277.

Clark, C. C., and Lawless, H. T. (1994). Limiting response alternatives in time-intensity scaling. An examination of the halo-dumping effect. *Chem. Senses* **19**, 583-594.

Cliff, M. A., and King, M. C. (1997). The evaluation of judges at wine competitions: The application of eggshell plots. *J. Wine Res.* **8**, 75-80.

Dijksterhuis, G. (1996). Procrustes analysis in sensory research. *In* "Multivariate Analysis of Data in Sensory Science. Data Handling in Science and Technology" (T. Naes and E. Risvik, eds.), Vol. 16, pp. 185-220. Elsevier, Amsterdam.

Do, J. Y., Salunkhe, D. K., and Olson, L. E., (1969). Isolation, identification and comparison of the volatiles of peach fruit as related to harvest maturity and artificial ripening. *J. Food Sci.* **34**, 618-621.

Dürr,P. (1984). Sensory analysis as a research tool. *In* Proc. Alko Symp. Flavour Res. Alcoholic Beverages,Helsinki 1984. (L. Nykänen,and P. Lehtonen,eds.)*Foundation Biotech. Indust. Ferm.* **3**,313-322.

Duerr,P. (1988). Wine description by expert and consumers. *In* Proc. 2nd Int. Symp. Cool Climate Vitic. Oenol. ,(R. E. Smart,S. B. Thornton,S. B. Rodriguez,and J. E. Young,eds.) pp. 342-343. N. Z. Soc. Vitic. Oenol. ,Auckland,N. Z.

Falcetti,M. ,and Scienza,A. (1992). Utilisation de l'analyse sensorielle comme instrument d'évaluation des choix viticoles. Application pour determiner les sites aptes a la culture du cépage Chardonnay pour la production de vins mousseux en Trentin. *J. Intn. Sci. Vigne Vin* **26**,13-24,49-50.

Furia,T. E. ,and Bellance,N. (eds.) (1975). "FENAROLI's Handbook of Flavor Ingredients"2nd ed. ,Vols 1 and 2. CRC Press,Cleveland,OH.

Gopel,W. ,Ziegler,C. ,Breer,H. ,Schild,D. ,Apfelbach,R. ,Joerges,J. ,and Malaka,R. (1998). Bioelectronic noses: a status report. Part 1. *Biosens. Bioelectron.* **13**,479-493.

Green,B. G. (1992). The effects of temperature and concentration on the perceived intensity and quality of carbonation. *Chem. Senses* **17**,435-450.

Guinard,J. -X. ,Pangborn,R. M. ,and Lewis,M. J. (1986). The time-course of astringency in wine upon repeated ingestion. *Am. J. Enol. Vitic.* **37**,184-189.

Guinard,J. ,and Cliff,M. (1987). Descriptive analysis of Pinot noir wines from Carneros, Napa,and Sonoma. *Am. J. Enol. Vitic.* **38**,211-215.

Gyllensköld,H. (1967). "Att Temperera Vin. " Wahlström and Widstrand, Stockholm.

Heath,H. B. (1981). "Source Book of Flavor. "AVI,Westport,CT.

Henderson,S. T. (1977). "Daylight and its Spectrum. "Wiley,New York.

Hurst,W. J. (ed.). (1999). "Electronic Noses and Sensory Array Based Systems:Design and Applications. "Technomic Publ. Co. ,Lancaster,PA.

Iland,P. G. ,Gawel,R. ,McCarthy,M. G. ,Botting,D. G. ,Giddings,J. ,Coombe,B. G. ,and Williams,P. J. (1996). The glycosyl-glucose assay—Its application to assessing grape composition. *In*"Proceedings of the 9th Australian Wine Industry Technical Conference" (C. S. Stockley *et al.* ,eds.) pp. 98-100. Winetitles,Adelaide,Australia.

Ishii,R. ,Kemp,S. E. ,Gilbert,A. N. ,and O'Mahony,M. (1997). Variation in sensory conceptual structure: An investigation involving the sorting of odor stimuli. *J. Sensory Stud.* **12**,195-214.

Jackson,R. S. (1994). "Wine Science: Principles and Applications. "Academic Press, San Diego,CA.

Jackson,R. S. (2000). "Wine Science: Principles, Practice, Perception"2nd ed. Academic Press,San Diego,CA.

Jones,F. N. (1968). Informational content of olfactory quality. pp. 133-141. *In*"Theories of odor and odor measurement. "(N. N. Tanyolac, ed.) Robert College Research Center,

Bedak, Istanbul.

Kahan, G., Cooper, D., Papavasiliou, A. and Kramer, A. (1973). Expanded tables for determining significance of differences for ranked data. *Food Technol*. **27**, 64-69.

Kurtz, T. E., Link, T. E., Tukey, R. F., and Wallace, D. L. (1965). Short-cut multiple comparisons for balanced single and double classifications. *Technometrics* **7**, 95-165.

Lawless, H. T. (1984). Flavor description of white wine by "expert" and nonexpert wine consumers. *J. Food Sci*. **49**, 120-123.

Lawless, H. T., and Clark, C. C. (1992). Physiological biases in time-intensity scaling. *Food Technol*. **46**, 81-90.

Lawless, H. T., Liu, Y.-F., and Goldwyn, C. (1997). Evaluation of wine quality using a small-panel hedonic scaling method. *J. Sens. Stud*. **12**, 317-332.

Martineau, B., Acree, T. E., and Henick-Kling, T. (1995). Effect of wine type on the detection threshold of diacetyl. *Food Res. Inst*. **28**: 139-144.

McBride, R. L., and Finlay, D. C. (1990). Perceptual integration of tertiary taste mixtures. *Percept. Psychophys*. **48**, 326-336.

Meilgaard, M. C. (1988). Beer flavor terminology—A case study. *In* "Applied Sensory Analysis of Foods" (H. Moskowitz, ed.), Vol. 1, pp. 73-87. CRC Press, Boca Raton, Florida.

Meilgaard, M. C., Reid, D. C., and Wyborski, K. A. (1982). Reference standards for beer flavor terminology system. *J. Am. Soc. Brew. Chem*. **40**, 119-128.

Meilgaard, M. C., Civille, G. V., and Carr, T. C. (1999). "Sensory Evaluation Techniques." 3rd ed. CRC Press, Boca Raton, FL.

Meyers, D. G., and Lamm, H. (1975). The polarizing effect of group discussion. *Am. Sci*. **63**, 297-303.

Noble, A. C. (1988). Analysis of wine sensory properties. *In* "Wine Analysis" (H. F. Linskens, and J. F. Jackson, eds.), pp. 9-28. Springer-Verlag, Berlin.

Noble, A. C., Arnold, R. A., Buechsenstein, J., Leach, E. J., Schmidt, J. O., and Stern, P. M. (1987). Modification of a standardized system of wine aroma terminology. *Am. J. Enol. Vitic*. **36**, 143-146.

Ohkubo T. and Noble, A. C. (1988). Unpublished data reproduced in Noble, A. C. (1988). Analysis of wine sensory properties. *In* "Wine Analysis" (H. F. Linskens and J. F. Jackson, eds.), pp. 9-28. Springer-Verlag, Berlin.

Oreskovich, D. C., Klein, B. P., and Sutherland, J. W. (1991). Procrustes analysis and its applications to free-choice and other sensory profiling. *In* "Sensory Science Theory and Application in Foods" (H. T. Lawless, and B. P. Klein, eds.), pp. 353-393. Marcel Dekker, New York.

Ough, C. S., and Baker, G. A. (1961). Small panel sensory evaluation of wines by scoring. *Hilgardia* **30**, 587-619.

Ough, C. S., and Winton, W. A. (1976). An evaluation of the Davis wine-score card and individual expert panel members. *Am. J. Enol. Vitic*. **27**, 136-144.

Ough, C. S., Singleton, V. L., Amerine, M. A., and Baker, G. A. (1964). A comparison of normal and stressed-time conditions on scoring of quantity and quality attributes. *J. Food Sci*. **29**, 506-519.

Overbosch, P. (1986). A theoretical model for perceived intensity in human taste and smell as a function of time. *Chem. Senses* **11**, 315-329.

Overbosch, P., van den Enden, J. C., and Keur, B. M. (1986). An improved method for measuring perceived intensity/time relationships in human taste and smell. *Chem. Senses* **11**, 331-338.

Peynaud, E. (1980). "Le Gout du Vin." Bordas, Paris.

Peynaud, E. (Trans. by M. Schuster) (1987). "The Taste of Wine. The Art and Science of Wine Appreciation." Macdonald, London.

Roessler, E. B., Pangborn, R. M., Sidel, J. L., and Stone, H. (1978). Expanded statistical tables for estimating significance in prepared-preference, paired-difference, duo-trio and triangle tests. *J. Food Sci*. **43**, 940-943.

Schmidt, J. O. (1981). Comparison of methods and rating scales used for sensory evaluation of wine. Thesis, University of California-Davis, CA.

Solomon, G. E. A. (1990). Psychology of novice and expert wine talk. *Am. J. Psychol*. **103**, 495-517.

Solomon, G. E. A. (1991). Language and categorization in wine expertise. *In* "Sensory Science Theory and Applications in Foods" (H. T. Lawless, and B. P. Klein, eds.), pp. 269-294. Marcel Dekker, New York.

Somers, T. C. (1975). In search of quality for red wines. *Food Technol. Australia* **27**, 49-56.

Somers, T. C., and Pocock, K. F. (1991). Phenolic assessment of white musts: Varietal differences in free-run juices and pressings. *Vitis* **26**, 189-201.

Stahl, W. H., and Einstein, M. A. (1973). Sensory testing methods. *In* "Encyclopedia of Industrial Chemical Analysis" (F. D. Snell, and L. S. Ettre, eds.), Vol. 17, pp. 608-644. John Wiley, New York.

Staples, E. J. (2000). Detecting 2,4,6 TCA in corks and wine using the zNose™. http://www.estcal.com/Technical Papers/TCA_in_wine.doc.

Stevens, D. A., and O'Connell, R. J. (1995). Enhanced sensitivity to androstenone following regular exposure to pemenone. *Chem. Senses* **20**, 413-420.

Stone, H., and Sidel, J. (1992). "Sensory Evaluation Practices." 2nd ed. Academic Press, Orlando, FL.

Stone, H., Sidel, J., Oliver, S., Woolsey, A., and Singleton, R. C. (1974). Sensory evaluation by quantitative descriptive analysis. *Food Technol*. Nov, 24-34.

Vandyke Price, P. J. (1975). *The Taste of Wine*. Random House, New York, NY.

Williams, A. A. (1975). The development of a vocabulary and profile assessment method for evaluating the flavour contribution of cider and perry aroma constituents. *J. Sci. Food Agric.* **26**, 567-582.

Williams, A. A. (1978). The flavour profile assessment procedure. *In* "Sensory Evaluation—Proceeding of the Fourth Wine Subject Day," pp. 41-56. Long Ashton Research Station, University of Bristol, Long Ashton, UK.

Williams, A. A. (1982). Recent developments in the field of wine flavour research. *J. Inst. Brew.* **88**, 43-53.

Williams, A. A. (1984). Measuring the competitiveness of wines. *In* "Tartrates and Concentrates Proceeding of the Eighth Wine Subject Day Symposium" (F. W. Beech, ed.), pp. 3-12. Long Ashton Research Station, University of Bristol, Long Ashton, UK.

Williams, A. A., Bains, C. R., and Arnold, G. M. (1982). Towards the objective assessment of sensory quality in less expensive red wines. *In* "Grape and Wine Centennial Symposium Proceedings" (A. D. Webb, ed.). pp. 322-329. University of California, Davis.

Williams, P. J. (1996). Grape and wine quality and varietal flavour. *In* "Proceedings of the 9th Australian Wine Industry Technical Conference" (C. S. Stockley *et al.*, eds.) pp. 90-92. Winetitles, Adelaide, Australia.

Winiarski, W., Winiarski, J., Silacci, M., and Painter, B. (1996). The Davis 20-point scale: How does it score today. *Wines Vines* **77**, 50-53.

Wu, T. Z., and Lo, Y. R. (2000). Synthetic peptide mimicking of binding sites on olfactory receptor protein for use in "electronic nose." *J. Biotechnol.* **80**, 63-73.

Young, H., Rossiter, K., Wang, M., and Miller, M. (1999). Characterization of Royal Gala apple aroma using electronic nose technology-potential maturity indicator. *J. Agric. Food Chem.* **47**, 5173-5177.

6 葡萄酒的定性品评(综合性)

Qualitative(general)wine tasting

上一章以葡萄酒感官特性的基本特点为基础,通过分类和鉴别的方法对葡萄酒的品尝进行了讨论。本章关注的焦点是酿造葡萄酒的葡萄品种、葡萄酒的类型、原产地和特色。对这些问题的讨论通常涉及对葡萄酒相关性质的定性分级。尽管葡萄酒鉴赏家的评论常常令人印象深刻,然而对这些特性的感知却并不容易,这比上一章中经验丰富的葡萄酒品尝者所完成的任务更加困难。大多数葡萄酒都不能表现出稳定的品种和地区特点,因此对这些特点的探索常常是毫无结果的。只有一些质量好的酒才会明显地表现出品种或地区特点。如果葡萄酒存在着稳定的品种和地区特点,有经验的品尝者可以识别这些差异,并且有能力根据葡萄酒的表现对其进行分级。相比之下,不同类型葡萄酒之间的差异更容易被识别。因为发酵的工艺和方式常常使葡萄酒产生一些独特的感官特点,因此有经验的品尝者很容易识别这些感官特性。难点在于如何使用有意义的词汇来描述这些特性,并对它们如何分级取得共识。由于葡萄酒的复杂性、发展趋势、平衡感、酒体和余味等特点的参考标准并不存在,以及感官词汇描述的主观性,使得清楚准确地定义这些特性是不可能的。可能也正是因为这些困难的存在,葡萄酒才给人类提供了如此多的快乐和趣味以及无尽的讨论话题。

品尝室(Tasting room)

在可能的条件下,葡萄酒品尝室应该是明亮、光线柔和、安静和无异味的。葡萄酒窖或许是品尝葡萄酒的一个浪漫地点,但是酒窖中存在的葡萄酒香味和典型的霉味会影响葡萄酒的客观评价。

为了处理品尝后多余的葡萄酒或者清洗杯子的水(如果反复使用同一个玻璃杯,需要清洗杯子),需要准备不透明的塑料桶。在后者情况下,还需要准备几壶水来清洗杯子。

葡萄酒的品尝要求品尝者对葡萄酒做出一个客观的评价,所以应该避免对品尝者产生直接或者间接的生理或心理上的影响,因为这些影响会妨碍葡萄酒评价的客观性,这些问题在第5章中已经讨论过。然而为了加强对葡萄酒品尝的印象,讨论是值得提倡的,因为品尝者通常也需要建议和认可。如果是品尝昂贵或者稀有的葡萄酒,安静的品尝可能达不到理想的效果。但是讨论也有不利的一面,心理作用可能掩盖真实而有价值的意见。

信息的提供(Information provided)

对品尝者提供葡萄酒信息的详细程度取决于品尝的目的。例如,如果品尝的目的是分辨葡萄酒的酿造品种和原产地的差异,就需要提前告知品尝者这一点。否则,在品尝过程中这一点很有可能被忽略。为了避免过多影响品尝者的评价或者鼓励品尝者去寻找已知的特性,应该避免对葡萄酒相关信息的详细说明。但是如果品尝的主要目的是销售(如商店中的品尝),应当在提供葡萄酒的同时提供该葡萄酒的特点。

在许多正规的品尝中,一个典型的方法是使用纸袋把葡萄酒瓶包住来隐藏该酒的相关信息。使用其他方法或者滗酒来隐藏葡萄酒的信息是没有必要而且不切实际的。使用纸袋包住酒瓶不仅可以掩盖葡萄酒瓶的颜色,形状,瓶颈的设计,也可以掩盖瓶颈处腐蚀的材料,而这些特征都可能为该葡萄酒的来源和酒龄提供线索。

另一个方法就是去除酒标。这样,在葡萄酒品评课上,我们可以把酒标复制,反复使用。老师们通常会自己打开瓶塞,如果没有去除酒标,那么,瓶塞上关于酒的介绍文字会暴露酒的有关信息。而只是在初级的品酒训练中,学员才能获知葡萄酒的相关信息。

样品准备(Sample preparation)

滗酒和“醒酒”(Decanting and“breathing”)

滗酒的主要功能是把装瓶后产生的沉淀和葡萄酒分开。这个过程尤其适合于陈放多年的红葡萄酒,但是也可以用于一些酒龄较长的白葡萄酒。尽管葡萄酒和空气接触不会产生明显的氧化(目前已知葡萄酒氧化的潜在好处是可以使硫化氢氧化),滗酒和品尝之间的时间间隔不应该太久,尤其是那些陈年葡萄酒,它们的香气在开瓶后很快就会消失。

尽管滗酒有着重要的功能,但是对于滗酒的好处也有许多错误的认识。这主要与葡萄酒和空气的接触有关。无论如何,葡萄酒在空气中暴露几个小时就足以产生可以辨别的感官质量差异(Ribéreau-Gayon and Peynaud,1961)。相反,葡萄酒在空气中短时间的暴露,如葡萄酒在玻璃杯中的旋转是有利的,因为这时葡萄酒的香气浓度增加,香气的特征也会变化。这两种特征就是葡萄酒“醒酒”中变化的一部分。

在19世纪,葡萄酒滗酒即葡萄酒与空气接触有助于除掉不好的味道——即葡萄酒装瓶后因长期存放而产生的酒瓶臭味道(bottle stink)。现代葡萄酒的生产工艺进行了改良,并不产生过多的沉淀,因此只有很少的葡萄酒需要进行滗酒。尽管如此,在开瓶之后让葡萄酒“呼吸”一段时间是值得推荐的,即使是在倒杯前将瓶塞提前拔出几分钟。从瓶颈处计算,瓶装葡萄酒表面积和体积的比大约是0.4 cm^2/100 mL。当葡萄酒倒到酒杯中时,这个比例增加到

60 cm^2/100 mL,当葡萄酒在酒杯中旋转时可以达到 150 cm^2/100 mL。因此这就自然增加了葡萄酒和空气接触的面积,使得葡萄酒在杯中的“呼吸”速度比酒瓶中快 100 倍。

尽管葡萄酒“醒酒”的起因还不确定,但它有可能和葡萄酒中挥发性和不挥发性的香气之间平衡常数的快速改变有关。甘露糖蛋白((Lubbers *et al.*,1994)、氨基酸(Maier and Hartmann,1977)、糖(Sorrentino *et al.*,1986)和还原酮(Guillou *et al.*,1997)是葡萄酒中和香气结合不稳定的化学物质。开瓶后,葡萄酒上方的香气逸散到空气中,一些结合在葡萄酒中的香气成分被释放,从而使这些香气物质的浓度超过品尝阈值。毫无疑问,这个过程在酒杯的旋转中被加强了。酒液旋转后,沿着葡萄酒杯蒸发的酒精进一步影响了葡萄酒中香气物质的蒸汽压(Williams and Rosser,1981)。这些改变及相关过程的发生在葡萄酒的品尝中被称为葡萄酒的发展。因此,葡萄酒的呼吸、醒酒和发展或许是同一种现象。由于这个变化是高质量葡萄酒令人愉悦的特征之一,因此它应该是可感知的。

根据葡萄酒的不同,葡萄酒的典型香气会在数分钟到数小时之间消失。除了雷司令和霞多丽等葡萄酿造的白葡萄酒,其他白葡萄酒的香气在酒杯中很少有明显的变化。年份久的葡萄酒,不论红葡萄酒还是白葡萄酒,在开瓶后香气的变化都不明显,而无论葡萄酒具有哪一种香气,这些香气都会很快消失。相反,陈酿好的年青葡萄酒,在杯中香气变化明显。

对于老龄葡萄酒而言,滗酒过程常常是一种固定的仪式。这包括使用器具来减少滗酒过程中葡萄酒的晃动。滗酒的过程非常缓慢,因此尽管没有明显的晃动,也有大量的空气进入葡萄酒中。此外,滗酒时支柱(滗酒容器的支点)应该靠近瓶颈处。如果在滗酒时瓶口的角度超过 60 度,就需要不断地调整葡萄酒瓶使葡萄酒可以顺利流出来。当沉淀到达瓶口时,就要立即停止倒酒。滗酒容器操作方便,如果允许慢慢操作,任何一个人都可以进行滗酒。在葡萄酒倒出 80%时,就应该检查沉淀的位置。

只有在滗酒前小心地放置葡萄酒才能进行后面有效的操作。要滗析的酒应该提前数个小时或数天小心地移到品尝的地点。直立放置葡萄酒,使疏松的沉淀聚集在酒瓶的底部。

温度(Temperature)

白葡萄酒通常建议在 8～12 ℃饮用,甜白葡萄酒的饮用温度在 8 ℃左右,而干白葡萄酒的饮用温度在 12 ℃左右。干白葡萄酒在 20 ℃时也有很好的表现。红葡萄酒的品尝温度是 18～22 ℃。然而一些酒体薄,果香浓郁的葡萄酒在 15 ℃就有很好的表现,如博若莱鲜酒。桃红葡萄酒在 15 ℃就可以表现出其最佳特性。

气泡酒一般在 4～8 ℃饮用。这个温度范围可以使烘烤的香味更加明显,并且有利于气泡缓慢、稳定的释放。低温可以最大化地增加二氧化碳的针刺感,并且在口腔中产生清爽感。

雪莉酒通常在 6～8 ℃饮用,这个温度范围使其花香味更加浓郁,并且降低对一些雪莉酒过度甜味的感知。波特酒的饮用温度是 18 ℃。这个温度可以降低酒精的灼热感,并使释放的香气更加复杂。

这些饮用温度的选择主要是根据没有供暖系统以前欧洲室内温度来决定的。很明显,加热可以增加化学物质的挥发和提高感官的敏感性。温度升高,化合物挥发增加,可以在很大程度上改变风味物质的组成。由于抵消或累积效应,温度变化可以降低或加强对某一种特殊化学物质的感知。这就是为什么白葡萄酒在低温下比高温下饮用更加令人愉悦的部分原因。

温度对味觉也有明显的作用。低温可以降低舌头对糖的感知,增加对酸的感知。因此,甜酒在低温条件下口感更加平衡。低温下葡萄酒可以在口中产生令人愉悦的清爽感。相反,较高的温度可以降低对苦味和收敛性的感知。这就说明为什么红酒的饮用温度一般在 18 ℃以上。

如果条件允许,葡萄酒在品尝前应该在适合的温度下放置数个小时。或者可以快速地浸渍在符合要求的凉水或热水中(图 5.8B)。

由于葡萄酒在倒入酒杯后温度开始回升,因此在倒酒前葡萄酒的温度应该比理想的饮用温度略低。这有利于葡萄酒在理想的饮用温度范围内保持较长的一段时间。

葡萄酒的温度很少经过直接的测定,正常情况下认为将葡萄酒放置在需要的温度下数个小时是可以满足要求的。也可以通过一种设备记录酒瓶表面的温度来间接测定葡萄酒的温度,这种设备是一种可以根据不同温度而变化颜色的塑料带。如果葡萄酒有足够的时间去平衡温度,这种塑料带就可以精确地测定葡萄酒的温度。

酒杯(Glasses)

葡萄酒杯应该是洁净的,无色的,并且有足够的体积和恰当的形状允许其内的酒液剧烈晃动。国际标准化组织(ISO)规定的葡萄酒杯(图 1.2)可以满足这些条件。较窄的杯口可以汇集香气,宽阔的基部和斜面有利于葡萄酒的观察和剧烈晃动。

大多数符合国际标准的酒杯存在的问题是杯身太脆弱了(由很薄的玻璃做成)。因此,比较厚的酒杯也是可取的,如 Durand Viticole 酒杯。另一种满足条件的酒杯是 Libby Citation ＃8470。

对于起泡酒来说,高而苗条的笛形酒杯有助气泡的产生。酒杯的选择还包括是否可以清晰地观察到气泡串(大小、紧密度、数量和持续性),气泡在酒杯中央的积累,以及气泡在杯子边缘的状态。

除了笛形酒杯外,只有郁金香型杯子也可以用于起泡葡萄酒的品尝。但这并不意味着其他的杯子不能使用,其他形状的酒杯可在社交场合使用。就像是在用餐时使用不同大小和形状的瓷器,饮用不同的葡萄酒也使用不同的酒杯。无论这些改变是基于个人喜好还是客观考虑,这种举动都是没有害处的。由于葡萄酒杯的形状影响葡萄酒质量的感知(Fischer,2000; Cliff,2001),因此在品尝时保证所有的品尝者使用同一种酒杯是十分重要的。

由于玻璃器具会从周围的环境中吸收异味,因此玻璃器皿应该被充分地清洗,放置在合适的地方。去污剂常常用来清除可能附着在玻璃杯上的油渍、单宁和色素。因此应该使用无味,可以软化硬水和抗静电的去污剂,需要注意的是,残留的去污剂必须要充分地冲洗干净。通常情况下,热水就足够可以满足这些条件了。如果玻璃杯需要立即干燥,可以使用干净无味的尼龙布擦干。

有一种迷信的说法,在倒酒前先闻一下酒杯有助于防止其他杂味破坏葡萄酒的香味。玻璃器皿的味道对葡萄酒质量的破坏是一件令人不愉快的事。

去除去污剂的残留对于评价起泡酒至关重要。起泡酒中连续气泡的形成很大程度上决定于葡萄酒杯底部和侧部成核中心的存在。这些成核中心包含了一些细小的边、凸起和不光滑的表面。它们降低了气泡产生的能量。去污剂的残留会在酒杯内壁形成一个分子层的光滑表面，阻碍和限制了核和气泡的形成。为了促进气泡的形成，有的人甚至在酒杯底部刻上一个五角星。

一旦葡萄酒杯被洗净和干燥后，他们应当倒置在无味无尘的环境中。倒置酒杯可以防止杂味污染杯子内的空气。如果是短期的储存，可以把杯子悬空倒置(方便取用，防止在杯身留下指印)，但是这种放置方式在木制家具摆设的室内是不值得提倡的。

样品的数量和体积(Sample number and volume)

进行一次葡萄酒品尝的样品数量根据场合的不同而异。在葡萄酒训练课程或者社交场合，六款葡萄酒足够了，不至于太少不够品尝，也不会太多导致需要考虑消费成本和过度饮用。然而如果是在大规模的商业品尝中，需要在很短时间内完成葡萄酒的品尝和记录，那么 30 款以上，或者超过 100 款的酒都是可能的。

对于大多数品尝 35～70 mL 即足够。如果只需要一个简单的评价，少于 35 mL 也是可取的。在仔细品尝和长时间鉴赏中，50～70 mL 是比较可取的。在葡萄酒的杯身外面划一条线，有助于掌握倒酒体积，还可以对其他品尝者起示范作用。

如果一杯酒的量大约是 35 mL，那么一瓶酒足够 20 个人饮用。这样可以防止浪费，因为品尝后多余的酒通常是被倒掉的。如在商业的品尝中，人们常常只抿一两口，然后吐掉剩余的酒。减少倒入酒杯的酒量也向人们表明这是品尝而不是消费。

开瓶(Cork removal)

开瓶器的形状、大小和开瓶的方式都是多种多样的。在这些开瓶器中直立的螺旋式的是最简易实用的，侍者之友开瓶器就是一个典型的例子。它主要的特点是需要足够的力量才可以拔出橡木塞。改变设计，同一个动作可以使螺丝旋入橡木塞并且把它拔出瓶口。这种类型中最受欢迎的是 Screwpull 生产的开瓶器。四氟乙烯螺旋可以很容易地把橡木塞拔出来。杠杆式开瓶器也可以适用于商业用途。无论哪一种类型的开瓶器，拔出年代比较久的橡木塞都是一个难题。随着时间的推移，橡木塞的弹性消失，而且在拔出过程中很容易断裂和破碎。U 形的 Ah-so 开瓶器(图 6.1)尤其适用于这种情况。如果软木塞和瓶颈之间十分紧密，需要缓慢地把两个钢片插入橡木塞和瓶的中间。结合旋转和拔出这两个动作可以轻易地拔出脆弱的橡木塞。还有一种气压式的开瓶器也适用于这种瓶塞，这种开瓶器是一个小泵，上面连接着一只中空的尖针。把针慢慢插过橡木塞，然后向瓶中注入空气，增加的压力把橡木塞推出来。如果注入 5～10 次空气都不能推出橡木塞，就应该停止向瓶中注入空气，移出尖针，使用其他方法来拔出橡木塞。在这种情况下，如果橡木塞破碎，碎片掉入酒中，就需要过滤出碎屑。可以使用咖啡过滤器，但是这个办法不值得提倡。最后把酒瓶冲洗干净，倒入过滤后的葡萄酒。

葡萄酒相关器具中最后一类是可以把意外掉进葡萄酒的酒塞取出来的一些小酒件。一个非常有用的器具就是在一个中空的柱子下面连着一些具有弹性的塑料片(图 6.1B)。这些部分在通过酒颈时是聚合在一起的，一旦通过瓶颈，它们就展开然后抓住橡木塞，并且把它包围住。当这个中柱拔出来时，下面的塑料片夹住橡木塞，慢慢地把橡木塞取出来。

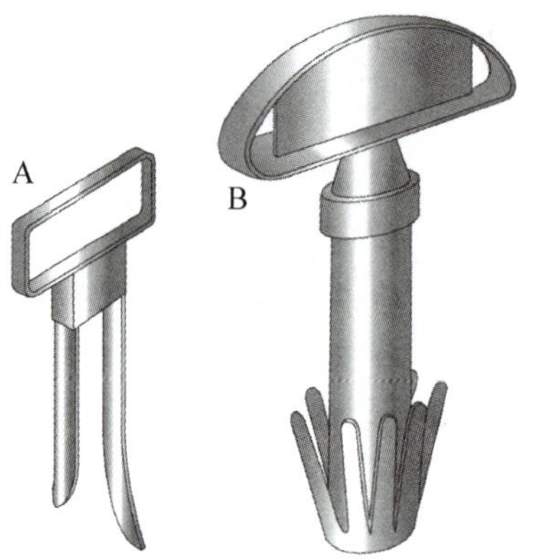

图 6.1　U 形 Ah-so 开瓶器(A)和葡萄酒软木开瓶器(B)
[资料来源:Courtesy of H. Casteleyn.]

当葡萄酒储存在潮湿的酒窖中,使用镀锡的铅瓶帽会使灰尘在瓶口的周围堆集。因此在葡萄酒瓶和橡木塞上很容易滋生霉菌。霉菌在瓶口周围和橡木塞上产生黑色的沉积物,同时加速瓶帽的腐败。在这种情况下,酒瓶口要用一块湿布擦干净。不紧密或者穿孔铝和胶帽有助于限制真菌的生长。使用蜡密封胶帽也能防止真菌在橡木塞上生长。

味觉恢复(Palate cleansing)

在商业品尝中当葡萄酒被快速连续地品尝时,通常要提供一些白面包和水作为"味觉清洁剂"。这些食品的目的是清洁口腔为下一次的品尝而准备。而奶酪、水果和冷盘给品尝赋予了社交的功能,就将严肃科学的葡萄酒品尝转化为对葡萄酒饮用的享受。在许多社交场合中,品尝主要的目的是开拓市场和社交关系,食品的提供就有了一定的意义。虽然大多数奶酪和其他食物影响我们对葡萄酒之间的细微差别的分辨,但是它们也可以平衡红酒的苦涩感。

术语(Language)

第 5 章已经讨论了人类语言在描述感官体验时是多么的贫乏。在描述葡萄酒的感官评价时,解决这个问题的方法之一是使用葡萄酒专用的术语。当然这对一般人在描述他们对葡萄酒的感受时几乎没有什么帮助。

Lehrer(1983)十分详细地描述了葡萄酒相关术语。Amerine 和 Roessler(1983)以及 Peynaud(1987)也从另一个完全不同的角度描述了这个问题。尽管如此,任何语言的主要目的都是使交流清楚准确地进行。在本书的最后,列出了一些重要的并且被广泛接受的一些术语。强度和持久性可以简单地用形容词描述,如柔和的、适度的、显著的、回味短暂的或者悠长的等。图 1.3 和图 1.4 列出了葡萄酒的标准香气和浊气描述词汇。

很少有葡萄的品种香气可以只用一种物品来表示说明,赤霞珠的黑醋栗香味和琼瑶浆(Gewürztraminer)荔枝香味是例外。更常见的是,某种描述只是提供对一种相关物体味道的联想。像葡萄酒一样,水果和花香很少只具有单一的香味。苹果和玫瑰的许多品种差别相当大,但是除了独特的味道之外它们也有某种相同点。即使是综合所有描述的词汇,也很难给葡萄酒的香味一个清楚的描述。这种令人着迷的多样性给了葡萄酒一种最持久最吸引人的特性。

根据葡萄酒感官评价的雷达坐标图(图 5.21 和图 5.22),可以有选择地使用描述样品差异的词汇。它不包括描述葡萄酒共同特征的词汇。这一点也暗示某种精确的描述可能是来自于相同的香味背景。对于白葡萄酒,典型的香气可能包括了水果的香气、花香,有时还有香料的味道。红葡萄酒的香味包括成熟浆果和水果酱的香味,以及香料和胡椒的味道。这些香味有的很复杂,有的在橡木味的掩盖下非常微弱(如果葡萄酒经过橡木桶储藏),有的随着葡萄酒的陈酿与蘑菇——块菌以及皮革等味道相融合。

尽管在术语表中列出的词汇描述了葡萄酒的感官特点,但它们对于消费者来说却没有多少意义,因为它们并没有完全表达出品尝者的感情经历。然而对于消费者来说,这是葡萄酒最重要的特点之一,必须被表达出来。因此,尽管想象和幻想本身就是不精确的,它们在描述葡萄酒感官评价上确实有存在的价值。当这种诗一般的语言用于描述品尝者的内心感情,它很明显满足了人们需要,我们必须注意这一点,或者正如 Samuel Johnson 所说,"这就是葡萄酒的缺点之一,它使人们把品酒术语和内心感受不能完全统一"。

描述葡萄酒时要避免那些用于描述人的词汇,如女性化、肥硕或者好斗等。此外,类似于风土味道(terroir,这个词用于描述来自于某一产地葡萄酒的独特香气)这种凭空臆造的词汇也应该避免。幸运的是,任何一个人把鼻子靠近泥土和堆肥是可以闻到那些气味的。

感官描述应该是简洁的,尤其是只描述那些显著的香气时。如果时间允许,应该记录下所有感受到的感官特点。但一般情况下,记录不必如此繁琐。使用下面表格之一可以有效地使用词汇并节省时间。

葡萄酒评价表(Wine score sheets)

如果是正式的感官评价,就需要详细的评价表格(图 5.12 至图 5.15)。然而在许多非正式的场合,数据的分析是不必要的或者不需要很严格的。在这种情况下,图 1.5 的表格已经足够了。图 6.2 是这个表格的一种变化形式,可以用于葡萄酒品尝的课程。一般情况下该表格应该被放大,并且用 11 英寸×17 英寸的纸打印。形式简单的表格,有助于从视觉上记住品尝葡萄酒的特点。由于这个表格是为初级课程设计的,葡萄酒特点和品种起源的文字描述有助于学生辨别记忆;由于他们在用文字表达感受时还有困难,并且很少记录下来,因此只留很少的空间给学生写评价。通过学习以后,可以留下更多的空间给学生评价(图 1.5)。每一种葡萄酒的品种和地区差异都在表格前或后标明(而不是品尝表格中),具体位置由品尝的目的决定。表格左边质量特点和香气的描述词汇,有助于学生把注意力集中在葡萄酒的品尝上。

在第 5 章相关章节中可以找到有关葡萄酒品尝表格更详细的讨论。

感官训练(Sensory training exercise)

有关专业品尝者的感官训练和评价在第 5 章中已经描述过了。在本章中,感官训练主要是帮助那些很少接受专业训练的人们来分辨所品尝葡萄酒的多样性和复杂性。有时这些训练也用于品尝者的培训中。

外观
- 颜色：
  - 色调
  - 色度
  - 澄清度
- 酒柱
- 分数（最高分+/-1分）

香味
- 一般特征
  - 持久性
  - 强烈度
  - 发展
  - 品种特点
- 香气
  - 浆果：蓝莓，黑莓，葡萄，瓜，悬钩子，草莓
  - 树果：苹果，杏，香蕉，樱桃，番石榴，柚子，柠檬，荔枝，桃，西番莲果，温柏
  - 干果：无花果，葡萄干
  - 花香：茶花，香茅，芎味，橘子花，玫瑰律金香，紫罗兰
  - 干果：杏仁，榛子，胡桃
  - 蔬菜：芦笋，甜菜，柿子椒，罐装青豆，甘草，橄榄，茶，烟草
  - 香料：肉桂，丁香，熏香，欧亚甘草，薄荷，胡椒
  - 焙烤：蔗糖，咖啡，烟熏，烤面包
  - 其他：黄油，起司，雪茄盒，蜂蜜，皮革，蘑菇，橡木，松树，酚味，块菌，香草
- 分数（最高5分）

口感
- 综合特点
  - 持久性
  - 发展
  - 平衡性
- 细节方面
  - 甜度，酸度，收敛性，苦味，酒体，热（酒精度），醇厚感，刺痛感
- 分数（最高3分）

总体评价
- 综合品质
- 潜力
- 难忘度
- 分数（最大分数+/–）

总分（最大10分）

葡萄酒感官品尝

1 2 3 4 5 6

葡萄酒

	#1	#2	#3	#4	#5	#6

	Palomino 白葡萄酒雪利 浅褐色 浓郁的香味 复杂的氧化香味 淡淡的胡桃、蔗糖、油糖味道 中等糖度 回味悠长	**Chardonnay** 麦秆黄 温和的水果香气 淡淡的苹果和桃香 橡木桶陈酿中产生的淡淡的香草香味 酸度强，无甜味 回味短	**Muller-Thurgau** 浅麦秆黄 新鲜的花香 苹果核香味 适度甜味和酸平衡 酒体较薄 回味短	**Cabernet Sauvignon** 深砖红色 黑醋栗和柿子椒的香味 复杂的浆果香味 酒体丰满 回味悠久	**Xarel-lo, Macabeo, & Parellada** 中等麦秆黄 细小连串的气泡 微弱的非水果香气 无甜味，酸度适中 清淡，回味短	**Touriga National** 深宝石红色 浓郁的浆果味道 传说中杂醇油味道 甜味和单宁令人惊讶的平衡 酒体丰满 回味悠久
外观（1分）						
香气（5分）						
口感（3分）						
总评价（1分）						
综合（10分）						

图6.2 用于葡萄酒品尝入门的表格。这些表格可以提示如何进行葡萄酒品尝。作为指导，该表中描述了葡萄酒的基本特点。在接下来的品尝中，可以打乱这些顺序由学生来把这些描述和葡萄酒配对。图1.5是一个相关的表格，但是没有葡萄酒的描述，只是给学生留下足够的空间写下对葡萄酒的评论。

Marcus(1974)和 Baldy(1995)提出了几种感官训练的方法。它们都无一例外地从基础的感官训练开始,如表 5.4 所示。通过这些设计和训练来了解葡萄酒的主要成分如何影响其感官品尝。有关甜、酸、苦和涩味的训练在本章附录 6.1 至附录 6.4 中进行了说明。这些训练有助于了解这些成分如何相互作用并且怎样增强、掩盖和改变感官感受。附录 6.5 提供了证明糖和苦味化合物的相互作用及糖和酸的平衡训练方法。

作者的经验表明,少量这种类型的练习足够了。一旦学生意识到了感官评价的微妙差别,重复品尝其他化合物的区别就不再有意义了。而且对风味、香气的感知和对质量的感知一样重要。

可以通过设计实验来证明主要风味物质在葡萄酒中不同的感知,如酯、内酯、吡嗪等。这些化合物需要提前准备好。虽然这些药品相对价格较高,但是说明这些化合物之间不同之处的最好办法莫过于亲自品尝。对于需要准备这种实验的人,Aldrich Chemical Co. 开发出一种试剂盒,包含了一些在葡萄酒中存在的香气物质,该公司也提供一个专门的香气和风味目录。

葡萄酒品尝方式(Tasting situation)

葡萄酒品尝比赛(Wine competitions)

葡萄酒品尝比赛主要是面对公众的赛事,目的是吸引消费者对葡萄酒的注意力。政府主办的比赛大多是地方性的,是一种促进本地葡萄酒发展的手段。通过选择有资格的品尝师和设计合理的品尝流程,这些品尝赛是比较专业的。加州葡萄酒盛会流程中有一个判断参赛资格的测试,这一点可以供其他地方学习,这个测试在比赛前几周举行。私人举行的比赛不一定要遵守固定的流程。比赛后可以根据事先设定好的评分规则授予奖牌。

对于那些没有经过正式感官训练的人来说,资格测试赛存在的一个问题是对失败的忧虑。这可能会严重损害品酒师的形象,因为参赛的同行都会看到谁失败了。一个解决办法是可以部分根据参赛者的意见设置测试。要求每个参赛者提交一份质量感官测试结果,他们可以更加主动地参与到这个选择过程中,这也可以降低对这个测试公正性的担忧。

尽管不是百分之百的公正,葡萄酒竞赛是一个不知名酒厂或几乎没有名气的地区吸引消费者注意力的最好方法之一。这种认同度可以很大程度上改善葡萄酒厂的声望和销售,也可以突出葡萄酒的产出地。一个典型的例子是安大略湖,安大略湖的冰酒在国际比赛中的获奖使其获得了很大的知名度。媒体对这些获奖的报道比专业实验室的品尝评价对消费者的影响力更大。此外,葡萄酒比赛也使葡萄酒制造者取得消费者认可度的方法之一,生产者可以使消费者认可他们的努力,并相信他们可以提供好质量的葡萄酒。

尽管葡萄酒品尝比赛可以提高曝光率和销售量,它们并不能完全地表现葡萄酒的真正优点。不同地区之间优胜者的比较没有什么共同点，而且最好葡萄酒有可能没有参加比赛。因此，比赛结果不是完全可信的。因为没有客观公正的葡萄酒质量标准存在，所以比赛的结果不是绝对的。几乎所有的品尝比赛都面临这种情况。

葡萄酒一般都根据类型分类，以避免某一种葡萄酒在共同品尝中显得极度不同。当葡萄酒包含许多类别时，他们又分为许多小类，使每一小类葡萄酒不超过 10 种。这种快速的采样方法可以排除质量很差和质量一般的葡萄酒。当葡萄酒的数量降低到合适的范围，这些选择下来的葡萄酒就可以进行更加仔细和专业的品尝。

每一类葡萄酒理想的品尝者是 6～7 名。对于每个品尝者提供的葡萄酒顺序应该是完全不同的。这种随机的选择可以降低顺序误差。其他条件应该遵从第 5 章中的描述。

授奖的方式有很多种。无论如何，建议在事先对每一个奖章类别确定一个合格的分数。这样，如果没有葡萄酒达到这个水平，就不用颁发任何奖品。为了区别，每一个类别中最好只有一个金牌、银牌和铜牌。尽管纯粹从统计的角度来看这些获胜的酒很难区分，但是组织者、参与者和公众总是更倾向于获奖的酒。

商业品尝(Trade tastings)

商业品尝是为了某一个葡萄酒市场走向和销售葡萄酒类型而组织的。这种品尝常常是国家或地区代表团举行的。由于所耗物力财力较大，这种商业性质的品尝一般在下午举行，这样一般公众在晚上也可以付费参加品尝。

大量葡萄酒样品和数量众多的参与者使商业品尝的准备超过正式的品尝活动。服务人员应该是细心热诚，对葡萄酒比较了解的，而且对于提问的回答应该快速准确。参与者应该使用专门用于葡萄酒品尝的杯子。在进入品尝室前，应该为每个参与者提供一个葡萄酒杯。在每一个桌子的尽头应该有水壶和杯子，并且随时补充，提供的水主要用于品尝者在每两次的品尝之间涮洗杯子用。

大多数商业品酒会都不提供座位，参与者会在各个桌子间走动来品尝感兴趣的葡萄酒。组织者应该提供一个表格形式的完整而准确的葡萄酒信息清单给品尝者，让他们可以(在表格空白处)记录品酒的感受。这个表格可以用小册子的形式或者硬卡片的形式发放。理想状态下，葡萄酒应该按照品种和风格分类摆放，但一般情况是按照提供葡萄酒的厂家分类的。

有时，商业品尝也提供座位，在这种情况下，葡萄酒以一种特定的顺序提供，并且每一种酒都有单独的酒杯，一个或多个主持人可以主持酒的品尝，使参与者的关注焦点在葡萄酒的特色上或者那些他们希望强调的特点上，这种聚会一般只提供 6～10 款酒。

商店中品尝(In-store tasting)

大多数室内品酒会提供食物来与葡萄酒相配。尽量不用塑料杯饮用葡萄酒，它们更多地应用于果汁。令人遗憾的是，主持的职员通常只是雇来倒酒，而不是给你讲解。这样的品评就很难实现预定的效果。

在一个管理较好的商店举行品尝可以促进销售。这项举措可以增加消费者的葡萄酒购买意识，加强对该商店的印象。品尝应该由经验丰富的职员引导进行，客观而清晰地描述葡萄酒的特点,要避免随意呆板的讲解。葡萄酒杯的选择应该突出葡萄酒的特点,并且酒杯应该清洗干净。品尝的时间和周期性应该和常来酒店的客户的时间一致。理想的情况下,葡萄酒的品尝应该在固定的时间举行,这样经常光顾的顾客就会知道什么时候可以品尝。由于品尝是为个人举行的,因此一次只能品尝一两种酒,通常都是新到的酒。如果这种葡萄酒价格很高,收取一些象征性的费用是比较明智的举动,这样可以排除那些只对免费品尝感兴趣的人。最后,品尝应该在酒店中最佳的位置进行以加深对这个葡萄酒的印象并加强教育效果。

有时候,酒店在休闲时间也举行一些葡萄酒品尝课程。这种类型的品尝将在下面讨论。

葡萄酒鉴赏课程(Wine appreciation courses)

葡萄酒品尝培训不是品尝的一个前提,但是它可以帮助人们分辨原本不能分辨的葡萄酒特征。认识葡萄酒的类型、品种起源或年份,可以加强对葡萄酒的客观认识。无论如何,这些特点只是葡萄酒感官享受的附属条件,就像认识一个音乐家或作曲家对欣赏音乐并不重要。享受葡萄酒需要对感官进行基本的训练。更多的训练可以帮助分辨差异,但是这种感官品尝的敏感度增加是否有意义还值得商榷。是否鉴赏家的观点是最有价值的?敏锐的感官感知的作用也是双面的,它加强了对葡萄酒最好的特点和细微缺点的感知,结果是人们对一般的葡萄酒不再满意。

由于学生支付了较高的课程费用,因此除了赠送的葡萄酒之外,葡萄酒的选择必须有最高的性价比,它们必须具有所需要的特性。在有限的经费内,寻找优秀的有代表性葡萄酒,对于讲师来说是一项艰巨的任务。在选择葡萄酒样品时,讲师应当避免把自己的偏见带入课程中。在原产地制度、葡萄酒标、地区的优越性和其它神圣的法则下,产生误导和偏见是非常容易的。指导者应该正确地指导学生得出关于葡萄酒的产地和质量的结论,并且发掘出学生的个人喜好。

葡萄酒的品尝课程从一次速成班到持续数周的大学课程都有。许多课程有 6～10 期,相关话题包括感官感知、葡萄酒评价、葡萄酒的产生、主要的葡萄品种、葡萄酒的产地、葡萄酒标的认识、原产地命名制度、葡萄酒的陈酿、葡萄酒的储存、葡萄酒和健康以及葡萄酒和食品的搭配。讲解和品尝的结合,可以在不同程度上完善讲课的内容。由于许多人选择葡萄酒课程的目的同时兼具享受和教育,因此讲授者应该避免过多和不必要的细节讲解。

一般来说,第一次品尝课程通常涉及不同的葡萄酒类型的品尝(雪莉酒、白葡萄酒、红葡萄酒、起泡酒、波特酒)。随后进行的品尝课程再探索每一种类型葡萄酒,包括主要葡萄品种、生产地点和质量差异。训练课程也可以包括基本感官感知训练,即不同的味觉相互之间如何作用。提供具有瑕疵的葡萄酒是非常有效的一个手段。大多时候,消费者把葡萄酒的缺陷和个人偏好混为一谈。而这种方法正是给了消费者和葡萄酒行业提供了很好的机会来解决这个问题。

表 6.1 列出了一些为葡萄酒品尝课程设计的例子。其他的品尝训练可以根据表 6.2 的建议。

表 6.1 葡萄酒品尝的各种例子	
品尝	例 子
入门	阿曼提兰朵(Amontillado)、雪莉酒、德国 Kabinett 级别的雷司令、霞多丽、赤霞珠、起泡酒、波特酒
感官训练	甜、酸、苦、收敛剂、收敛感-苦味、灼热感、刺口感
气味训练	浊味(如氧化、二氧化硫、挥发酸、杂醇油、焙烤、木塞、黄油),香气(如水果、花香、蔬菜、香料、烟熏、干果、木头)
质量感知	顶级质量和一般质量的酒的对比,甜酒(如雷司令)和干型酒(如霞多丽),白葡萄酒和红葡萄酒(如赤霞珠)
白葡萄品种	灰比诺、雷司令、长相思、霞多丽、琼瑶浆、维奥雅(Viura)
红葡萄品种	增方德、桑乔维塞、坦普罗尼拉、黑比诺、美乐、西拉
品种变化 1	特点不同的两个白葡萄品种的 3 款酒
品种变化 2	特点不同的两个红葡萄品种的 3 款酒
起泡酒	不同地区酒的差异(香槟地区、Cava、Sekt、Spumante、加州、澳大利亚),生产技术(瓶内发酵、转移法、密封罐内发酵)
强化酒	淡色雪莉酒(Fino)、阿曼提兰朵雪莉酒、奥罗索(Oloroso)雪莉酒、红宝石(Ruby)、茶色(波特酒)、年份波特酒(vintage)
葡萄酒酿造技术 1	不同生产工艺的几款酒,如二氧化碳浸渍法(博若莱鲜酒)、晒干法(Amarone)、托斯卡制酒技术(一些 Chianti)
葡萄酒酿造技术 2	不同生产流程的几款酒,如橡木陈酿、酒泥陈酿、长期瓶储

表 7.2 和表 7.3 中的数据可以帮助学生开始认识不同的品种香气。学生应该认识到这些描述不是葡萄酒的实际品种香气,这些词汇也不能完全描述葡萄酒的香气。这些词汇仅仅代表了葡萄酒香气的一些特点,这些特点使人联想起某些特定的物品或者情形。可以鼓励学生去记忆主要的葡萄品种和葡萄酒类型的香气。然而需要强调的是,这些经验的获得不是享受和评价葡萄酒质量的前提条件。即使是最老练的葡萄酒鉴赏者也不能完全分辨葡萄酒的品种,更不用说这些葡萄酒的地理起源。在欧洲,许多地区风格仅仅是某种特定葡萄品种和生产技术在当地的表现结果。

如果一种葡萄酒的香气描述很准确,那么这款葡萄酒可能缺乏复杂性。例如,大多数赤霞珠葡萄酒都有青椒的味道,但如果青椒气味太明显,就是一个缺陷,表示这种葡萄可能没有完全成熟,或者成熟度不够。完全成熟的赤霞珠浆果酿造的葡萄酒表现出一种丰富的黑醋栗香味,这种酒只有很淡的青椒味,常常是在余味中出现。

社交品尝(Societal tastings)

葡萄酒可适用于很多的社交场合。更多的时候,人们对交流和品尝美食的兴趣大于品尝葡萄酒。这反映了一个事实:大部分的葡萄酒爱好者对客观的葡萄酒品尝并不感兴趣。毫无疑问的是,社交场合的品尝有利于葡萄酒的销售和引导消费者对葡萄酒的兴趣。

其他的社交场合倾向于更多地宣传葡萄酒的知识和经验,这种场合有严格的规则,只使用少量的奶酪和面包恢复味觉,本书作者也偏好这种品尝。品尝总是盲品的,事先只提供葡萄酒的名字。为了增加挑战性,参加者需要把样品的号码和葡萄酒对应起来。一旦每一个人有足够的时间去品尝葡萄酒(约 30 min),葡萄酒就可以根据品尝者的偏好分级。参与者对自己的分级结果和组内其他人的分级结果之间的关系十分感兴趣。品尝完成后公布葡萄酒的信息和价格。价格是质量最直接的表现，但是通常情况下人们第一、第二选择的葡萄酒价格都不是最昂贵的。这种意识使人们扩大葡萄酒的购买范围，尤其是那些价格可以接受的葡萄酒。这也有助于传递一个信息，葡萄酒的质量在葡萄酒中表现出来，而不是通过公众声望、上升的价格和稀有性来表现的。

为了增加葡萄酒品尝的教育性，每一次品尝都讲述一个相关话题。葡萄酒相关的话题很多，但是大部分都可以划分到某一种特有的类别中。一个常见的主题是分辨几个葡萄酒品种之间的品种特点。这种品尝训练不仅仅是对经验品尝者的一种复习，同时对于初学者也有很大的作用。其他常见的话题是比较某一个品种或类型葡萄酒的几个样品；探索质量的重要性；研究葡萄酒生产者、生产地区、生产国的表现。其他品尝话题也可以是分辨葡萄酒生产技术和葡萄园的差异。表 6.2 列出了几个这种例子。

表 6.2 葡萄酒社交场合品尝酒的几种类型

类型	亚类	例子
品种间比较		
	白色酿酒葡萄品种	6 款有独特代表性香气的葡萄品种酿制的酒[霞多丽(*Chardonnay*)、雷司令(*Riesling*)、长相思(*Sauvignon Blanc*)、*Parellada*、琼瑶浆(*Gewürztraminer*)、罗迪提斯(*Rhoditis*)]
	地理表现	德国雷司令(*German Parellada*)、西万尼(*Silvaner*)、米勒-吐尔高(*Müller-Thurgau*)、*Ehrenfelser*、琼瑶浆(*Gewürztraminer*)、*Ortega*
	红色酿酒葡萄品种	6 款有独特代表性香气的葡萄品种酿制的酒[赤霞珠(*Cabernet Sauvignon*)、棠普罗尼(Tempranillo)、桑乔维塞(Sangiovese)、内比奥洛(Nebbiolo)、黑比诺、黑玛尔维萨(*Malvasia Nero*)]
	红色非酿酒品种	詹伯岑(*Chambourcin*)、弗什(*Marechal Foch*)、黑巴可(*Baco noir*)、*de Chaunac*、康可(*Concord*)、诺顿(*Norton*)
品种内比较		
	国家间	6 款相同价位的有代表性酒(如澳大利亚、加州、法国、意大利、加拿大、保加利亚)
	地区间	6 款相同价位的有代表性酒[(纳帕山谷(Napa)、Sonoma、Mendocino、Santa Barbara、Santa Clara、中央山谷(Central Valley)]
	葡萄园	同一个生产者 6 个不同葡萄园的葡萄酒(Don Miguel 的赤霞珠，Wolf Blass 的霞多丽)
	质量	德国葡萄酒不同质量的代表性产品(如不同分级的葡萄酒：QbA，Kabinett，Spätlese，Auslese，Beerenauslese，Trockenbeerenauslese)或者同一生产工艺下不同级别葡萄酒[如 Robert Mondavi 的红葡萄酒：Reserve，Oakville and Stages Leap District，Coastal，Woodbridge and Opus One]
葡萄酒酿造工艺		
	白葡萄酒	下面几种酿造工艺的几款有代表性的产品：橡木陈酿和非橡木陈酿的霞多丽；干酒、半干酒和传统的甜雷司令；现代和传统的李奥哈(Rioja)酒；使用不同酿酒酵母和乳酸菌株酿制的葡萄酒①

续表 6.2

类型	亚类	例子
	红葡萄品种	下面几种酿造工艺的几款有代表性的产品：晒干法（Amarone vs Valpolicella）；托斯卡制酒技术（传统和现代的 Chianti 酒）；二氧化碳浸渍法（博若莱鲜酒和非博若莱地区的佳美葡萄酒）；不同发酵罐（旋转和静止的发酵罐）

①这种样品只能从研究相关内容的葡萄酒生产者或研究者那里获得。尽管大多数人无法获得，它们之间的差异使得花费力气去获得这些样品非常值得。

家庭品尝(Home tastings)

在家里品尝葡萄酒一般都可以划分到下面几种类别中：鉴别游戏、餐前品尝葡萄酒或者结合食物品尝葡萄酒。鉴别葡萄酒的游戏非常流行，但是它们更多的是通过猜测而不是通过客观的评价来鉴赏葡萄酒。一餐中 2～3 款葡萄酒就足够了，但是数量和葡萄酒品尝没有太大的关系。食品的风味可以加强感知，但是它们也会干扰客观的评价。社交活动和过多的酒精消费会影响对葡萄酒客观的评价。因此，家庭品尝中最符合葡萄酒鉴赏过程的是在餐前享用葡萄酒。理想状态下，这些品尝都应该是盲品。否则提前获得葡萄酒信息会在很大程度上影响品尝结果。因为正规的葡萄酒品尝抛弃了葡萄酒品尝的主要目的（享受），所以家庭场合下的愉快品尝同时兼具教育和享受功能。

■ 附录

附录 6.1　葡萄酒的含糖量

所有的葡萄酒都含有糖分，在干型葡萄酒中含有的糖分是发酵过程中没有被转化为酒精的微量残留，其浓度低于感官阈值，因此这些糖不产生甜味。葡萄酒的酸味和苦味也抑制对甜味的感知。相反地，一些香味化合物可以产生甜味的感觉，即使这些甜味化合物的浓度低于检测值。

在葡萄酒中产生甜味化合物的物质是葡萄糖、果糖、酒精和甘油。葡萄糖和果糖来自于葡萄，酒精是在发酵过程中产生的，甘油来自于葡萄，在发酵过程中也有合成。其他可能的甜味化合物是阿拉伯糖或者木糖，和发酵产生的副产物如丁二醇、环己六醇和山梨醇。甘露醇和甘露糖只有在葡萄酒被感染时才可以被检测到。表 6.3 说明了正常情况下葡萄酒中主要的糖类化合物的浓度。

为了说明葡萄酒中主要甜味物质的相关甜度，可以准备不同物质的水溶液来说明，葡萄糖(20 g/L)，果糖(20 g/L)，酒精(32 g/L)，甘油(20 g/L)。参与者按照甜度上升的顺序(编号是随机的)来安排样品。表 6.4 可以用来记录相关甜度。

表 6.3 葡萄酒中常见的甜味化合物的浓度

类别	化合物	葡萄酒类型	浓度(g/L)
糖	葡萄糖	干酒	0～0.8
		甜酒	大于 30
	果糖	干酒	0～1
		甜酒	大于 60
	木糖		0～0.5
	阿拉伯糖		0.3～1
酒精	乙醇		70～150
	甘油		3～15[a]
	丁二醇		0～0.3
	肌醇		0.2～0.7
	山梨醇		0.1

a 在贵腐酒中。

表 6.4 甜度评价表格

样品	无甜味 1	2	3	最甜 4	其他口感或气味记录
A					
B					
C					
D					

附录 6.2 酸性

酸是所有葡萄酒的典型特点，酸对于葡萄酒的口感、稳定性和陈酿潜力都非常重要。酸性是酸类物质的一个复杂功能，它的平衡常数决定了葡萄酒的 pH 值。作为盐的酸不影响酸度。

葡萄酒中含有许多酸，最重要的酸是有机酸。葡萄酒中含有的酸包括葡萄中天然存在的酸（酒石酸、苹果酸和柠檬酸），或者酵母和细菌的副产物（乙酸、乳酸和琥珀酸）。只有乙酸有足够的挥发性可以影响葡萄酒的香气，但这种影响常常是负面的。葡萄果实中的酸感官品尝都是类似的，只有细微的差别——酒石酸比较粗糙，苹果酸生青味较重，柠檬酸能产生清新的口感。而微生物产生的酸口感则更加复杂。乳酸有一种淡淡的、清爽的口感；乙酸产生刺激的口感和独特的气味；琥珀酸（很少超过阈值范围）表现出盐味、稍苦的口感。葡萄糖酸只有在被霉菌感染的葡萄酒中存在，其本身不影响口感或气味。这些化合物在餐酒中的范围如表 6.5 所示。

A. 为了证明不同酸之间的差别，准备如下的水溶液：酒石酸（1 g/L），苹果酸（1 g/L），柠檬酸（1 g/L），乳酸（1 g/L），醋酸（1 g/L），琥珀酸（1 g/L）。把这些溶液按照酸度增加的顺序放置，编号是随机的。它们相关的酸度和其他明显的特征应该记录在表 6.6中。

表 6.5 葡萄酒中存在的几种典型酸的含量范围

酸	浓度(g/L)
酒石酸	2～5
苹果酸	0～5
柠檬酸	0～0.5
葡萄糖酸	0～2
乙酸	0.5～1
乳酸	1～3
琥珀酸	0.5～1.5

表 6.6 葡萄酒酸度的评价表格

样品	酸度较小					酸度最大	其他口感或气味的记录
	1	2	3	4	5	6	
A							
B							
C							
D							
E							
F							

B. 为了粗略地检测分辨酸的能力，准备含有 0，0.5，1.0，2.0，4.0 g/L 的酒石酸水溶液。酸也可以溶解在 10%的酒精、0.5%的葡萄糖溶液中来模仿一个和葡萄酒类似的环境。把这些溶液按照酸度增加的顺序放置，编号是随机的。为了保证准确性，这个实验应该多次在不同场合下测试，并且平均测试的结果。

附录 6.3　多酚化合物

苦味和涩味

多酚类物质及其苯基衍生物是葡萄酒中苦味和涩味的主要来源。正如在第 4 章中讨论的，多酚类物质可以分为两大类：类黄酮和非类黄酮。这些化合物的多聚体产生了一类复杂的化合物，即单宁。类黄酮化合物产生的单宁更加稳定(不会在葡萄酒中降解为单体)，并且随着陈酿时间的延长它们的分子质量增加。如果含量够大，它们能够在红葡萄酒中产生沉淀。非类黄酮产生的单宁在葡萄酒中不是很稳定，它们会降解为单体形式。因此，它们是葡萄酒中苦味物质的主要来源。由类黄酮和非类黄酮结合的单宁一般比较稳定，不会断裂为单聚体形式。

由于单宁来源、组分的多样性，及其浓度和化学结构的不断改变，单宁(和单宁的亚基)在感官品尝中差异如此之大是毫不奇怪的。然而也有一些一般适用的规则，如复杂的单宁收敛性较强；单聚体主要产生苦味，几乎没有涩味；中等大小的多聚体既有苦味也有涩味。花色苷既没有苦味也没有涩味。

单宁的感知决定于它们的溶解度和相对含量。例如，一些单宁在高浓度时表现为较强的涩味，而在低浓度时主要表现苦味。陈酿可以通过改变单宁的化学组成和浓度而影响葡萄酒的感官特点。低分子质量的单体几乎不受陈酿的影响。

为了获得单宁感官品尝的实际经验,准备 0.01,0.1 和 0.5 g/L 浓度的葡萄单宁(一种类黄酮单宁的复合体),鞣酸(一种二水合物的单宁复合物)的水溶液或 10%的酒精溶液。这些样品不仅可以说明它们的口感和触感,还可以说明它们的嗅觉特征。为了说明单体类黄酮和非类黄酮酚类物质的不同,可以分别准备 30 mg/L 和 100 mg/L 的槲皮素,100 mg/L 和 500 mg/L 的没食子酸的水溶液或 10%的酒精溶液进行比较。

橡木

另外一个培训涉及橡木桶陈酿的葡萄酒。加入 10 g/L 的橡木片到没有经过橡木桶储存(许多价格较低的葡萄酒都没有经过橡木桶陈酿)的白葡萄酒或红葡萄酒中(在把橡木片放入酒之前先在酒精中浸泡赶出空气)。大约 1 周后,过滤酒,加入 30 mg/L 的亚硫酸钾(作为抗氧化剂)储存在密封的玻璃罐中至少 3 个月。在储存中,葡萄酒暴露在空气中产生的乙醛和二氧化硫反应或者葡萄酒中其他化合物反应可以抑制其适当的氧化。

这个实验可以扩大到包括观察不同的橡木品种(美国橡木,欧洲橡木)的影响,或者焙烤程度(橡木桶制造的一个流程)对品尝的影响。一般来说,美国橡木比欧洲橡木产生更多的椰子味道。焙烤过程会降低橡木味,并且产生香草、烟熏和香料的香味。焙烤也可以降低陈酿过程中葡萄酒对橡木单宁的萃取。可以从商业的橡木供应商处获得少量的样品。

附录 6.4 葡萄酒的酒精组成

乙醇

葡萄酒中存在大量酒精,但是只有一些有足够的含量时可以影响葡萄酒的感官特征(杂醇油的负面影响在浊气中说明,附录 5.3)。当单独品尝时,这一点就更加明显了。在这些醇类物质中,乙醇是最重要的。正如上面提及的,酒精能产生一种复杂的感官感受,酒精具有独特的味道,可以增强对甜味的感知,刺激口腔产生热感和厚重感。酒精也可以掩盖或者改变对葡萄酒其他成分的感知。

为了说明这个复杂的效应,以及酒精的浓度如何影响感官的感知,可以准备 4%、8%、10%、14%和 18%的酒精溶液来证明。要求参与者把这些样品按照浓度排列来检测参与者对酒精的敏感度(表 6.7)。

表 6.7 酒精品尝的表格(按照酒精度数升高排列)

样品	酒精度较小 1	2	3	4	5	酒精度最高 6	其他口感或气味的记录
A							
B							
C							
D							
E							
F							

甘油

甘油(含有 3 个乙醇的多羟基化合物)是葡萄酒中含量第二的醇类化合物。由于其低挥发性，甘油的气味几乎不可检测。甘油具有较弱的甜味，因此只有在干型酒中，并且当甘油的浓度超过 5 g/L 才可以影响甜感。甘油的黏度很大，所以一般认为甘油可以显著影响葡萄酒的黏度。但是甘油很少达到可以影响黏度的浓度(≥26 g/L)(Noble and Bursick, 1984)。在低浓度下，甘油可以降低对涩味的感知，影响葡萄酒的酒体(Smith *et al.*, 1996)。

为了说明甘油对葡萄酒感官评价的影响，加入 0,4,8,12 和 24 g/L 的甘油在模拟的葡萄酒溶液中(3 g 葡萄糖，4 g 酒石酸，100 g 酒精)。参与者按照甘油含量上升的顺序安排样品，并且允许讨论其特点(表 6.8)。

表 6.8　甘油的感官评价表格

样品	较小 1	2	3	4	5	最高 6	口感和气味影响
A							
B							
C							
D							
E							
F							

甘油曾经被认为参与了葡萄酒挂杯现象。在这个实验中快速地旋转酒精和甘油可以很容易证明是酒精而不是甘油产生的挂杯现象。

附录 6.5　味觉相互作用

最常见的味觉相互作用是相互抑制。众所周知，糖的存在可以降低对苦味的感知，反之亦然。个体感官的敏锐度对其品尝时所作出的客观评价(赞赏或者反对)有作用，但是对这种作用还知之甚少。这一点可以很明显地影响品尝者对葡萄酒的评价。

下面的测试可以使参与者认识他们对味觉相互作用的独特反应。而且这也有助于品尝者了解他们的个人感官偏好。这种了解可以提倡参与者避免参与某种品尝。感官偏好使参赛者很难客观地评价某一种葡萄酒。

甜味-苦味相互作用

给参与者提供一系列的含有 1 g/L 葡萄单宁的苦味/涩味的水溶液。在这些样品中加入 0,20,40,80 g/L 的蔗糖。随机地品尝这些样品，使参与者按照如下表 6.9 排列苦味感觉的速度和最大感受浓度。苦味感觉的时间响应曲线在每一次品尝完成后绘制。如果只需要苦味，奎宁(0.1 g/L)可以作为葡萄单宁的替代物(葡萄单宁可以同时产生苦味和涩味)。结合所有参与者的数据可以用来说明参赛者之间存在的差异。

这个测试也可以反过来进行，观察单宁的苦味对甜味感觉的影响。这时，糖的含量是固定的，变化的是单宁的含量。这样的实验中可以使用 40 g 的蔗糖结合 0,0.5,1,2,4 g 的葡萄单宁。

由于酒精也可以产生甜味，可以使用酒精作为糖的替代物。例如在含有 0,4%,8%,10%,12%的酒精溶液中分别溶解 4 g 葡萄单宁。这个实验可以清楚地说明酒精含量对单宁的苦味和涩味的影响。

表 6.9 甜味-苦味相互作用的评价表格

样品	苦味[a]	感受到苦味的时间(入口后开始计算)									
		1	2	3	4	5	6	7	8	9	10
A											
B											
C											
D											

[a]分数从 0 到 10。

糖-酸平衡

不同化合物之间平衡是葡萄酒的一个重要特性。它们之间的相互作用可以通过糖酸之间作用证明。然而,如果改变实验过程会更加有趣。

在这个训练中,提供给参与者的至少有六种水溶液。第一对含有 20 g/L 和 40 g/L 的糖;第二对含有 0.7 g/L 和 1.4 g/L 的酒石酸,第三对有糖和酸的混合物,但是比例相同(20 g/L 蔗糖+0.7 g/L 酒石酸和 40 g/L 蔗糖+1.4 g/L 酒石酸)。

参与者随机品尝这些样品,在提供的表 6.10 中记录下感觉的相对浓度。每一种感觉的持续时间也可以记录下来以便于比较。当这些训练完成时,表明较高的酸溶液可以降低对甜味的感知,反之亦然。这表明糖酸平衡有很复杂的关系。

表 6.10 糖-酸平衡的评价表

样品	糖浓度	糖感觉持续时间(s)					酸浓度	酸感觉持续时间(s)				
		2	4	6	8	10		2	4	6	8	10
A												
B												
C												
D												
E												
F												

阅读建议

Baldy, M. W. (1995). "The University Wine Course." 2nd ed. Wine Appreciation Guild, San Francisco.

Broadbent, M. (1998). "Winetasting: How to Approach and Appreciate Wine." Mitchell Beazley, London.

Peynaud, E. (1996). "The Taste of Wine: The Art Science of Wine Appreciation," (M. Schuster, trans.), 2nd ed. Wiley, New York.

参考文献

Amerine, M. A. , and Roessler, E. B. (1983). "Wines, Their Sensory Evaluation. "2nd ed. Freeman, San Francisco, CA.

Baldy, M. W. (1995). "The University Wine Course. "2nd ed. Wine Appreciation Guild, San Francisco.

Cliff, M. A. (2001). Impact of wine glass shape on intensity of perception of color and aroma in wines. *J. Wine Sci.* **12**, 39-46.

Fischer, U. (2000). Practical applications of sensory research: Effect of glass shape, yeast strain, and terroir on wine flavor. *In* "Proc. ASEV 50th Anniv. Ann. Meeting. "Seattle, Washington. June 19-23, 2000. (J. M. Rantz, ed.)pp. 3-8.

Guillou, I. , Bertrand, A. , De Revel, G. , and Barbe, J. C. (1997). Occurrence of hydroxypropanedial in certain musts and wines. *J. Agric. Food Chem.* **45**, 3382-3386.

Jackson, R. S. (2000). "Wine Science: Principles, Practice, Perception" 2nd ed. Academic Press, San Diego, CA.

Lehrer, A. (1983). "Wine and Conversation. " Indiana University Press, Bloomington, IN.

Lubbers, S. , Leger, B. , Charpentier, C. , and Feuillat, M. (1993). Effet colloide protecteurd' extraits de parois de levures sur la stabilité tartrique d' une solution hydroalcoolique model. *E. J. Int. Sci. Vigne Vin* **27**, 13-22.

Maier, H. G. , and Hartmann, R. U. (1977). The adsorption of volatile aroma constituents by foods. VIII. Adsorption of volatile carbonyl compounds by amino acids. *Z. Lebensm. Unters. Forsch.* **163**, 251-254.

Marcus, I. H. (1974). "How to Test and Improve your Wine Judging Ability. "Wine Publications, Berkley, CA.

Peynaud, E. (1987). "The Taste of Wine. The Art and Science of Wine Appreciation. "(M. Schuster, trans.)Macdonald & Co, London.

Ribéreau-Gayon, J. , and Peynaud, E. (1961). "Traité d'Oenologie. " Tome 2. Berenger, Paris.

Sorrentino, F. , Voilley, A. , and Richon, D. (1986). Activity coefficients of aroma compounds in model food systems. *AIChE J.* **32**, 1988-1993.

Williams, A. A. , and Rosser, P. R. (1981). Aroma enhancing effects of ethanol. *Chem. Senses* **6**, 149-153.

葡萄酒的类型
Types of wine

7

只有从广义的角度才有一个公认的葡萄酒定义。为了便于收税，葡萄酒常常被分为3种：静止葡萄酒(没有气泡)、起泡葡萄酒(含有气泡)和加烈葡萄酒(加入了酒精)。后两种葡萄酒的税收较高。随后，葡萄酒也通过颜色和地理产区进行分类。这种分类方式由于能够明显地区分生产工艺和便于消费者购买而得到广泛的认可，为大家所熟知。

在许多欧洲国家，地理标志分类具有悠久的历史。欧洲的葡萄酒分类通常是和特殊的葡萄种类、葡萄生长环境和酿酒技术相关的。因此地理标志可以代表葡萄酒的风味特点。在新世界葡萄酒中，地理标志很少与葡萄酒的类型和风味联系起来。许多地区(甚至于葡萄酒生产厂家)使用多种葡萄品种来产生不同类型的葡萄酒。虽然对于某种特定的葡萄品种(如霞多丽)，在不同地区间的表现可能有差异，但一般来说新世界葡萄酒的风味主要是由葡萄品种决定的而不是地区。那种按照欧洲方式以地区给新世界葡萄酒命名的办法已经不再适用。这就不仅有利于那些已经进行地理标志命名的生产者，也避免了造成混淆的可能性。此外，酒的产地也不再是酒的唯一的特征，比如说，把起泡酒通称为香槟酒就容易使大家认为香槟酒应该是所有起泡酒评比的标准。

随着来源于非欧洲地区葡萄酒重要性的增加，基于葡萄酒地理标志的分类在鉴定葡萄酒感官特征上的作用降低了。即使是在欧洲，除了一些知名的地区，其他地区的葡萄酒并没有明显的和一致的特点。因此，本章的安排主要是以葡萄酒类型为主。

如上所述，葡萄酒常常根据酒精含量进行分类。最普通的被称为餐桌酒(酒精的体积分数为9%～14%)和加烈葡萄酒(酒精的体积分数为17%～22%)。餐桌酒根据其二氧化碳的含量可以分为静止葡萄酒和起泡葡萄酒。

静止葡萄酒(Still table wines)

由于大部分的葡萄酒可以划分到静止葡萄酒这一类，因此它的分类比较复杂(表7.1)。最早的分类是根据颜色把葡萄酒分为红葡萄酒、白葡萄酒和桃红葡萄酒。这个分类很久以前就被人们所接受，它反映了葡萄酒在风味、消费方式和生产工艺上最明显的区别。

表 7.1　根据生产类型对静止葡萄酒进行分类

A 白葡萄酒			
比较适合年青时消费的酒（很少在橡木桶中储存）		具有陈酿潜力的酒（常常在橡木桶中储存）	
非典型的品种香气	典型的品种香气	非典型的品种香气	典型的品种香气
棠比内洛（*Trebbiano*）	米勒-吐尔高（*Müller Thurgau*）	苏特恩	雷司令（*Riesling*）
莫丝凯蒂特（*Muscadet*）	克内（*Kerner*）	Vernaccia di San	霞多丽（*Chardonnay*）
白福儿（*Folle blanche*）	灰比诺（*Pinot grigio*）	Gimignano	长相思（*Sauvignon blanc*）
沙斯拉（*Chasselas*）	白诗南（*Chenin blanc*）	Vin Santo	帕雷亚达（*Parellada*）
阿利哥特（*Aligoté*）	赛伯拉（*Seyval blanc*）		赛美容（*Sémillon*）
B 红葡萄酒			
比较适合年青时消费的酒（很少在橡木桶中储存）		具有陈酿潜力的酒（常常在橡木桶中储存）	
非典型的品种香气	典型的品种香气	非典型的品种香气	典型的品种香气
佳美（*Gamay*）	多塞托（*Dolcetto*）	棠普尼罗（*Tempranillo*）	赤霞珠（*Cabernet Sauvignon*）
格连纳什（*Grenache*）	吉诺林诺（*Grignolino*）	桑娇维塞（*Sangiovese*）	黑比诺（*Pinot noir*）
卡利尼昂（*carignan*）	巴柯诺（*Baco noir*）	内比奥洛（*Nebbiolo*）	西拉（*Syrah*）
巴贝拉（*Barbera*）	莱布鲁斯科（*Lambrusco*）	*Garrafeira*	增芳德（*Zinfandel*）
C 桃红葡萄酒*			
干酒		甜酒	
Tavel		Mateus	
桃红苏维翁（*Cabernet rosé*）		Pink Chablis	
白增芳德（*white Zinfandel*）		Rosato	
一些玫瑰红葡萄酒		一些玫瑰红葡萄酒	

* 斜体表示生产中使用的葡萄品种名称。

具有特征品种香气的葡萄酒在瓶储的前几年中香气会变得更加复杂，因此这些酒享有很高的评价并且价格昂贵，即使是新酒也不例外。根据葡萄酒的地理标志，有的葡萄酒不会标明所使用的葡萄品种，欧洲许多历史悠久的地区很少在酒标上标明葡萄品种。当本地的葡萄酒成为唯一的选择时，消费者并不关注葡萄品种。由于许多葡萄酒是由一种或几种葡萄酿制而成的(混合型)，这些酒的口感很稳定。相反，在一些生产不同葡萄品种葡萄酒的地区，把葡萄的名字印在酒标上是一个趋势。大部分的新世界葡萄酒和讲德语的国家选用了后一种方式。最近的趋势是对一些顶级葡萄酒不再标注它们的品种来源。它们以拥有者品牌命名，选择具有艺术性和吸引人的名字(如 Opus One、Tignanello、Dominus 等)。

尽管许多葡萄酒标明了品种来源，并不保证该酒可以表现出很明显的品种香气。这一点同样适用于原产地命名的葡萄酒。一种葡萄酒典型风味的表达决定于许多因素，其中最主要的是葡萄果实的健康状况和成熟度以及酿酒师平衡各种香气的技术。

拥有地理标志(命名)的葡萄酒通常是葡萄酒风格和质量的保证，然而事实并非如此。命名十分重要，它是地理标志的证明，但是它并不一定与品种选择、葡萄栽培和酿酒工艺的法规有关。尽管原产地命名可以指示地理来源，但它对于许多消费者来说仍然是一个难题。原产地命名之间没有逻辑性。例如，波马特酒(Pommard)和 Pauillac 并不表示分别来源于勃艮第和波尔多。葡萄酒销售商如果不根据产区对葡萄酒进行分类，那么几乎没有消费者能知道这些葡萄酒的来源。即使如此，许多人也只是根据价格或“专家”意见选择葡萄酒，这是非常可惜的，但这种状况不太可能改变。对葡萄酒命名制度的学习常常被认为是成为葡萄酒鉴赏家的第一步。

白葡萄酒(White wines)

白葡萄酒具有广泛的类型，图 7.1 介绍了主要的产品和类型。

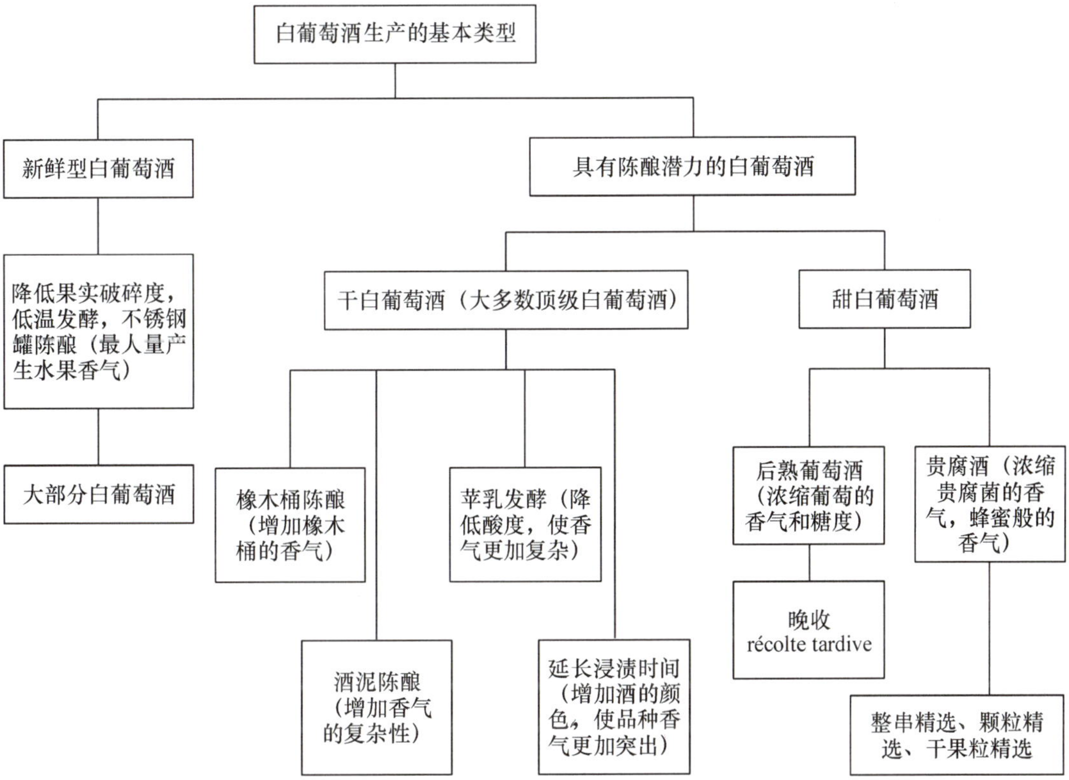

图 7.1　基于生产方式对白葡萄酒进行分类［译者注：整串精选（Auslese）、颗粒精选（BA，Beerenauslese）和干果粒精选（TBA，Trockenbeerenauslese）是德国 QmP（特别优质酒）葡萄酒的 3 个等级。后面每一级依次要求用比前一级更加成熟的葡萄来酿造，也就是葡萄要求的含糖量逐级增高，而所酿之酒也就依次越甜。］

白葡萄酒中最畅销的是干白葡萄酒，干白葡萄酒具有清新的口感、类似水果的香气和平衡的酸度。这是国际公认的干白葡萄酒特征。低温发酵有利于加强和保持“水果”酯（低分子质量脂肪酸的乙醛酯）的产生。在年青的葡萄酒中，这些酯过高的平衡常数导致副产物的产生。当这些副产物很快地转变为酒精和酸后，葡萄酒就失去了水果的香气。低温储藏可以减缓这种水解作用，有助于这些酯类香气的保持。水果味的酯类由酵母决定，葡萄的品种对其几乎没有影响。因此在酿造一种没有显著品种香味的白葡萄酒时，酵母种类的选择十分重要。

只有相当少数的白葡萄品种具有陈酿的潜力，如雷司令、霞多丽和长相思。在葡萄酒陈酿过程中，品种香气逐渐消失，被一种令人愉悦的花香所取代。这种变化的化学本质还不清楚。

许多白葡萄酒是干酒，主要是佐餐于食物饮用。白葡萄酒中清新的酸味可以很好地和食物结合，加强食物的气味和降低海产品的腥味。许多比较清爽的白葡萄酒很适合和一些相对清淡的食物搭配。顶级的甜白葡萄酒也有一种令人舒适的酸度，它给予葡萄酒体很好的平衡性。较淡的半甜葡萄酒在饮用前要进行冷却,因为它们被认为是"抿"的葡萄酒。甜度更大的葡萄酒可以代替甜点。因此甜点葡萄酒指的是代替了甜点的葡萄酒,而不是指葡萄酒和甜点。

尽管品种香气的存在对于许多顶级葡萄酒是十分重要的,但一些葡萄酒以失去品种香气而出名。一个典型的例子是贵腐菌感染的葡萄酿制的贵腐酒。在秋天特定的条件下,灰霉菌(*Botrytis cinerea*)的感染导致葡萄汁的浓缩和品种香气复合物的降解。品种香气的损失被一种典型的灰霉菌香气替代。这些葡萄制造的酒具有丰富甜美的蜂蜜香味。贵腐酒有以下几类:德国和奥地利的"颗粒精选"和"干果粒精选"级别葡萄酒,匈牙利的 Tokaji aszus,法国的苏特恩(Sauternes)贵腐酒。在新世界葡萄酒,它们被称为贵腐酒或者精选的晚采葡萄酒。其他一些没有显著品种香气的葡萄酒包括冰酒和"Vino santo"(一种部分氧化的甜白葡萄酒)。图 7.2 列出了甜白葡萄酒的主要类型及工艺。

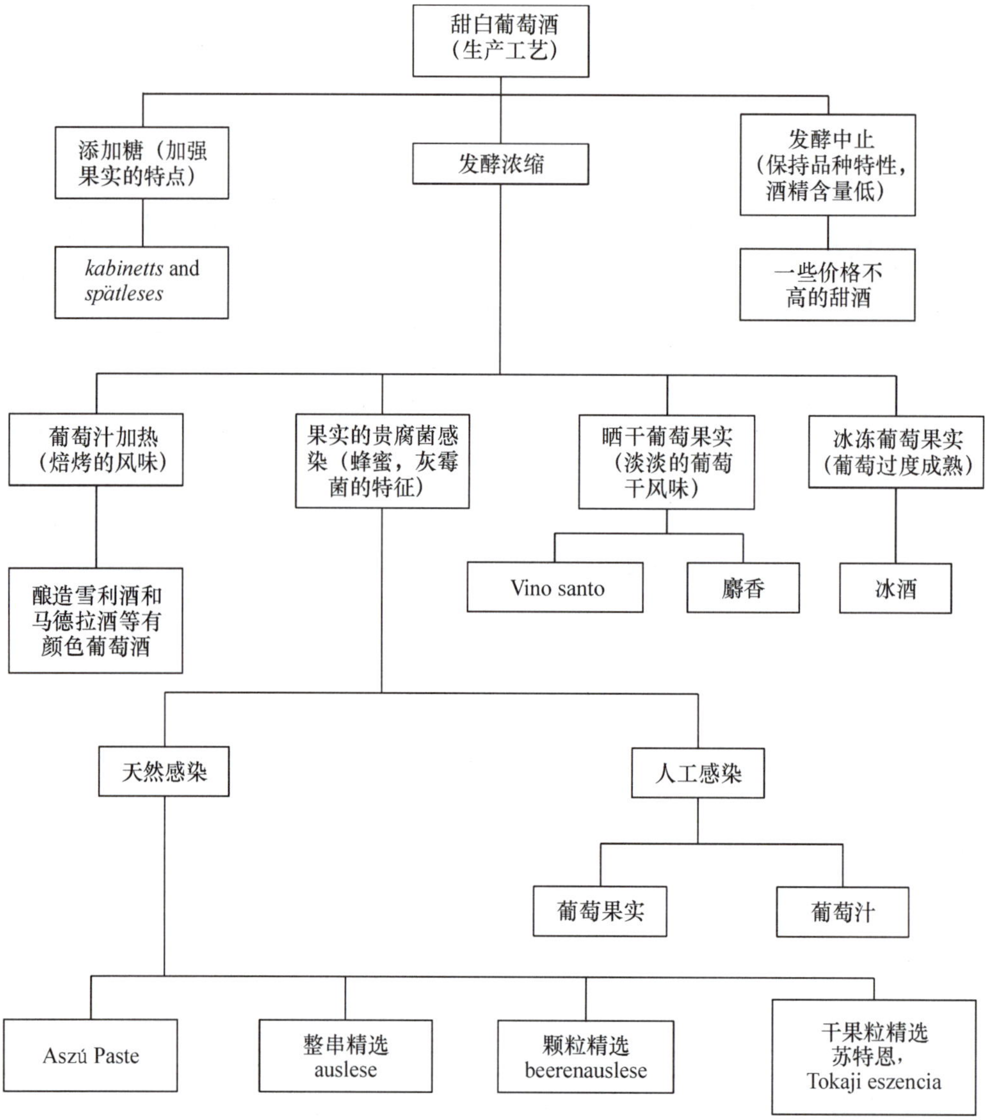

图 7.2 甜白葡萄酒的分类

识别一种葡萄酒的品种特性是非常困难的。许多因素如收获时间、发酵方式、陈酿的条件都可以降低或改变葡萄酒的品种特性。为了加强对葡萄品种特性的识别，表 7.2 列出了一些可以区分不同白葡萄品种特性的描述。

表 7.2 几种典型白葡萄酒的香气描述

葡萄品种	起源国家	香气描述
霞多丽(*Chardonnay*)	法国	苹果，哈密瓜，桃，杏仁
白诗南(*Chenin blanc*)	法国	茶花，番石榴，蜡
加冈尼卡(*Garganega*)	西班牙	水果，杏仁
格乌兹塔明那(*Gewürztraminer*)	意大利	荔枝，香茅，辛香料味
麝香(*Muscat*)	希腊	麝香味
帕雷亚达(*Parellada*)	西班牙	柠檬，青苹果，甘草
灰比诺(*Pinot Gris*)	法国	水果，罗马烙干酪
雷司令(*Riesling*)	德国	玫瑰，松树，水果
鲁臣尼(*Rousanne*)	法国	桃
长相思(*Sauvignon blanc*)	法国	柿子椒，花香，药草
赛美容(*Sémillon*)	法国	无花果，哈密瓜
桃巴托(*Torbato*)	意大利	青苹果
维欧尼耶(*Viognier*)	法国	桃，杏
维尤拉(*Viura*)	西班牙	香草，奶油糖，香蕉

红葡萄酒(Red wines)

现代的红葡萄酒几乎都是干型酒。甜味的缺乏和它们作为佐餐酒的功能一致。红葡萄酒的苦味和涩味化合物与食物中蛋白质结合，使酒体平衡，避免了数年的陈酿时间。相反，陈酿的葡萄酒更适合单独品尝，它们的单宁含量较低，因此不需要食物来平衡口感。而且陈酿葡萄酒微弱的花香在没有食物的情况下更加明显。

大部分适宜陈酿的红葡萄酒都在橡木桶中储藏。小橡木桶(小于 225 L)常常可以加速葡萄酒的成熟，增加橡木、香草、香料和烟熏的味道。葡萄酒成熟以后，在葡萄酒生产商或消费者购买后，都还要在瓶中成熟一段时间。如果需要较少的橡木味，常常使用不锈钢罐和较大的橡木桶(大于 1 000 L)陈放红酒。红葡萄酒也可以放在密封的罐中以避免氧化或对浊味的吸收。

红葡萄酒工艺的选择常常决定于消费者群对酒的需求。新鲜型的酒通常具有清淡的口感，而陈酿型的酒最初具有很强的单宁味和苦味。博若莱鲜酒是一款适宜年青时消费的酒，该酒的酿造是使用碳浸渍发酵，对葡萄汁轻轻挤压使其获得明显的新鲜水果味。年青

型的酒(只有几周的发酵)具有较短的货架期。新酒很少可以在 12 个月以后还保持其典型的特点,通常是在 6 个月以后就开始失去它的吸引力。相反,顶级的赤霞珠和内比奥罗是另一个极端,它们需要 10 年或数十年的时间才可以获得一个圆润的口感和优雅的花香。红葡萄酒酿造的基本类型如图 7.3 所示。

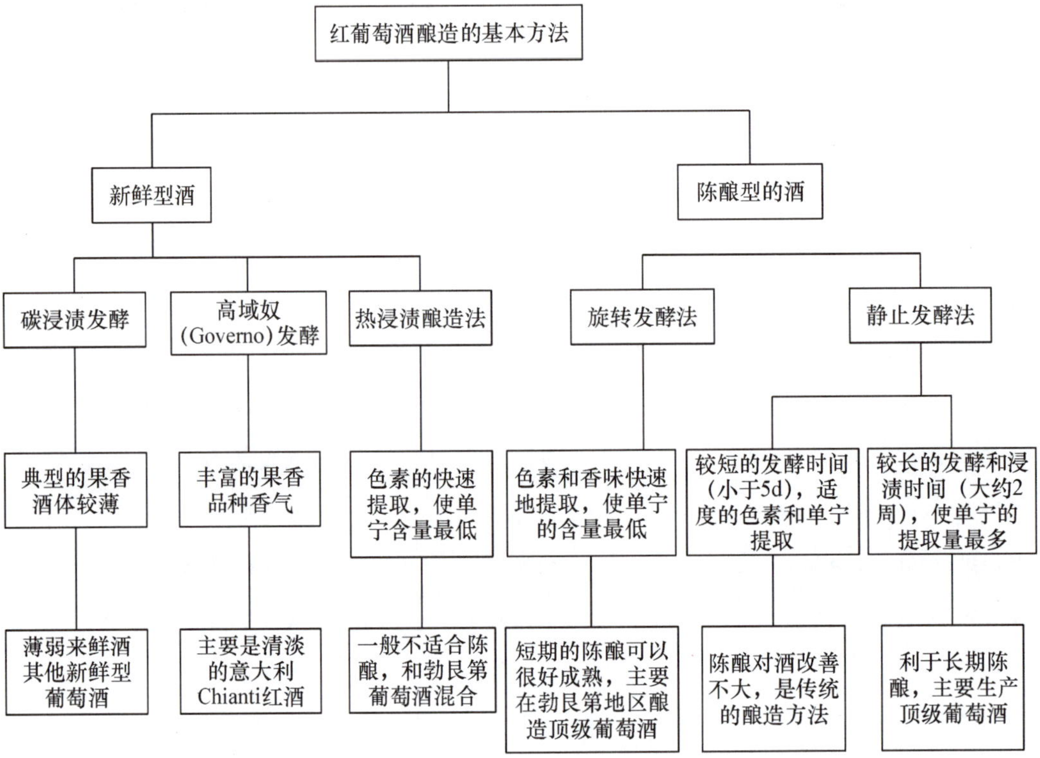

图 7.3　根据生产工艺对红葡萄酒进行分类。

对葡萄酒在陈酿方面的差异来源还知之甚少。有利于果实成熟的因素,如足够的温度和光照、湿度、营养条件、果实和叶片的比例,都是十分重要的。带葡萄皮和葡萄籽酿造葡萄酒时,合适温度下的酿造工艺以及成熟条件都是十分重要的。然而这并不能解释为什么大部分酒厂尽管有着优化的工艺条件,却不能够生产适合陈酿的红葡萄酒。部分的原因可能与葡萄中花青素、单宁的含量和酒的类型有关。单宁和色素在红色酿酒葡萄中的组成有很大的差异。酸度的平衡和适度氧气的接触有利于颜色的保持。典型的香气成分如甲氧基吡嗪在氧化、异构化、水解和聚合等化学反应后会变成香气较淡的化合物,它们有可能是雪茄、皮革、蘑菇味道的来源,即顶级干红葡萄酒的陈酿香气的典型特征。

葡萄酒对陈酿的要求产生了一个问题,即葡萄酒在什么时候最适合饮用。这反映了一个认识上的误区,即葡萄酒在某些特定的时间饮用最好。事实上,在经过一系列的香气改变后,许多葡萄酒都变得相当的令人愉悦。陈酿问题涉及葡萄酒的饮用时间(佐餐或者单独饮用),这取决于消费者是喜欢新鲜葡萄酒清新的果香,还是成熟葡萄酒较复杂的香气,或者经过充分陈酿的葡萄酒微弱的花香。比较恰当的说法是在葡萄酒的稳定期,而不是高峰期(图 7.4)。顶级葡萄酒的一个典型标志是葡萄酒质量稳定期的持续时间较长。几乎没有陈酿潜力的葡萄酒的稳定期相对较短,而顶级的葡萄酒在理想状态下稳定期长达数十年。

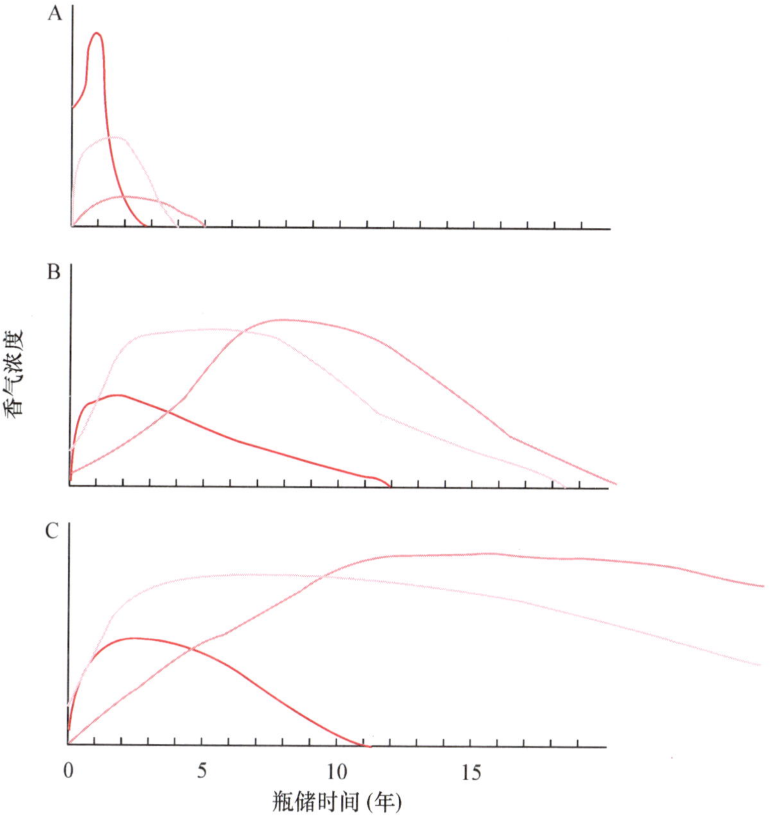

图 7.4 不同类型葡萄酒陈酿中香气变化的示意图。(A)新鲜型的酒(博若莱鲜酒);(B)普通质量的红酒(一般的波尔多红酒);(C)质量好的红酒(cru 等级的波尔多红酒);(——发酵香气;——香味;——陈酿香气)。

由于大部分葡萄品种都只在当地栽培,和它们的起源地非常接近,因此有关它们在其他地方栽培酿造的信息是非常有限的。新世界国家的经验很大程度上局限于法国和德国的葡萄品种,反映了那些首先在殖民地区开辟葡萄园的人们的偏见。因此,许多其他国家代表性酿酒葡萄品种的潜力都还没有开发出来,如意大利、西班牙、葡萄牙,更不用提那些来自于东欧国家的酿酒葡萄品种了。还有多少珍贵的酿酒葡萄品种有待开发只有时间可以证明。这并不是否定了那些酿制世界上大部分葡萄酒的酿酒葡萄品种的质量。这只是表明,大部分新世界葡萄酒香气是很有限的。不幸的是,消费者、评论家和生产者的恶性循环限制了对其他葡萄品种的更多探索。

与白葡萄酒相比,红葡萄酒的香气更难以辨别。葡萄品种的典型香气依赖于良好的葡萄生长条件、最佳葡萄酒酿造工艺和理想储存条件。在此条件下,可以对几个红葡萄品种的香气进行粗略描述,如表 7.3 所示。

表 7.3　几个红葡萄品种的香气表达词汇

葡萄品种	起源地	香气描述
埃丽提科(*Aleatico*)	意大利	樱桃,紫罗兰,香料
巴贝拉(*Barbera*)	意大利	樱桃酱
品丽珠(*Cabernet Franc*)	法国	甜椒
赤霞珠(*Cabernet Sauvignon*)	法国	黑醋栗,甜椒
科维纳(*Corvina*)	意大利	浆果
多塞托(*Dolcetto*)	意大利	温柏,杏仁
黑佳美(*Gamay noir*)	法国	樱桃酒,悬钩子(碳浸渍以后)
吉诺林诺(*Grignolino*)	意大利	丁香
美乐(*Merlot*)	法国	黑醋栗
内比奥洛(*Nebbiolo*)	意大利	紫罗兰,玫瑰,块菌,柏油
玛斯卡斯 奈莱洛 (*Nerello Mascalea*)	意大利	紫罗兰
黑比诺(*Pinot noir*)	法国	樱桃,悬钩子,甜菜,薄荷
桑娇维塞(*Sangiovese*)	意大利	樱桃,紫罗兰,甘草
西拉(*Syrah*/*Shiraz*)	法国	葡萄干,樱桃,樱桃酱,胡椒
坦普罗尼拉(*Tempranillo*)	西班牙	柑橘,熏烤,樱桃酱,块菌
多瑞加(*Touriga Nacional*)	葡萄牙	樱桃,薄荷
增芳德 (*Zinfandel*)	意大利	悬钩子,樱桃酱,胡椒

桃红葡萄酒(Rose wines)

桃红酒由于不能陈酿而向来名声不佳。因此桃红葡萄酒从来不在鉴赏家选择的范围内。当然部分原因在于他们有着红葡萄酒的苦味,却没有红葡萄酒的香气;同时也没有表现出白葡萄酒的清新和果香味。为了获得理想的颜色,果汁与果皮接触的时间已经足够萃取出较苦的单宁。因此许多桃红葡萄酒常常是半甜的,目的是为了抵消单宁的苦味。为了提高桃红葡萄酒作为冷饮的吸引力,也常常在其中加入二氧化碳。为了改变桃红葡萄酒不佳的名声,一些桃红葡萄酒被命名为"玫瑰红(blush)"葡萄酒。

大多数的红葡萄可以用来酿制桃红葡萄酒。歌海娜(*Grenache*)是最常用的一个品种。在美国加州,增芳德(*Zinfandel*)也常用来酿制桃红葡萄酒。一些颜色较浅的黑比诺(*Pinot noir*)实际上是桃红酒,比较著名的是德国的 *Spatburgunder* 葡萄酒。

起泡葡萄酒(Sparkling wines)

起泡葡萄酒典型的分类方法是根据生产工艺来分类的,如表 7.4 所示。这包括了标准(香槟)法、转移法和密封罐发酵法。每一种工艺都是使用酵母的二次发酵获得二氧化碳。酿造工艺的差别并不会产生明显的感官差异。例如,标准法和转移法都可以产生干到半干的葡萄酒,都强调香味的细致,限制品种香气的表现,并且拥有类似烤面包的香味。差别更多地表现在葡萄品种的使用和酵母分解的持续时间(产生二氧化碳发酵后的时间),而不是发酵的方法。尽管许多罐式发酵法产生的是甜的且香味浓郁的酒(如 Asti Spumante),它们也可以产生香气细致的干酒。表 7.5 中列出了大部分干型起泡酒的特征。

表 7.4 起泡型葡萄酒

加香葡萄酒	不加香葡萄酒		
水果味	香味浓郁	香味精细	
加入二氧化碳	麝香葡萄,甜	二氧化碳型	传统型,干酒或甜酒
Coolers	Asti	Perlwein	Champagne
		Lambrusco	Cava
		Vinho Verde	Spumante
			Sekt

表 7.5 许多起泡酒的理想特点

外观:
1. 清澈透明
2. 浅黄色、淡黄色和金黄色
3. 可以产生大量、持久、连续的二氧化碳气泡
4. 升到酒表面的气泡集中在杯子的中心和边缘

香气:
1. 微弱复杂的花香意味着轻度的烘烤
2. 柔和的品种香气(避免难以分辨的花香)
3. 回味悠长
4. 没有缺陷性或与葡萄不相关的香气

品尝:
1. 气泡在口中爆炸,舌头上产生微麻的刺痛感
2. 拥有柔和而不尖锐的酸度
3. 品尝后有清澈的余味
4. 平衡度好
5. 不存在明显的单宁味和苦味

由于红葡萄酒中多酚类物质的存在,起泡酒主要是白葡萄酒,多酚类物质不仅可以抑制酵母的活动(亦抑制二氧化碳的产生),而且在开瓶时使酒容易喷出。因此,只有少数的桃红和红起泡酒的产生,尽管许多香槟酒是由红葡萄酿制的(黑比诺和黑莫尼耶)。制作桃红香槟酒时,在白葡萄酒中混合少量的颜色较淡的红葡萄酒是允许的。红起泡酒常常充满二氧化碳,但是含量较低(为了防止酒喷出)。

起泡酒的生产中需要大量地使用勾兑技术,这常常包括混合来自不同产区、不同年份和不同品种的葡萄酒。只有在一些极好的年份混合的葡萄酒才是来自于同一个年份。混合不同的酒不仅可掩盖各种葡萄酒的缺陷,而且可以强调它们独自的优点。目前使用的酿酒葡萄品种很多,如加泰罗尼亚的维尤拉(*Viura*)、帕雷亚达(*Parellada*)、*Xarel-lo*;香槟地区的霞多丽、黑比诺和莫尼埃比诺(*Pinot Meunier*)。在其他地区单个的葡萄品种也被使用,如德国的雷司令和卢瓦尔河的白诗南。

含有二氧化碳气体的葡萄酒也具有广泛的类型,包括干白葡萄酒(如青酒 Vinho verde),通过苹果酸发酵获得气泡)、甜起泡红葡萄酒[如莱布鲁斯科(Lambrusco)]、许多桃

红葡萄酒和果香浓郁的酒。

加烈葡萄酒(甜酒和开胃葡萄酒)[Fortified wines(dessert and appetizer wines)]

所有用来描述这一类葡萄酒的词汇在某种程度上都带有缺陷。例如,西班牙蒙蒂勒(Montilla)的雪莉酒中较高的酒精浓度来自于天然发酵而不是人工添加,从这一点来说加烈酒和甜酒的定义是不正确的。再有,起泡酒实际上也被认为是一种开胃酒,但起泡酒不属于加烈酒;而且被认为是最卓越甜酒的贵腐酒也不是加烈酒。表 7.6 列出了一些常见的加烈酒类型。

表 7.6 加烈葡萄酒

加香葡萄酒	没有经过加香的葡萄酒
味美思	雪莉酒及类似的酒
Byrrh	
	Jerez-Xerès-sherry
一些马萨拉(Marsala)	一些 Malaga
Dubonnet	蒙提雅
	马萨拉
	Château-Chalon
	New World solera & submerged sherries
	波特酒
	波特酒(Port)
	新世界波特酒
	马德拉酒
	马德拉酒
	新世界焙烤的雪莉和波特酒
	麝香葡萄酒
	以麝香葡萄酒为基酒的葡萄酒
	Setúbal
	一些 Samos
	Muscat de Beaunes de Venise
	Communion Wine

无论这些酒如何命名,它们的特点都是饮用量较少。因此,一瓶加烈酒很少能在开瓶后就被一次全部消费。不过,加烈酒的高酒精含量限制了微生物的滋生,它们独特的香气和抗氧化性可以使它们在开瓶后数周内保持稳定。但是,干型雪莉酒(Fino sherries)和年份波特酒(Vintage ports)是个例外。干型雪莉酒在开瓶后几个月之内就会失去它们的显著特点,而年份波特酒和餐酒一样在开瓶后很快就衰退变质了。

加烈酒有很多种类。一些干型的带苦味或者不带苦味的酒在餐前作为开胃酒。通过刺激消化液的产生,它们可以提高食欲,如干型雪莉和干型味美思酒。后者有香草和香料的味道,尽管典型的加烈酒是甜酒,如甜型雪莉酒、波特酒、马德拉酒和马萨拉酒,这些葡萄酒常常在餐后和甜点一起消费。

和历史悠久的餐酒不同,加烈酒的起源相对较晚。最古老的是干型雪莉酒,和雪莉酒类似的葡萄酒可能在罗马时代就开始酿造了。在干热的气候条件下,不用添加酒精也可以完成生产该酒的酿制过程。酒窖中极低的湿度(地上的酒窖),有利于酒桶表面水分的蒸发,这就导致了酒精度的上升。酒精不仅有利于抑制细菌的生长而且有利于葡萄酒表面薄膜酵母的生长。蒸馏酒精的加入也有同样的效果,而且作用更快,更持久。其他主要的强化酒——波特酒、马德拉酒、马萨拉(Marsala)和味美思酒——是通过酒精的蒸馏来提高酒精度。

蒸馏浓缩是一个古老的技术,至少 2 500 年前古埃及人就开始使用这个技术。然而,使用蒸馏技术来浓缩酒精的时间要晚得多。大约在公元 10 世纪,阿拉伯人第一次进行酒精的蒸馏。大约 16 世纪,在炼金师使用蒸馏技术以后,酒精的蒸馏才开始在欧洲使用。这种经过蒸馏的强化葡萄酒最先是用于生产一种加入香料的药用葡萄酒“treacle”,这就是味美思酒的前身。

17 世纪中叶,白兰地开始在雪莉酒的生产中使用。使用白兰地保持雪莉酒在航海途中的稳定始于 1720 年。在 1750 年之前,雪莉酒的生产是强化发酵的过程,而不是已经发酵完成的葡萄酒。这一措施是中止发酵,并且在酒中保留葡萄原有糖度的 50%。过度的搅拌,即使整个发酵时间变短,葡萄酒也可以萃取足够的色素来产生深红色的葡萄酒。丹宁、糖和酒精含量使葡萄酒具有陈酿的潜力。装瓶后橡木塞的使用和葡萄酒瓶的改进突出了葡萄酒陈酿的优点。19 世纪以前,人们便认识到这些优点了。

雪莉酒(Sherry)

雪莉酒有两种基本的类型——菲诺(Fino)雪莉酒和 Oloroso 雪莉酒,它们还可以划分为好几个亚类。在菲诺雪莉酒的生产中,陈酿前酒精度的含量就提高到了 15%~15.5%,而 Oloroso 雪莉,酒精含量则达到 18%。在酒精含量为 15%时,酵母的细胞壁组成发生改变,它们在酒体的表面形成薄膜(flor)。酒精度为 18%时葡萄酒中所有微生物的活动都被抑制了。

酵母产生的薄膜可以保护葡萄酒,尤其是避免半罐储藏的葡萄酒被过度地氧化。氧化作用的形成是一个缓慢的过程,在这个过程中会产生大量的醛类和缩醛类物质,这是一种重要的香味来源。

陈酿意味着不断地混合,大约 5 年以后,菲诺雪莉葡萄酒的平均酒精度达到了 16%~17%。跟其他大多数种类的葡萄酒不同,菲诺雪莉是没有糖分的,即使用于出口的酒也是没有甜味的。干雪莉酒的颜色是无色至浅金黄色,并且带有淡淡的胡桃香味。曼查尼拉(Manzanilla)雪莉酒是所有干雪莉酒中颜色最浅,香味最淡的。阿芒提拉多(Amontillado)雪莉酒的发酵和干雪莉是相同的,但是它们成熟的过程和 Oloroso 雪莉酒是相同的。这种酒的颜色较深,并且酒精度比典型的干雪莉酒高 1%~3%。阿芒提拉多雪莉酒的香味浓郁,拥有干净的干果香味。用于出口的这类雪莉酒常常带有淡淡的甜味。

Oloroso 雪莉酒是最容易被氧化的雪莉酒。它们没有薄膜的保护,并且要经过轻微的搅动。因此这种甜雪莉酒含有更丰富的刺激性,类似醛酸和坚果的香味,常常使人误以为它们的糖度很低。阿莫露索(Amoroso)雪莉酒的糖度很高,颜色由金黄色、琥珀色至褐色。

较深的颜色来自于葡萄晒干过程中黑色素的产生。克林姆雪莉实际上是阿莫露索(Amaroso)雪莉酒,它最初是为开拓英国市场而产生的。

其他地方也产生和雪莉酒类似的葡萄酒,但是很少被划分到西班牙雪莉酒中。表7.6中列出了一些欧洲生产的和雪莉酒类似的葡萄酒。如果不考虑名称,在欧洲之外几乎没有雪莉酒的产生。许多欧洲以外的雪莉酒是经过焙烤的,它产生的焦糖味更类似于廉价马德拉酒的香气。这些酒几乎都是甜的。

波特酒(Port)

波特酒是在葡萄牙Duoro产生的,常常使用红葡萄,偶尔也使用白葡萄酿造。白兰地的加入使发酵过早地中止,并且保留了葡萄汁原有糖度的一半。这就产生一种酒精度为18%的甜葡萄酒。接下来的成熟过程决定了波特酒的类型。不同葡萄品种和产区葡萄酒的混合使波特酒具有较好的一致性,如"house"牌的波特酒。波特酒和雪莉酒、起泡酒一样具有自己的典型特点。

年份波特酒是由单一年份的酒混合产生的,然后在密闭的容器中陈酿。年份波特酒享有很高的声望,只在一些葡萄质量很好的特殊年份才生产,而且只有很少数的葡萄是来自于同一个葡萄园。年份波特酒陈酿两年后再进行装瓶,因此大量的色素在陈酿中沉淀下来了。一般认为年份波特酒要经过10~20年陈放才可将葡萄酒的复杂香气完全地表现出来了。晚装瓶的波特酒(L. B. V. P.)也是类似的,在装瓶前需要5年的时间成熟。在这个时候,大多数的沉淀已经稳定,就不再需要滗酒这个流程。这种类型波特酒有一些年份波特酒的特点,但是瓶储的过程对其几乎没有改进品质的作用。

木桶储存的波特酒是不同年份葡萄品种生产的酒的混合。陈酿在小容积的橡木桶中进行,但陈放过程并不是为了给酒一种橡木的香味,而是使它们缓慢地氧化(橡木桶没有被完全装满)。实际上为了降低橡木味的影响,橡木桶是重复使用的。最常见的木桶储存波特酒是红宝石波特酒(Ruby port),这种酒在装瓶前需要经过2~3的陈酿。茶色波特酒(Tawny port)是因为长期储藏被氧化后失去了明亮红宝石色而得来。最好的茶色波特酒在出售时会标明平均年份,一般是10年以上。不过,廉价的茶色波特酒可能是红宝石波特酒(Ruby port)和白波特酒(White port)的混合物。白波特酒是由白葡萄制造,陈酿过程和红宝石波特酒类似。白波特酒有干型、半干和甜型,而且从表面看来它们和Amoroso雪莉酒很相似。

其他国家也产生和波特酒类似的葡萄酒,比如澳大利亚和南非。只有极少数使用和波特酒类似的葡萄品种和酿造工艺,而且通常使用高度蒸馏的酒精进行强化。因此它们缺少明显的葡萄牙波特酒那种由白兰地强化而产生的风味,许多南美产生的波特酒经过了加热,因此,它们有马德拉酒的香味(焦糖味)。

马德拉酒(Madeira)

马德拉酒起源于长期海运条件下稳定葡萄酒的方法之一。然而,在北美的海运中,葡萄酒常常在船体中被加热。当人们发现殖民者比较喜欢这种加热过的葡萄酒,就开始在运输前加热葡萄酒(40 ℃保存3个月以上),然后再在木桶中陈酿数年。橡木桶通常被重复使用来避免橡木桶味道的产生。

马德拉酒有多种类型，从干型酒到甜酒都有。有的马德拉酒只使用同一个年份的同一种葡萄，有的是很多葡萄品种的混合，并且只有一个商标。尽管马德拉酒有很多类型，它的典型风味是长期加热产生的焦糖味。在长期的陈酿过程中，马德拉酒会产生许多鉴赏家赞赏的复杂花香。但是廉价的马德拉酒是通过煮沸而不是加热来获得其风味的。

味美思(Vermouth)

在古代，人们就将不同的香料和香草加入葡萄酒中。香草浸泡的药用葡萄酒就是现代味美思酒的前身，这有助味美思酒的保存和风味物质的提取。

许多味美思酒分为法国和意大利型。意大利味美思酒精度为16%～18%，糖度为4%～16%(从干型到甜型都有)。法国味美思含有18%的酒精度和4%的糖度。糖的作用之一是掩盖葡萄酒的苦味。

酿造味美思酒的基酒是味道平庸的白葡萄酒，然而最好的意大利味美思是香味浓郁的麝香葡萄酿制的。大约50种香草和香料被加入，加入的种类和比例是严格保密的。香味浸提后，葡萄酒需要再陈酿4～6个月。在陈酿期间，不同的风味被融合在一起。装瓶前这些葡萄酒还要进行过滤消毒或巴氏消毒。

阅读建议

Amerine, M. A., and Singleton, V. L. (1977). "Wine-An Introduction." University of California Press, Berkeley, CA.

Jackson, R. S. (2000). "Wine Science: Principles, Practice, Perception" 2nd ed. Academic Press, San Diego, CA.

Johnson, H. (1994). "The World Atlas of Wine." Simon & Schuster, New York.

葡萄酒品质的来源
Origins of wine quality

8

葡萄酒品尝的本质是对葡萄酒质量的探索。然而目前存在的主要问题是人们对于葡萄酒的质量构成还没有达成共识。就好像各花入各眼,情人眼里出西施 ,不同葡萄酒品尝者对不同类型酒的喜好也不同。

常见的观点是感知一种葡萄酒的质量比描述一种葡萄酒更容易。广义地说,质量基础是葡萄酒特性,如复杂性、细致性、平衡感、优雅性、发展潜力、持续性和独特性。不同的人对这些特性的感官感知差异很大,这不仅仅是由于人们的鉴赏能力存在差异,还在于品尝经验的不同。虽然经验丰富的评价者的评价常常具有一致性,但是葡萄酒质量的描述仍然比较困难。这就使葡萄种植者和葡萄酒的生产者很难全面了解哪些工艺或者特性使葡萄酒更加受欢迎。

虽然很少得到公认,但是影响葡萄酒质量最重要的因素是酿酒师(图 8.1)。没有酿酒师,就没有葡萄酒。对酿酒师信任的缺乏说明我们感官感觉是多么的有限,而不是表现了人类的谦虚。我们的嗅觉不是为识别不同酿酒师生产的葡萄酒差异而产生的。酿酒师和米开朗基罗、莫扎特一样,他们的伟大性鲜有人知。而且陈酿过程也可以改变并且最终掩盖酿酒师对葡萄酒的大部分影响。即使经过了大量的训练,也只有很少的人可以识别品种间的显著差异。地区间的细微差异就更难被清楚地辨别出来。

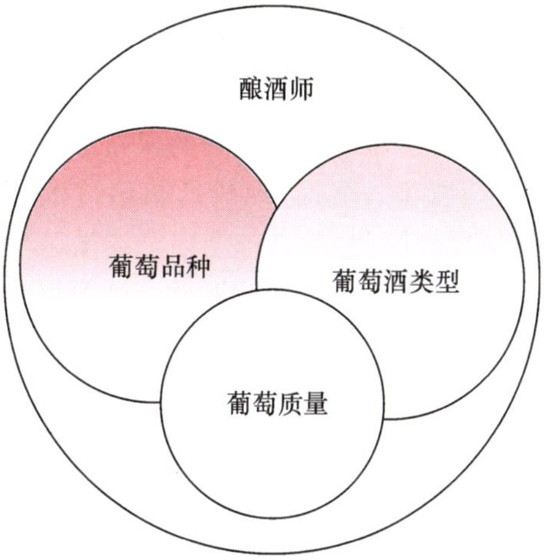

图 8.1　葡萄酒质量影响因素的示意图

葡萄种植和栽培对葡萄酒质量的影响仅次于酿酒师。大部分酿酒葡萄品种生产的葡萄酒都没有典型的香气。即使是一些著名的葡萄品种也因为其独特的香气而不容易被品尝者接受，如黑比诺。葡萄酒生产工艺的选择对葡萄酒的影响大于葡萄本身的特殊风味。例如，红葡萄可以产生红葡萄酒、桃红葡萄酒、白葡萄酒，它们可以是干酒、甜酒、起泡酒或者加烈酒，每一类型的酒都具有自己独特的风格。

除了品种的特性，葡萄的质量也限制葡萄酒的质量。从这个角度来说，宏观和微观的气候对葡萄酒的特点有显著影响。除此之外，储存条件和陈酿过程也改变葡萄酒的质量。

接下来讨论的是影响葡萄酒质量的这些特点。尽管现在的趋势表明，葡萄酒的质量涉及多个因素之间相互的复杂作用，改变其中一个因素可以影响到其他的因素。例如，老龄赤霞珠葡萄树上结的果实酿造的酒有着浓郁的浆果味道而青草味不明显（Heymann and Noble，1987）。然而这个特点也可能仅仅是由于葡萄树较低的产量和果实受到更多光照的结果。所以，必须注意有些研究结果是不可以推而广之的。许多研究是在相对较小的样本量上进行的，并且对其他因素没有进行控制，而这些正是严格的实验必须考虑的因素之一。例如，上面提到的葡萄树的年龄对葡萄酒的影响是基于对 21 种葡萄酒进行分析的结果，而且所得结果有着一致性，因此可以推认这种现象对于所有葡萄酒都适用。

葡萄园(Vineyard)

在讨论发酵微生物的影响以前，首先讨论土壤和葡萄的生产过程对葡萄酒的影响。接下来，决定葡萄酒质量的是葡萄酒厂的工艺，至少在新世界国家如此。最近葡萄酒生产者把葡萄酒的质量归功于葡萄园，这可能是源于消费者对酿酒技术的不信任。事实上，栽培技术和葡萄酒酿造工艺都是非常重要的。有一句谚语“朽木不可雕也”同样适用于葡萄酒，即质量差的葡萄不可能酿造出质量好的葡萄酒，然而，没有技术指导，再好的葡萄也酿不出好的葡萄酒。

大气候(Macroclimate)

大气候是指大范围的地势影响下的气候改变，如纬度、是否靠近海平面、山脉的方向、陆地的大小等。显然地，这些因素不仅显著影响葡萄酒的生产类型，还决定了葡萄栽培的可能性。就像较炎热的气候有利于雪莉酒的生产一样，早冬的低温天气是生产冰酒的必要条件。同样的，秋季的低温天气有利于葡萄成熟中酸的保持和葡萄酒缓慢发酵——这两者都有利于产生干型的、质量稳定的餐酒。然而，现代的栽培技术和酿造工艺可以降低过去气候因素对葡萄酒生产的限制作用。因此，没有一个国家或地区可以正大光明地宣布它们的葡萄酒生产是无可匹敌的，因为我们每个人可以根据自己习惯选择最喜欢的酒。葡萄酒的质量更多地依赖于适宜而娴熟的技术应用而不是所谓的葡萄地理起源。

微气候(Microclimate)

微气候指受到土壤、葡萄修剪和地形影响的局部小气候条件。在旧世界国家的葡萄酒中，这被称为“地域性(terroir)，即气候、石砾和土壤”。不幸的是，这个词已经被滥用了，并且常常被赋予一种神秘而美好的内涵。微气候是一个更加精确并且不带有感情偏好的术语。

如果需要更精确的术语，可以使用 SAM(Soil-atmosphere microclimate，土壤-气候微环境)。

土壤主要通过对热量的保持、持水力和营养条件来影响葡萄的生长。例如，土壤的颜色和质地组成会改变对热的吸收而影响葡萄的成熟。黏土的表面积和体积比[(2～5)×10^6 cm^2/cm^3]较大，持水力强，这就意味着这种土壤在春天温度升高较慢(延迟了葡萄的发芽)，但是在秋天可以给葡萄提供一个温暖的环境(降低早秋的霜害)。然而，黏土的小孔可以导致排水能力下降。这在雨季可能引起水涝，使果实裂开或者腐烂。腐殖质的混合可以增加土壤的排水能力和通气能力。腐殖质也是葡萄树的营养之一，很容易被根吸收，并且有利于葡萄的生长和果实的成熟。

只有少数情况下，土壤的重要性来源于土质的起源。数百年以来侵蚀风化已经很大程度地改变了母岩的化学特点和结构特征。因此，著名的葡萄酒地区要么位于独特的地理位置上(如香槟区、雪莉酒产区(Jerez)、德国摩泽尔产区(Mosel))，要么是混合型土质(如波尔多、莱茵地区)。在同一个葡萄园中，同质性是非常重要的。土壤的不一致是果实成熟度不一致的主要原因，将导致葡萄酒的质量下降。

葡萄栽培管理，如葡萄种植密度、修剪方式影响葡萄树冠内和葡萄树之间光线的射入和空气的流动。这些因素可以很大程度上影响果实的成熟、对病害的抵抗性和香味的形成，从而影响葡萄的潜在质量以及高质量葡萄酒的生产。

地形因素，如葡萄园的坡度和走向，会影响葡萄树的年生长发育期，从而影响葡萄的完全成熟。坡度成为高海拔地区重要的影响因子。图 8.2 表明了坡度的优点主要表现在秋天，因为此时需要足够的辐射。坡度也可以增加从水面反射过来的太阳光。当太阳方位角低于 10°时，反射到平原上葡萄叶片上的辐射是山坡上葡萄树的一半(Büttner and Sutter，1935)。坡度也有利于排水和引导冷空气(霜的产生)远离葡萄园。

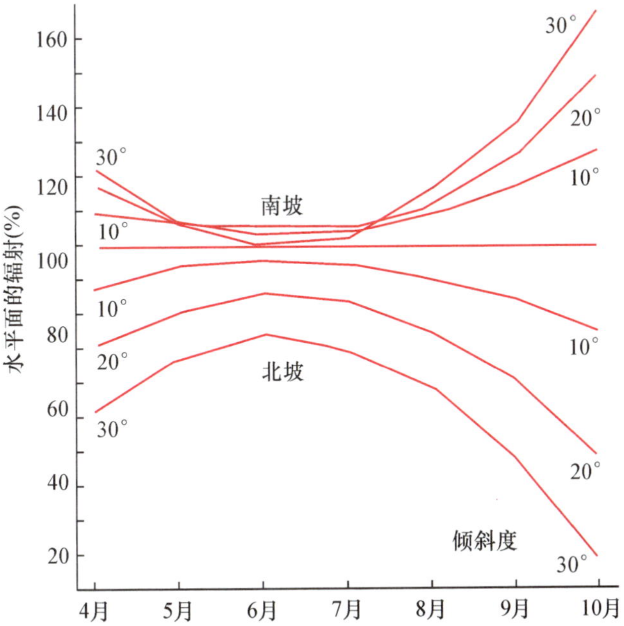

图 8.2　北半球太阳光线被地面接收率和坡地倾斜度之间的关系。该图是在德国的莱茵河上游，48°15′N[资料来源：Becker，1985]。

葡萄园附近的水域可以产生显著的微气候作用。这些作用在大陆性气候下是有利的，可以降低夏天和冬天的温度波动;但是在海洋性气候下是不利的,它会缩短葡萄的生长期。雾气的产生对于山坡上生长的葡萄树几乎没有什么好处,并且可能增加病害的发生几率。

在一些研究中,大量的例子表明葡萄酒存在可检测的地区差异(图 8.3)。有趣的是,这些差异在不同年份之间是否有一致性还不清楚。葡萄收获时间(或者葡萄树的年龄)比地区因素对葡萄酒的影响更大(Noble and Ohkubo,1989)。但是这种趋势并不意味着来自于一个地区的所有葡萄酒都受到相同的影响。当单独取样时,有经验的品尝者也不能分辨出这些差异。无论如何,说明地区间感官品尝的差异对销售是非常重要的。地理标志的命名表明了葡萄酒独特性,而地区间的差异说明了名字中包含的创造性和创新性,而不仅仅是质量的保证。

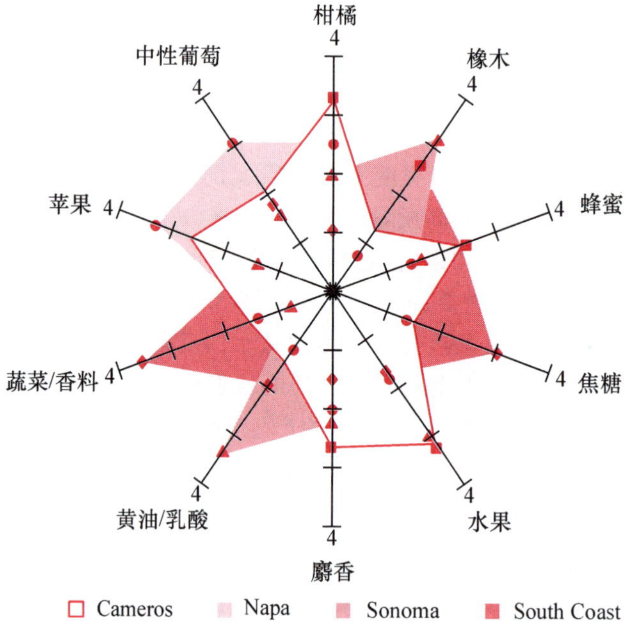

图 8.3 **1991 年霞多丽酒的 10 种香气特征坐标图,表明了加利福尼亚 4 个葡萄产区的地区差异**[资料来源:Arrhenius,S. P. ,McCloskey,L. P. ,and Sylvan,M. (1996),Chemical markers for aroma of Vitis vinifera var. Chardonnay regional wines. J. Agric. Food. Chem. 44,1085-1090. Copyright (1996) American Chemical Society]。

葡萄种、品种和无性系(Species,variety and clone)

传统的观点认为只有欧洲葡萄品种(*Vitis vinifera*)才可以产生高质量的葡萄酒。其他品种或者杂交种,即使有欧洲葡萄的基因,也不值得考虑。这种偏见使大部分西欧国家制定法规限制杂交品种的使用。这种规定制定的原因部分在于人们对杂交葡萄品种的浆果香味的不熟悉,以及杂交品种的产量过高。然而相关规定的制定者却把这问题归于欧洲过高的葡萄酒产量。通过澳大利亚的詹伯岑(*Chambourcin*)葡萄酒可以证明他们传统思想的偏见。这只是其中的一个例子，说明杂交的葡萄品种也可以酿造高质量的葡萄酒。另外，弗什(*Maréchal Foch*)和卡尤(*Cayuga White*)葡萄酒也是使用杂交葡萄品种酿造的质量较好的葡萄酒。

非酿酒葡萄酿制的葡萄酒评价就更低了，对这些葡萄品种排斥的部分来自于历史原因，早期这些葡萄是用来酿制糖浆似的甜葡萄酒，由此许多人相信这些葡萄品种只能酿造甜葡萄酒。这些葡萄和酿酒葡萄截然不同的香味与公认的典型葡萄酒风味是相互冲突的。因此，习惯是非酿酒葡萄发展的主要障碍。康可(*Concord*)、*Catawba* 和 *Niagara* 葡萄的香味被认为是一种不好的香味。但是如果按照这种标准，琼瑶浆和麝香等欧洲葡萄也应该被禁止，然而事实并非如此。在美国南部，人们对用圆叶葡萄(*V. rotundifolia*)和北美葡萄(*V. aestivalis*)生产的葡萄酒表现出极大的兴趣。只有通过有经验酿酒师的长期实践和工作才可以完全开发出本地葡萄的潜力。

在世界葡萄栽培起源上，欧洲葡萄的优势在于它们适宜的气候和社会政治环境。西欧地区适宜的气候为生产陈酿型葡萄酒提供了很好的条件，也使优秀的葡萄品种脱颖而出。同时，工业革命发生在葡萄酒生产的邻近地区，闲置的资本可以支持社会阶层的改革和支付产生高质量葡萄酒而增加的费用。随着大英帝国的扩张，欧洲葡萄酒的消费意识传播到了全世界。他们的爱好很明显影响了新世界国家葡萄园建立时对葡萄品种的选择。遗憾的是，无论是在自然环境还是社会环境方面，南欧葡萄品种并没有得到同等的对待。结果南欧的赤霞珠、雷司令和霞多丽的品系除了当地人之外鲜有人知。

大多数葡萄品种都是无性繁殖系的集合——除了少量的突变体外，它们的基因都是相同的。有时这些突变体能够直接或间接影响果香味，进而影响葡萄的酿酒潜力。例如，霞多丽的某些变异体有明显的麝香味道，而黑比诺的某种突变体更适于酿造香槟酒而不是红葡萄酒。变异体在产量方面变化也很大，到目前为止，葡萄栽培者都是种植单一的品系。当酿酒师开始寻找新的方法增加葡萄酒的复杂性时，这一种趋势开始慢慢改变。这种特性可以使酿酒师生产的葡萄酒更加独特。

在葡萄抗病筛选过程中，人们也有目的地选择一些产量和质量较高的葡萄品种。图8.4所示，尽管自从1920年以来葡萄产量有了很明显的增加，果实的平均质量(以果实中糖含量衡量)仍然是维持相对稳定的(除了1950年和1980年的轻微下降)。

砧木(Rootstock)

砧木为嫁接的葡萄树提供根系。尽管砧木对于地上部位十分重要，但是它们很少因其对葡萄酒质量的重要性而得到人们的关注。总的来说，它们能影响葡萄树的生长活力(从而影响葡萄树上果实的成熟潜力)，也影响葡萄树的营养吸收和激素平衡。可以通过选择高抗性(对不同害虫、细菌和不利环境条件的抗性和忍耐力)的砧木来提高葡萄酒的质量。在砧木上嫁接葡萄开始于19世纪晚期，这是当时唯一可以抵抗根瘤芽感染的方法。在19世纪晚期这种根部的寄生虫几乎毁灭了整个欧洲的葡萄园。然而早期的砧木选择并不十分适合欧洲葡萄园的碱性土壤。因此，早期的结论是砧木是导致葡萄酒质量下降的原因。这个结论现在已经被推翻了。葡萄自根苗的唯一优点是节省了嫁接所需的开支。

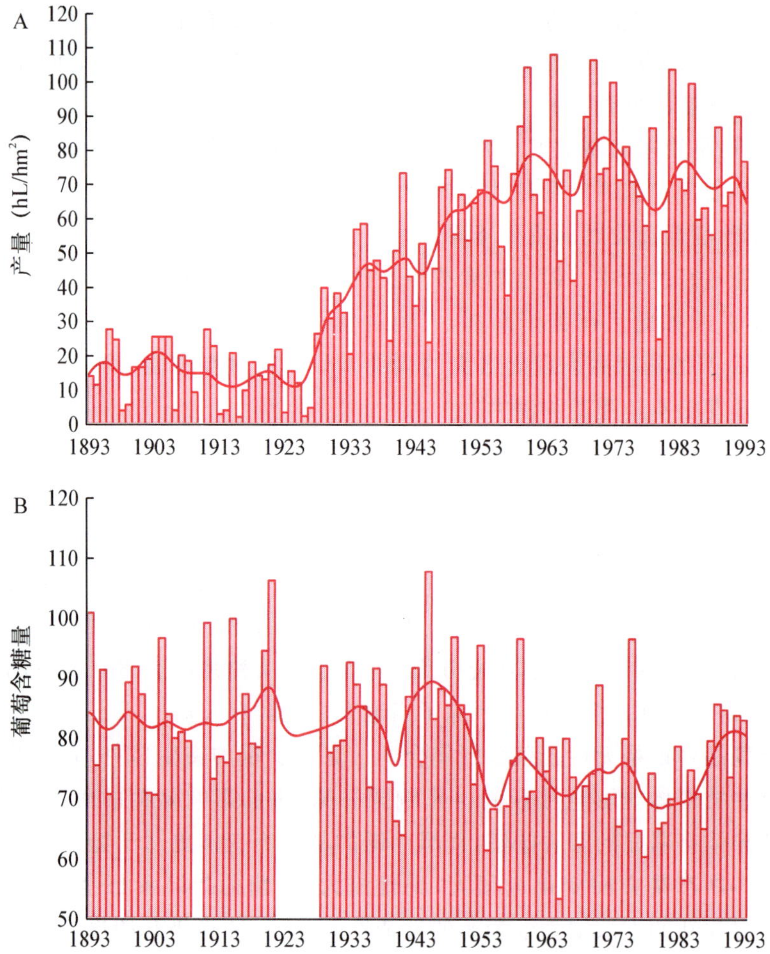

图 8.4　德国莱茵河 Johannisberg 地区白雷司令葡萄 1893—1993 年的产量(A)和葡萄汁质量(B)逐年变化图［资料来源：Hoppmann and Hüster，1993］。

产量(Yield)

葡萄树的产量和葡萄(葡萄酒)之间的关系很复杂。产量的增加会延迟葡萄成熟过程中糖分的积累，而糖分的多少预示着果实风味的发展。产量上升时，葡萄果实中糖分(葡萄酒中潜在的酒精量)含量下降，图 8.5 指出了在这个变化中需要考虑的许多变量。尽管风味的增加有利于葡萄酒质量的提高，但是以降低葡萄产量为代价增加的风味可能最终会因过于刺激的口感而得不偿失(图 8.6)。

在大多数对产量和质量关系的讨论中都忽略了对生产能力重要性的认识。生产力衡量的是葡萄果实能完全成熟时树体所负载果实的能力。生长势过强的葡萄树在果实生长后期会产生新的枝条，从成熟的果实中抢走营养(降低了生产力)。同样，不适当的葡萄树修剪(目的是将营养运向果实)会破坏树体内的激素平衡，刺激和增加枝条的生长。当葡萄树生长在相对干旱和贫瘠的山地时(一些欧洲的葡萄产区)，过度的修剪会导致树体提前停止

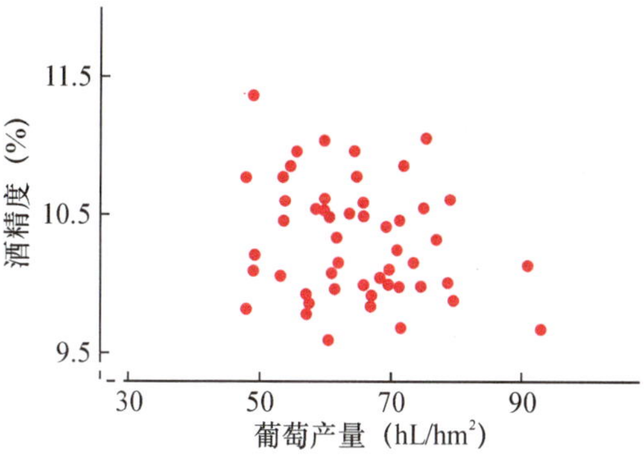

图 8.5 法国 51 个葡萄园中葡萄产量和酿制的葡萄酒酒精度之间的关系。数据来自于每个葡萄园 22 年的平均值[资料来源:Plan *et al.*,1976]。

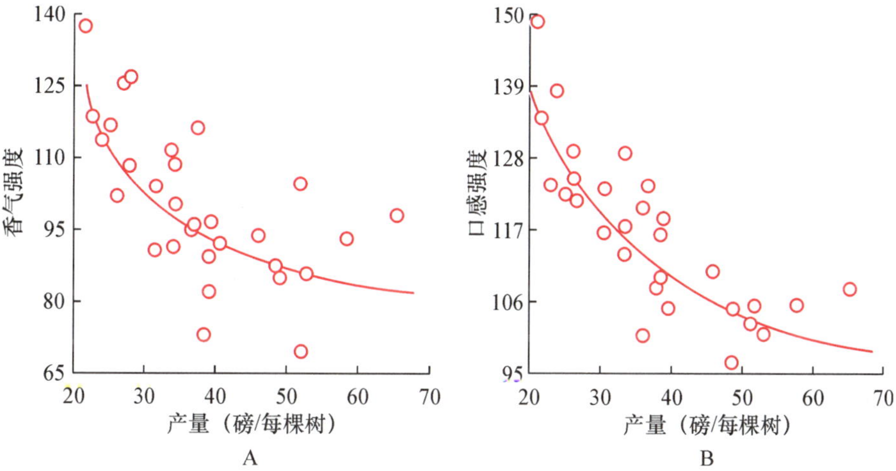

图 8.6 增芳德(*Zinfandel*)葡萄的产量与葡萄酒香气强度(A)和口感强度(B)之间的关系[资料来源:Sinton *et al.*,1978]。

生长,只有在限产的葡萄园才可能使果实完全成熟。同样的修剪方法如果使用在健壮的植株上,充分的水分和营养供应(在大多数新世界国家)会延长新梢的生长期而不利于果实的成熟,这就导致人们相信低产量等于高质量。可以提高光合作用效率的新修剪方式开始采用后,人们才认识到这种说法的错误性。新的修剪方式可以把葡萄树增加的生长势转移为促进果实成熟,而不是刺激新梢的生长。

许多新的修剪方式的本质是把较厚的叶幕分为几个单独的叶幕(叶幕管理)。这种改变增加了葡萄树对水分的需求,限制了生长季节中新梢的生长。使用砧木和有效的修剪方式有利于抑制生长季中和生长季后期营养器官的生长。较小、较薄的叶幕可以增加光照和通风。光照和通风的增加都有利于果实风味物质的形成和完全成熟。图 8.7 说明增加光照可以降低酸度。这就意味着可以在增加果实产量的同时也提高果实质量。高密度的种植(通常在欧洲)也是一种传统的方法,可以达到同样的效果。表 8.1 说明了高密度种植对葡萄酒颜色的影响。然而要保持这些优点花费不菲。相对而言,叶幕管理是一种产生高质量葡萄酒较经济的方法。

表 8.1　3 年生黑比诺葡萄树间距对产量的影响[资料来源:Jackson,2000]。数据来源 Archer,1987; Archer and Strauss,1985; Archer *et al.*,1988。

间距(m)	葡萄树密度(棵/hm^2)	叶片面积(m^2/每棵树)	叶片面积(cm^2/g 葡萄)	产量(kg/每棵树)	产量(kg/hm^2)	葡萄酒颜色(520 nm)
1.0×0.5	20 000	1.3	22.03	0.58	11.64	0.875
1.0×1.0	10 000	2.7	26.27	1.03	10.33	0.677
2.0×1.0	5 000	4.0	28.25	1.43	7.15	0.555
2.0×2.0	2 000	4.0	15.41	2.60	6.54	0.472
3.0×1.5	2 222	4.5	18.01	2.50	5.51	0.419
3.0×3.0	1 111	6.3	15.36	4.12	4.57	0.438

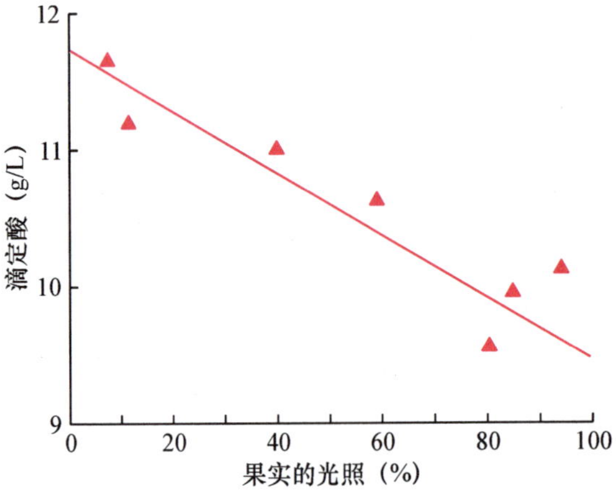

图 8.7　**成熟的长相思(*Sauvignon blanc*)葡萄果实的光照和滴定酸之间的关系**[资料来源:Smith *et al.*,1988]。

可以将葡萄树增加的生长势转移到其生产能力上的其他方法包括:细微的修剪和局部根系干旱的方法。细微的修剪允许葡萄树生长,并且自己调整树形。多年以后,大多数葡萄树都可以形成一种允许果实有足够光照(完全成熟)的叶幕结构,产量较高,并且几乎不需要修剪。局部根系干旱方法是在必须使用灌溉的干旱和半干旱条件下使用的一种技术。当只给葡萄树某一半根系灌溉水分时,即使在灌水量足够的情况下,根系也会产生激素信号抑制生长季节中期和后期的新梢生长。采用这种技术可以获得较高的产量并且葡萄果实可以完全成熟。

一个更新更有效表示果实产量和质量关系的方法是结合有效叶片面积和果实的产量(即叶面积/果实重的比值,(LA/F))。这个指标关注的焦点是能量供给之间的基本关系。许多葡萄品种的合适比值大约是每克果实 10 cm^2 的有效叶面积。然而,这个比值受到几个因素的影响,如品种(图 8.8)、修剪方式、土壤肥力、水分供应和气候条件。建立这个指标的目的是通过优化叶幕面积和树体负载量来保证所有的果实成熟。

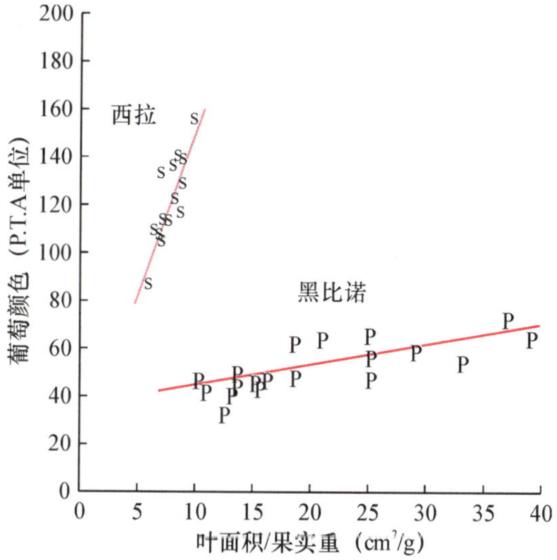

图 8.8 西拉(*Shiraz*)葡萄和黑比诺(*Pinot noir*)葡萄着色与葡萄树体的叶面积/果实重比值之间的关系，P. T. A 潜在的总花青素[资料来源：Iland *et al.*，1993]。

整形(Training)

整形是使结果枝上的果实的产量和质量最优化，同时又有利于葡萄树长期健康生长的一种技术。目前存在的整形方式有几百种，但是经过充分研究的只有少数几种整形方式。几种现代化的整形方式，如 Scott-Henry，Lyre，Smart-Dyson 和高干单臂自然下垂形(Geneva Double Curtain，GDC)叶幕结构，已经被证明具有明显的优势，可以同时提高葡萄的产量和质量(Smart and Robinson，1991)。图 8.9 说明了把叶幕分开的新整形方式(GDC)和旧的整形方式(Goblet and Hedgerow)相比的一个优点。新的整形方式不仅使葡萄树坐果能力增加，果实优质率上升(降低了病害的感染)，而且果穗的位置也有利于机械化的采摘。这些特点都提高了葡萄质量，降低了生产成本。

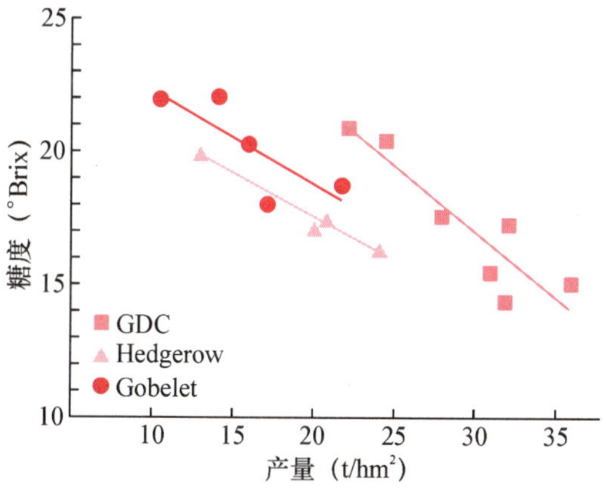

图 8.9 3 种整形方式的产量和可溶性固形物(5 年平均值)的关系[资料来源：Intrieri and Poni，1995]。

正如上面所提到的，葡萄树的生长势在相对贫瘠和干旱的土壤中受到限制。传统的方法是通过密植(4 000 株/hm^2)和过度修剪(除掉 90%早期生长的茎)来达到限制营养生长的目的。然而，肥沃潮湿的黏土中，较宽的间距(1 500 株/hm^2)和有限的修剪有时也是可取的。在这种条件下，必须谨慎地把葡萄树增加的生长势转化为更高的果实产量，而不是把它们修剪掉。当合适的叶面积/果实重比值确定时，可以同时增加产量和提高质量。只有在肥沃的土壤上，新的整形方式才能够很好地操作。这些方式不仅可以取得合适的叶面积/果实比值，还可以增加光照和通风。这些特点有利于理想的果实颜色和风味的发育，以及花穗的产生和健康果实的形成。

肥水管理(Nutrition and irrigation)

在流行出版物中，使葡萄树处于逆境条件下被认为是生产好葡萄酒的基础。这个观点可能来自于那些葡萄树生长势差，但是葡萄酒质量却很高的著名欧洲葡萄园。然而正如上面提到的，平衡生长势和坐果率是真正的目的。长期的处于缺水和营养的逆境条件下对葡萄树有害。同样的，过度浇水和施肥不仅不利于葡萄树生长，同时也是浪费资源。

事实上，通过调节营养的供给来提高葡萄的质量是很困难的。因为葡萄树的营养需求是相当少的(部分原因在于葡萄树的木质部分营养的积累)，所以缺素症可能在很多年以后才表现出来。有效元素测定(与测定土壤中存在的元素相比)是一个不精确的科学技术。

正如上面提到的(部分根系干旱)，灌溉可以用于调节葡萄树的生长和促进果实成熟。通过精确的灌溉量和灌溉时间可以把养分和防治病虫害的化学物质直接地带到根。这些措施是最可能在干旱和半干旱地区实施的，因为这些地方主要的水源供应来自于灌溉。

病害(Disease)

只有在一种情况下葡萄病害被认为是一种质量特征，这就是在特殊的环境下由灰霉菌(*Botrytis cinerea*)产生的葡萄贵腐感染。在这种情况下生长的病菌浓缩葡萄的成分，同时合成它们特有的香气物质。在其他条件下葡萄病害总是降低葡萄酒的质量。控制病害虫害的药剂本身就会对葡萄和葡萄酒的质量产生影响。如果在生长季节后期使用过多的化学药剂，就可能影响后面的发酵。即使是在有机葡萄园中允许使用的化学药剂也无法避免它们对葡萄和葡萄酒的负面作用。

成熟度(Maturity)

大多数葡萄园生产的目的都是获得最佳的葡萄成熟度。一旦葡萄达到成熟度以后，就进行采摘酿酒。然而，衡量葡萄的最佳成熟度远不是一件简单的事。葡萄的成熟度可以通过它们的糖度、酸度、糖酸比、颜色或者风味来衡量。根据法规，可以轻微地调整葡萄汁的糖度和酸度以弥补这些物质的不足或不平衡。然而颜色和风味物质的强度是不可以直接添加的。加强颜色和风味的唯一能接受的方法是调整工艺流程和工艺相关的酶技术来加强色素的提取和已有香味物质的释放。因此，如果可以利用色素和风味物质来衡量葡萄的成熟度，将是十分有意义的。然而发酵和成熟条件也影响颜色的发展和稳定性，因此果实的颜色并不代表最终酒的颜色。对于麝香及其相关的葡萄品种，葡萄汁中单萜类物质的存在可以表示该品种葡萄的风味。对于不依靠萜类为风味物质的其他品种，还需要其他的技术来检测。到目前为止，对葡萄中潜在的风味物质最常见的指示剂是对葡萄汁的葡萄糖苷配基的测量。大部分葡萄风味物质都和葡萄糖以松散的形式结合，在一些环境条件下，糖苷配基的积累和成熟中糖分的积累有很好的关系。因此，糖的含量是风味物质含量的一个间接指标。然而在寒冷的气候条件下，葡萄中糖的含量和风味物质没有多少关系。如果把风味物质作为衡量葡萄成熟的重要指标，还需要更多的实验条件来测定游离萜烯和糖苷配基的含量。

葡萄成熟度和采摘日期确定以后，下一步就是采摘方式的选择。在过去，手工采摘是唯一的方式。即使是今天，对于一些类型的葡萄酒和葡萄品种，人工采摘仍然是唯一的选择。例如，在二氧化碳浸渍发酵中(博若莱鲜酒)，在压榨以前进行的是完整果实的发酵，这就要求是整串的葡萄，而不是一部分被破碎的果粒。在大多数情况下，决定采用手工采摘或是机械采摘的原因是酿造成本而不是葡萄质量。对于顶级的葡萄酒，人工采摘的花费是值得的，但是现在机械采摘越来越多地用于所有类型葡萄采摘。在大多数情况下，手工采摘和机械采摘的感官差异是不可识别的或者是可以忽略的(Clary *et al.*，1990)。

葡萄酒的酿造(Winery)

酿酒师(Winemaker)

葡萄酒是酿酒师技术和艺术的表现。因此，每一个酿酒师酿制的葡萄酒都是不同的。每一个酿酒师都把他们积累的经验和对质量的理解赋予在了葡萄酒的酿造过程中。酿酒师对技术和创造性之间的差异的理解和认知决定了他们酿造的葡萄酒的差异。

越来越多的酿酒师开始接触葡萄栽培。这种行为的结果是可以给酿酒师提供他们需要的葡萄原料。根据运输到酿酒厂的葡萄特点，酿酒师需要决定如何把葡萄汁变为葡萄酒。图 8.10 说明了葡萄变为葡萄酒的基本过程。每一过程都可选择的，都可以影响葡萄酒的感官特点。然而这个流程中大部分工艺决定葡萄酒的类型，其他则影响葡萄酒的质量。它们中的工艺的使用及其对葡萄酒质量的影响在下面讨论。

发酵前处理(Prefermentation processes)

通常葡萄在压榨后马上放入发酵罐中，压榨过程使果粒破碎，这对香味物质释放到葡萄汁中是十分重要的。氧化酶也被释放出来和葡萄的成分反应。直到现在，在压榨中或压榨后葡萄汁接触空气都被认为是有害的，一般认为这会使葡萄酒更容易氧化。事实上，在早期对葡萄汁通气可以快速地激活容易氧化的物质和沉淀，稳定的氧化化合物，有利于防止葡萄酒的氧化。因此，大部分酿酒师都允许在压榨过程中葡萄汁和空气的接触，或者在压榨后对葡萄汁通气。这不仅可以延长白葡萄酒的货架期，也可以促进发酵的完成(可发酵糖代谢为酒精)。但是甜葡萄酒是个例外，如在酿制贵腐酒、冰葡萄酒和微甜的葡萄酒时最好使用灭过菌的葡萄汁。干型葡萄酒的灭菌是在装瓶前进行的。

根据酿酒师的不同目的，葡萄汁和葡萄皮、葡萄籽接触的时间由几个小时(白葡萄酒)

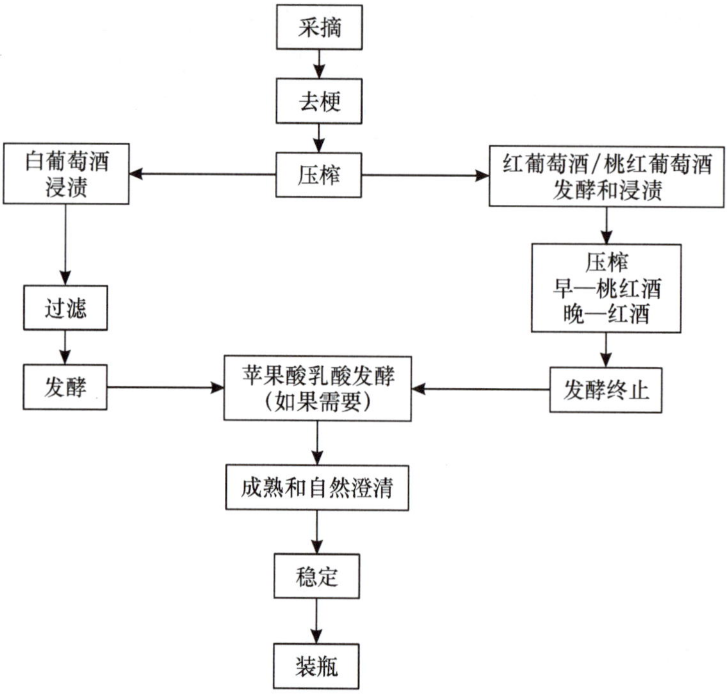

图 8.10　葡萄酒酿造的流程图[资料来源:Jackson,2000]。

到几周(红葡萄酒)。葡萄汁和葡萄皮接触的时间决定了被提取风味物质的强度。从某种程度上来说,风味物质的强度、陈酿潜力和葡萄皮浸渍的时间成正比。这个阶段称为浸渍,常常在白葡萄酒发酵前,红葡萄酒发酵过程中进行。它们的区别在于红葡萄酒的浸渍时间较长,这主要与单宁和色素的提取有关,这也是区别红葡萄酒和白葡萄酒的主要物质。色素对质量的重要性在图 8.11 中有说明。葡萄汁和皮的接触有利于快速地启动和完成发酵,同时也会改变酵母产生的香味物质的组成。因此浸渍的时间长短和浸渍时的温度决定了葡萄酒的部分特点(图 8.12)。

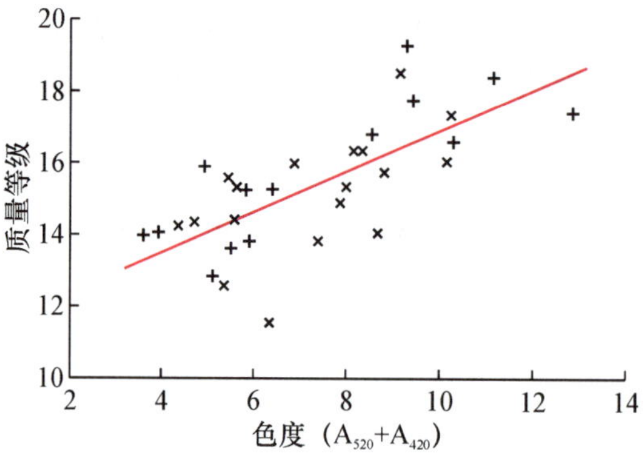

图 8.11　1972 年 Southern Vales 葡萄酒色度和质量等级的关系。(+)*Cabernet Sauvignon*;(x)*Shiraz*[资料来源:from Somers,T. C. and Evans,M. E. (1974) *J. Sci. Food. Agric.* 25,1369-1379. Copyright Society of Chemical Industry]。

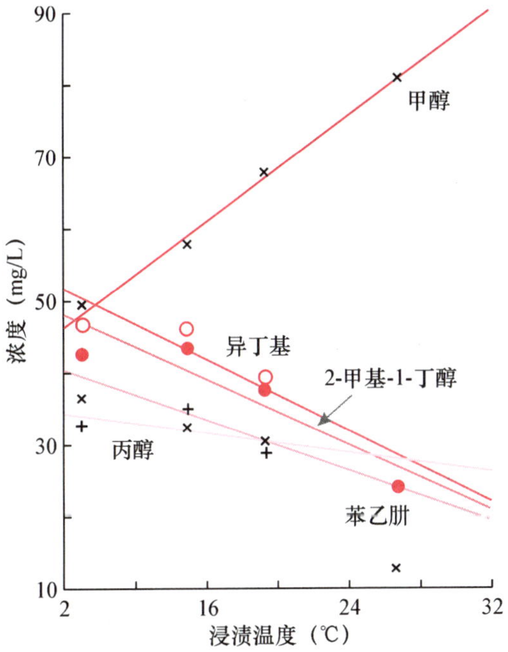

图 8.12　霞多丽葡萄酒不同醇类含量和浸渍温度的函数［资料来源：Ramey *et al.*，1986］。

另一个影响葡萄酒质量的主要过程是压榨——把葡萄汁（葡萄酒）与葡萄的皮和籽分离。理想状态下，这应该在颗粒物质（细胞碎片、单宁和蛋白的大分子物质）最少的时候进行。这是通过对葡萄汁、葡萄皮、葡萄籽施加压力进行的，因此它们的表面积越大越好。这种压榨大多是在水平放置的圆柱体中进行。压榨可以使用空气泵给气囊加压使葡萄汁流出，也可以使用圆片向两端挤压。老式的圆片压榨是垂直放置的，压力从最顶端的圆片施加。新式压榨机施加的压力小，压出的自流汁苦涩味较低，富含品种香气。相反，老式压榨机榨出的汁口感粗糙而且果香味低。

无论压榨的过程如何，白葡萄酒在发酵前常常需要澄清。对于这一步，酿酒师有很多方法处理。主要的考虑因素是成本和速度，而不是质量。在不过分考虑的情况下，大部分澄清物质对葡萄酒质量几乎没有影响。由于红葡萄酒的压榨是在接近发酵结束或者发酵结束后，快速的澄清几乎不是一个问题。而且红葡萄酒的澄清主要除去重力作用下产生的沉淀。

如果葡萄汁中糖酸比例不合适，酿酒师通常要做一些调整。糖或者酸（中和）的加入可以改善葡萄酒的基本特点，然而它不能弥补颜色和风味的缺失。前面已经提到，理想风味物质的积累常常是和葡萄中糖酸水平的增加保持一致的。

发酵(Fermentation)

发酵罐(Fermentor)

酿酒师面临的第一个有关发酵的问题是发酵罐类型的选择。典型的发酵罐是密闭罐，并且大小要方便使用（经济的角度）。然而小生产者也可以选择在小的橡木桶中（约 250L）

发酵,尤其是那些质量较高的葡萄汁。这种发酵方式的选择说明了葡萄品种香气的充分表达是需要代价的。而且,橡木桶中发酵可以改变酿酒酵母发酵产生的香气,同时也可以从橡木中提取香气。这些特点可以区别橡木桶发酵的葡萄酒和其他设备中生产的葡萄酒。

大部分白葡萄酒发酵使用的发酵罐比较简单,它们是由惰性材料制造的,这就保证了葡萄汁在转化为葡萄酒的过程中不会损失葡萄的天然风味。红葡萄酒也常常在惰性罐中发酵。然而在设计上,它们与白葡萄酒的发酵罐相比变化很大。这种差别的存在主要是为了满足红葡萄酒从葡萄皮中提取颜色和风味的需求制作的。当发酵开始时,产生的二氧化碳把葡萄皮和葡萄籽带到醪液的上部。可以采用不同的方法不定期或者持续地把浮在上面的皮和籽压到发酵的葡萄汁中。最常见和有效的发酵罐是旋转发酵罐。这种发酵罐的中柱上连有可以转动的轮片可以用来混合葡萄皮、葡萄籽和葡萄汁。这就促进了葡萄皮中色素、香气和柔和的单宁的快速提取,降低了种子中比较苦涩单宁的提取。这种条件下生产的葡萄酒风味十足,颜色厚重,而且不需要长期陈酿就具有柔和口感。其他发酵罐生产的大部分酒颜色风味厚重,需要数年的时间陈酿使其口感柔和。

酵母(Yeasts)

酿酒师面临的下一个问题是允许自然发酵(葡萄皮和酿酒设备上的酵母),或者加入一种或者几种酵母(来启动发酵)。这两种方法都可能产生顶级的酒。自然发酵可以产生更复杂的酒,但是也极有可能破坏葡萄酒。葡萄酒增加的复杂性可能来自于乙酸和双乙酸。在阈值范围内,这些气味可以增加葡萄酒复杂性,但是更高的含量会产生不好的气味。即使是人工诱导发酵葡萄酒,酿酒师也要选择使用酵母菌株。在这个过程中,经验是非常重要的。菌株的作用也十分重要(图 8.13 和图 8.14)。

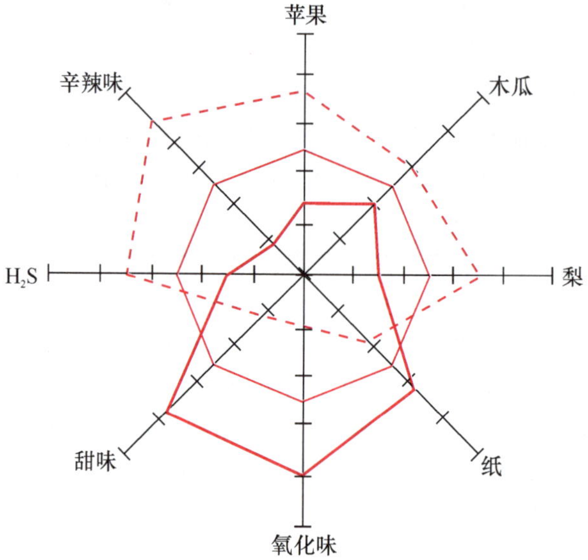

图 8.13　雷司令葡萄自然发酵(------)和人工发酵(——)在感官上的差异,(——)平均值[资料来源:Henick-Kling, T., Edinger, W., Daniel, P., and Monk, P. (1998). J. Appl. Microbiol. 84, 865-876]。

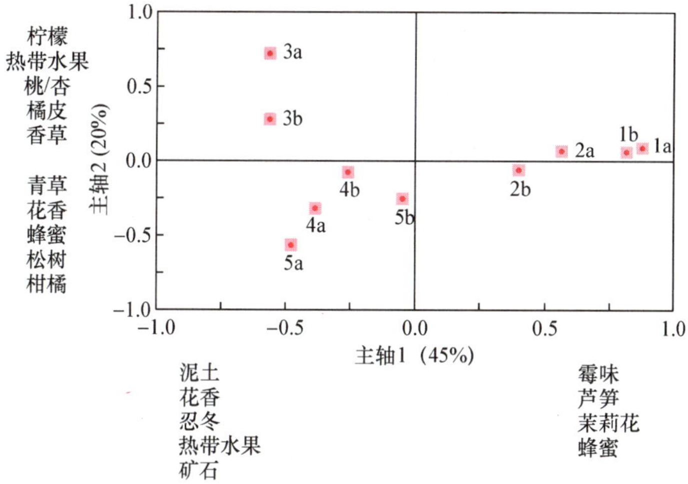

图 8.14 **不同酵母菌株发酵后雷司令酒(20个月后)的香气。1a, 1b, Simi white; 2a, 2b, CS-2; 3a, 3b, VL-1; 4a, 4b, K1; 5a, 5b, CEG**[资料来源:from Dumont and Dulau, 1996]。

仅仅决定使用某种菌株是远远不够的,酵母的特性会随着发酵条件改变而改变。葡萄的化学成分(年份之间和不同品种之间都存在差异)、发酵的物理条件(温度和 pH 值)都可以改变酵母的发酵活动。

苹果酸乳酸菌(Malolactic bacteria)

许多葡萄酒都要经历两次发酵。第一次发酵产生葡萄酒的酒精和香气。第二次发酵,即细菌诱导的苹果酸乳酸发酵,可以降低酒的酸度,改进葡萄酒风味和增加酒的复杂性(图 8.15)。在一些较寒冷和寒冷的地区,提倡对大部分红葡萄酒使用二次发酵。苹果酸乳酸

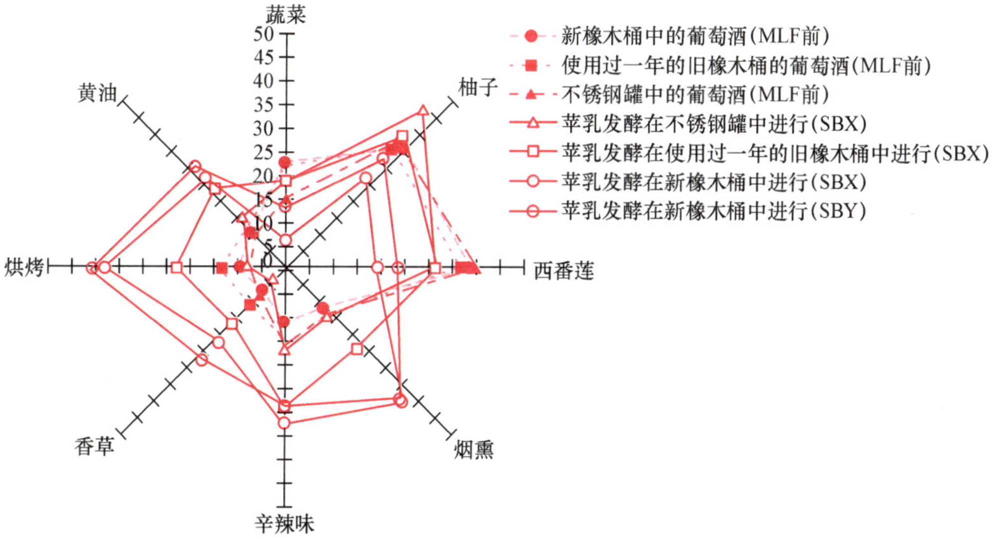

图 8.15 **在不锈钢罐和橡木桶中进行的两种乳酸菌(SBX 和 SBY)发酵后葡萄酒的感官区别。MLF, 苹果酸乳酸发酵**[资料来源:de Revel, G., Martin, N., Pripis-Nicolau, L., Lonvaud-Funel, A., and Bertrand, A. (1999). *J. Agric. Food Chem.* 47, 4003—4008. Copyright (1999) American Chemical Society]。

发酵通过改变潜在的酸度和葡萄酒的粗涩感而使其更容易入口。相反地，酿酒师需要限制温暖地区乳酸菌的活动，因为这些地区葡萄或者葡萄汁中的酸度原本就较低，苹乳发酵可以使葡萄酒口感更加平淡，而且这种发酵会使低酸度的葡萄酒产生不好的气味。

由于不是所有的葡萄酒都能自发地进行苹果酸乳酸发酵，尤其是在一些高酸度的葡萄酒中，因此酿酒师常常需要加入一种或多种符合要求的菌株(酒明串珠菌)。与酵母的酒精发酵一样，不同的细菌菌株产生的香气物质变化也很大。图 8.16 说明不同酒明串珠菌菌株的感官潜在影响。从图 8.16 中的分歧中可以看出，有关苹果酸乳酸发酵的优缺点还是存在很大的争议。

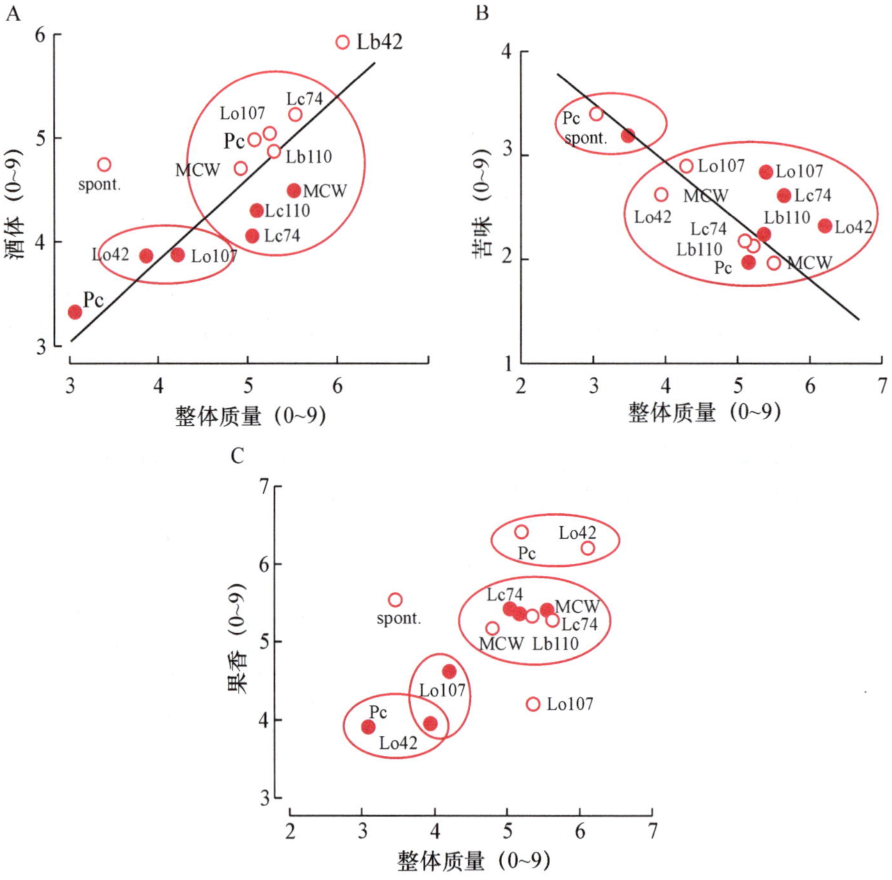

图 8.16 不同乳酸菌发酵的赤霞珠葡萄的酒体(A)，苦味(B)，果香(C)和整体质量之间的关系。它们之间的关系由两个不同的小组评价，一个是酿酒师(●)，另一个是葡萄酒研究人员(○)[资料来源：from Henick-Kling *et al.*，1993]。

发酵后的影响因素(Postfermentation consequences)

调整(Adjustments)

理想状态下，葡萄酒仅需要少量的澄清，如自然澄清和装瓶前轻微的澄清。如果葡萄酒装瓶过早，它是不稳定的或者说存在某种缺陷的，有必要进行额外的处理。无论如何，处理都应该控制在最小范围内。许多调整的方法可以除掉或者中和葡萄酒中内在的微弱差异。

调配(Blending)

调配是葡萄酒酿造中最令人误解的概念之一。从某种程度上来说,所有葡萄酒的生产中都进行了调配,从简单的不同发酵罐之间调配到不同品种、地区和葡萄园之间的复杂调配。对一些葡萄酒,如起泡酒、雪莉酒和波特酒,复杂的调配是它们品牌和质量独特性的核心。在其他地区,几个品种调配的葡萄酒可以表现它们的传统特色(如意大利基安第红酒和法国波尔多的酒)。调配可以强调每一种酒的优点,掩盖它们的缺陷。图 8.17 说明了调配的主要优点。它表明特点和质量相似的葡萄酒调配后与没有调配的葡萄酒质量一样或者更好。

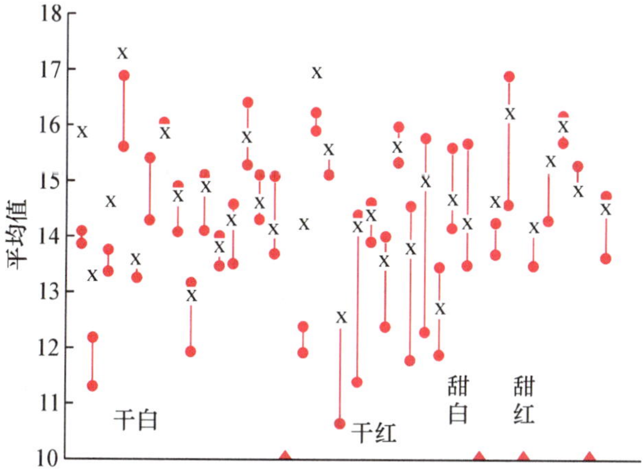

图 8.17 **34 对葡萄酒(●)和它们 1∶1(×)混合后的平均质量分数比,表明混合可以产生更加复杂的风味**[资料来源:from Singleton,1990,Lbased on-datafrom Singleton and Ough,1962]。

对葡萄酒调配赋予负面意义的是那些对葡萄酒地理标志感兴趣的人。虽然葡萄酒的质量可能更多地依赖于生产工艺和葡萄的成熟度,而不是它们的地理起源,但是地理标志或者葡萄园位置仍被认为是葡萄酒质量的标志。对不同葡萄园和地区的葡萄酒进行调配对质量的危害不会大于混合不同品种葡萄酿制的酒。然而地理标志确实给了消费者一个可以参考的标准,同时市场的消费水平可以解释这种地理标志命名葡萄酒的吸引力。

后加工处理(Drocessing)

一个重新得到关注的古老技术是带酒泥陈酿。这个过程是把白葡萄酒和酒泥(死亡或者将死的酵母细胞)一起放置更长的时间。一般情况下,葡萄酒和酒泥的接触、发酵都是在同一个发酵罐(常常是橡木桶)中进行。酒泥陈酿可以增强葡萄酒的稳定性和香味的浓度。然而这个过程容易受到硫化氢(酒泥释放)的污染。为了避免这种可能性,葡萄酒要定期搅拌混合少量的氧气。不幸的是,这个过程可以激活休眠的醋酸菌产生乙酸和乙酸乙酯等难闻的化合物。

起泡酒的生产也涉及酒液和酒泥的长时间混合,酵母的自我降解给起泡酒产生了一种焙烤的味道,这是许多起泡酒的典型香味。而且酒泥的陈酿也是甘露糖蛋白胶体的来源,这种蛋白胶体有利于产生持久连续的细小气泡(Feuillat *et al.*,1988; Maujean *et al.*,

1990),类似和香味物质的结合,这些多聚体的螺旋结构也可以结合二氧化碳。

这个过程对许多加烈酒风味的产生是非常重要的。例如,部分的酒泥混合提供了雪莉酒稳定的特点,也可以促进干雪莉生产中菲洛(flor)酵母的生长。同样的,马德拉酒中的焙烤过程对于其典型香气的产生是必需的。

橡木桶(Oak)

风味和独特性较好的葡萄酒可以在橡木桶中陈酿,这个过程可以增加酒的复杂性和品种香气的表达(图 8.18)。图 8.19 进一步说明了一种组分(橡木内酯)如何与葡萄酒的其他特性相联系。

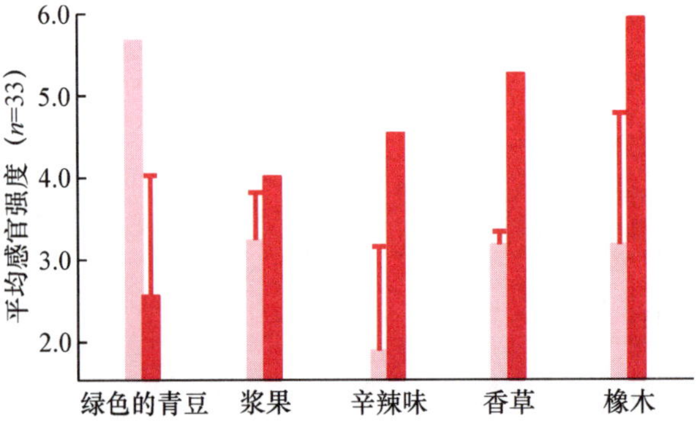

图 8.18 **在玻璃瓶中(对照)和法国橡木桶中陈酿 338 天的赤霞珠葡萄酒香味评价的平均值。▪对照;▪橡木陈酿;11 个品尝者,3 次重复**[资料来源:Aiken and Noble,1984]。

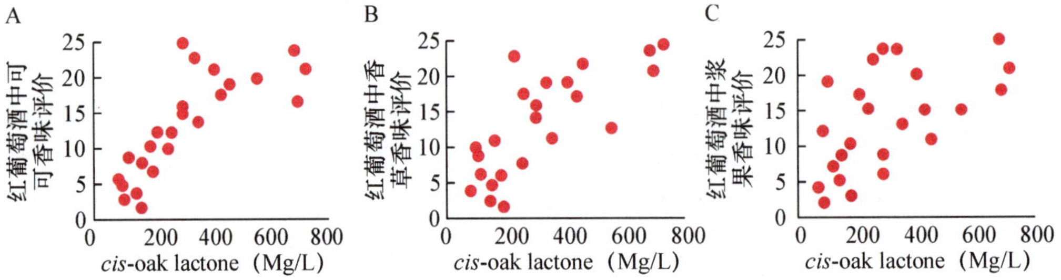

图 8.19 **在橡木桶陈酿红葡萄酒中 *cis*-oak lactone 的含量对几种风味物质的感知。(A)可可,(B)香草和(C)浆果。在这 3 个例子中,等级之间的关系十分明显($p<0.001$)**[资料来源:Spillman *et al.*,1996]。

橡木桶可以根据其类型的不同产生一系列的风味。这包括橡木使用的种类(图 8.20)、橡木的生长条件(Chatonnet,1991)、橡木处理的方法(Chatonnet *et al.*,1994)、焙烤的程度(橡木桶制作过程中火的使用)和橡木桶重复使用次数(图 8.21)。每一方面都可以影响葡萄酒对橡木中物质的提取。这几个方面的因素都可以通过橡木桶和葡萄酒接触的时间来调整(从几周到数年)。是否采用这种方法来增强或者减弱葡萄酒的主要特点决定于个人的偏好。在一些命名制度中,法规规定了橡木桶陈酿的类型和时间。在这种情况下,橡木桶的味道是葡萄酒必须存在的特点。

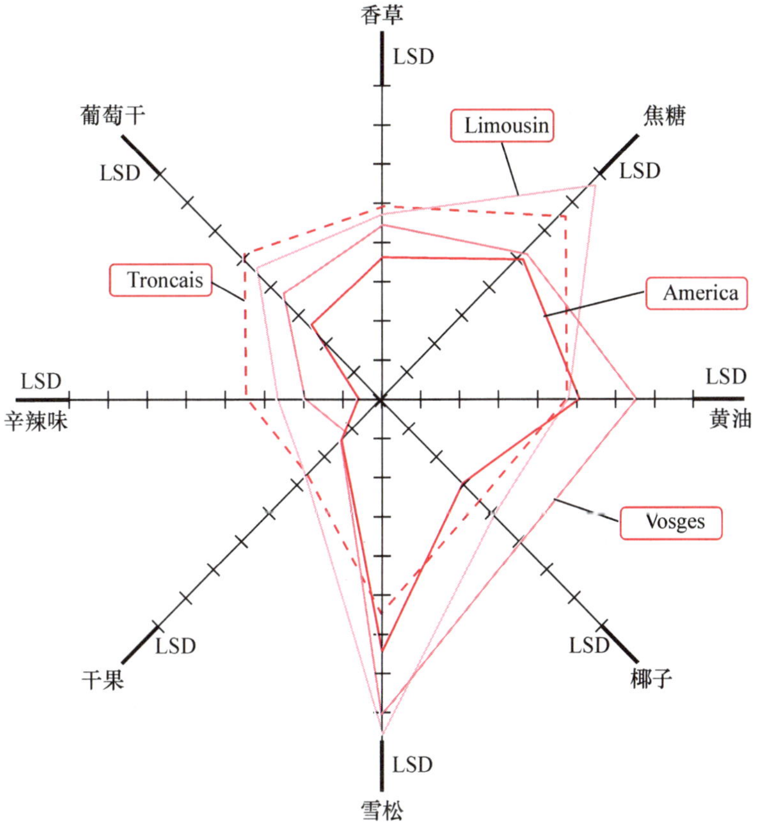

图 8.20 不同地区橡木的平均强度等级和最小显著差的坐标图(n=14 个品尝者×3 个重复×6 个样品)［资料来源：Francis *et al*.，1992］。译者注：Troncais，Limousin，Vosges，America 表示 4 种不同产区的橡木：Troncais oak 是产自法国 Allier 橡木林的橡木；Limousin oak 以法国西南古老省会 Limousin 命名；Vosges oak 产自法国东北部山麓下橡木林的橡木；America oak 以 *Q. alba* 为主，主要生长在美国密西西比河以东。

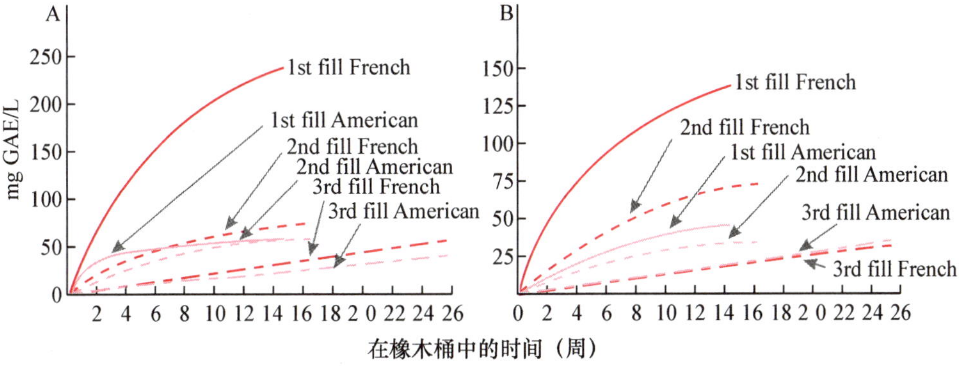

图 8.21 不同重复使用次数后在法国橡木桶(French)和美国橡木桶(American)中总酚(A)和非类黄酮(B)随时间的改变［资料来源：Rous and Alderson，1983］。

软木塞(Cork)

软木塞对葡萄酒质量的潜在影响毋庸置疑，但很少得到公众的重视。这种潜在影响不仅包括如何防止2,4,6-三氯苯甲醚(TCA)等化学物质引起的葡萄酒污染,也包括软木塞自身的构造和特点如密封性和耐用性等对葡萄酒的影响。软木塞对顶级葡萄酒的作用非常重要,是这类酒得以保存数十年之久的原因之一。

随着软木塞和酒的接触,软木塞的弹性逐渐失去,并且从外到内腐败,直到和葡萄酒完全接触。因此,软木塞的长度表明了它可以有多久有效的密封期。另一个很少得到重视的方面是橡木的生长速率,取自于橡木树生长较慢地区的树皮制造的橡木塞比生长快的橡木树皮做的橡木塞弹性更好(即年轮,图8.22)。因此,在干燥山区收获的橡木比在潮湿地区收获的橡木密封性更好。

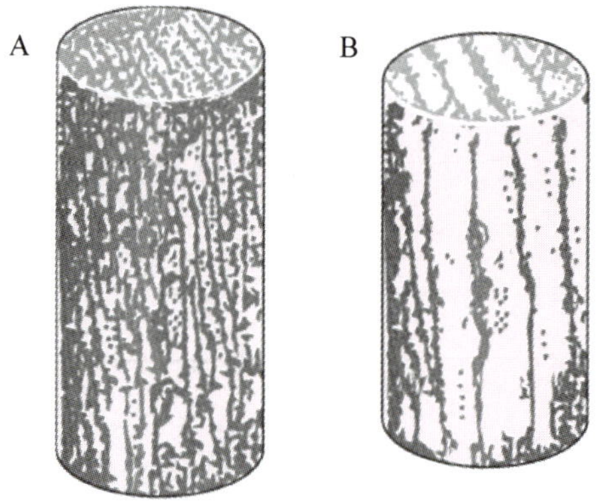

图8.22 **高质量的橡木塞(A),来自于生长缓慢的橡木树;低质量的橡木塞(B),来自于快速生长的橡木树。左边的橡木年轮数远远大于右边。**

陈酿(Aging)

葡萄酒陈酿过程中的发展趋势变化是其最吸引人的特点之一。不幸的是,大多数葡萄酒仅仅表现了数个月或者数年的发展,然后便是不可逆转的衰败(图8.23)。在最初的阶段,酵母味道丧失,二氧化碳过度溶解,大分子物质增加。这种加强作用也可以由浸渍过程中提取的糖苷键结合的非挥发性萜烯和香气物质在酸作用下释放造成。在霞多丽、雷司令和西拉葡萄酒中已经分离出几百种糖苷物质。

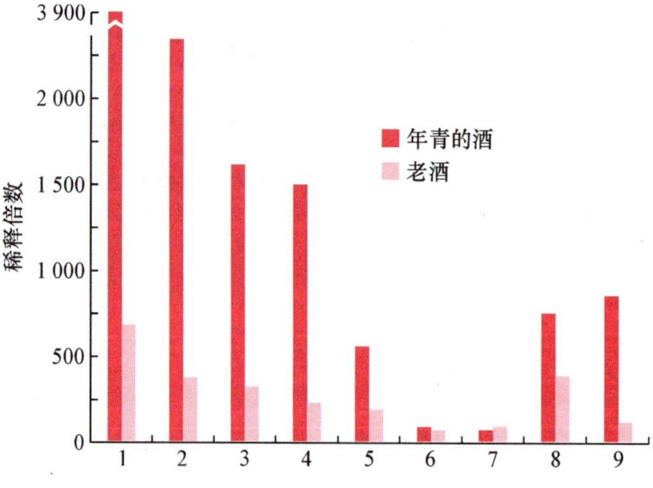

图8.23 ***Vidal*** **葡萄酒在陈酿过程中香味物质的变化。(1,β-大马酮;2,2-苯基乙醇;3,水果味;4,花香;5,辛辣;6,香草/木香;7,蔬菜味;8,caramel/oatmeal;9,难闻气味)**[资料来源:Chisholm *et al.*,1995]。

陈酿过程中最明显的变化是葡萄酒的颜色向褐色转变。红葡萄酒在发酵后颜色加深,但是随后变浅,呈现宝石红,然后是砖红色。花色苷复合物的分解和花色苷单宁聚合物的形成导致色度的降低和褐色的产生,这些改变表现为吸光值的降低和波长的偏移(图

8.24)。没有聚合体,花色苷很快被氧化,然后葡萄酒就永远地失去颜色。对于为什么一些葡萄酒可以保持它们的颜色,而另外一些不能,真正的原因还不清楚。无论如何,微量通气后产生的少量乙醛可以加强花青素和单宁的结合。红葡萄酒中和陈酿相关的颜色改变可以通过 520 nm 和 420 nm 的吸光值检测来说明(Somers and Evans,1977)。较高的 $A_{520\ nm}/A_{420\ nm}$ 值代表明亮的红色,较低的值说明颜色向砖红色转变。与红葡萄酒相反,白葡萄酒的颜色随着陈酿的时间变化变深,最初是黄色,然后变为金黄色,最后变为褐色。对这种颜色变化的原因了解还不多,其中可能涉及多酚的氧化、金属离子诱导的半乳糖醛酸的结构变化、糖酸之间的美拉德反应或者焦糖化反应等。

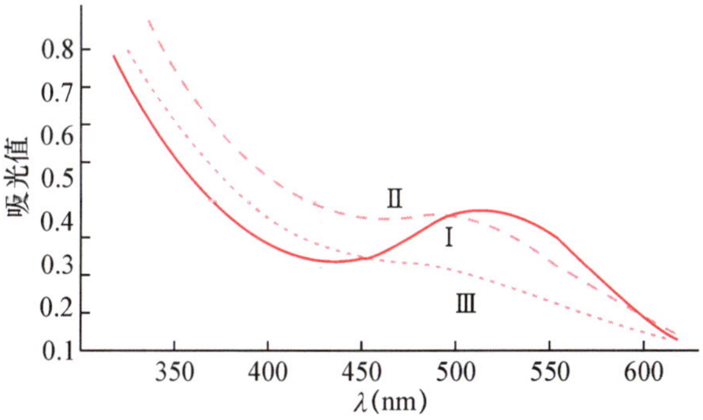

图 8.24 不同年份葡萄酒的吸光值,I,1 年;II,10 年;III,50 年[资料来源:Ribéreau-Gayon,1986]。

除了香味物质和花青素糖苷的水解作用,类黄酮(如槲皮素)也可以被分解。这些改变的感官影响还不清楚。溶解度的降低可以加速结晶和雾状体的形成。

在陈酿过程中,葡萄酒最早失去的是新鲜水果香气。如果葡萄酒的香气以水果香味为主,尤其是这种香味由某些内酯构成时,这一点变化尤其明显。这些内酯逐渐降解或者氧化成为无味或者香味较淡的化合物。图 8.25 说明了不同年份葡萄酒中水果酯(如乙酸异戊酯)的变化和不易挥发羧酸酯(如丁二酸二乙酯)的增加。当葡萄品种香气得到发展,或者

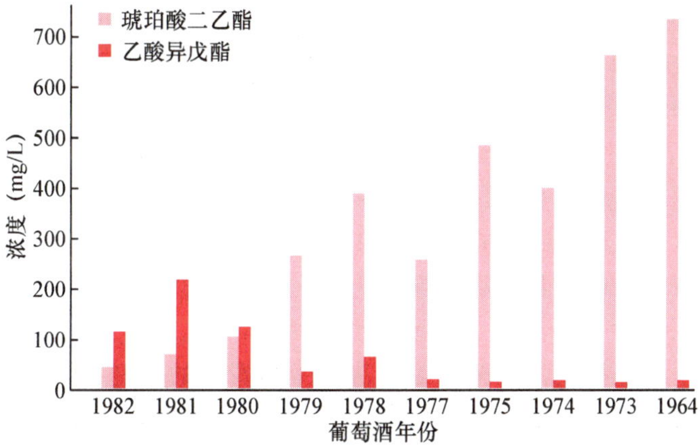

图 8.25 葡萄酒的年份对酯类的影响,主要是琥珀酸二乙酯和乙酸异戊酯[资料来源:Jackson,2000,data from Rapp and Güntert,1986]。

被一种细致而复杂的花香所取代时，葡萄酒就得到了充分的陈酿。几乎所有葡萄品种酿造的红葡萄酒陈酿后的香味都是相似的。

陈酿香气的精确来源还是未知的。但是它可能涉及内酯和醛类，及相关的萜烯、碳水化合物衍生物的降解、硫化物的减少和酚类物质的氧化。

在类异戊二烯降解产物中，1，1，6-trimethyl-1，2-dihydronaphthalene（TDN）对于雷司令葡萄酒特别重要。其他类异二烯的降解产物，如 vitispirane，theaspirane 等和瓶储产生的香味基本无关。表 8.2 中是一些在雷司令葡萄酒中和陈酿相关的化学物质变化，这个表和图8.26一样也说明了温度对陈酿过程的重要性。

表 8.2　雷司令葡萄酒中碳水化合物分解产生的香气变化[a][b][资料来源：Jackson，2000]

碳水化合物降解后产生的物质	年份					
	1982	1978	1973	1964	1976（冰酒）	1976（地窖储藏）
2-Furfural	4.1	13.9	39.1	44.6	2.2	27.1
2-Acetylfuran	—	—	0.5	0.6	0.1	0.5
Furan-2-carbonic acid ethyl ester	0.4	0.6	2.4	2.8	0.7	2.0
2-Formylpyrrole		2.4	7.5	5.2	0.4	1.9
5-Hydroxymethylfurfural(HMF)			1.0	2.2		0.5

a. 数据来自于 Rapp and Güntert(1986)。
b. 相对浓度由气相测定。

在室温条件下，碳水化合物缓慢降解为以褐色的美拉德反应产物为主的化学物质。这个过程也涉及少量的刺激性气味乙醚和二甲基呋喃的产生。桑娇维塞葡萄酒陈酿的过程中就会发生这种变化（Bertuccioli and Viani，1976）。这就表明美拉德产生的酒精的醚化作用在陈酿的香气变化中有着重要的作用。

在陈酿过程中硫化物含量降低，它们的浓度和结构也会改变。在这些硫化物中，只有二甲基硫醚可以产生陈酿中需要的香味变化（图 8.26d）在葡萄酒中加入二甲基硫醚（20 mg/L）可以增加葡萄酒的香味（Spedding and Raut，1982）。更高的浓度（≥40 mg/L）是有害的。二甲基硫醚本身有一种类似虾的味道。有时，在温暖的环境下二甲基硫醚的产生非常明显，以至于在数个月后可以掩盖葡萄酒的品种特点（Rapp and Marais，1993）。

在红葡萄酒中，对陈酿了解得最清楚的变化是苦涩的单宁转变为更大聚合物的反应。最初，多聚体使葡萄酒收敛性增加。后来这些多聚体变得如此大以至于他们失去了和蛋白质结合的能力，这就是长期陈酿葡萄酒的柔顺口感的来源。

除了上面提到的优点，年老的葡萄酒并不比年青的葡萄酒有更多的优点。年青的葡萄酒果香更浓郁，品种香气更加明显。在葡萄酒陈酿时，香气变得更加微弱，更精致，品种香气也逐渐失去，产生陈酿香气。陈酿的过程决定于消费者的偏好。虽然风味不同，但是它们都可以给人愉悦的感受。老葡萄酒主要的吸引力不是它们的顶级质量而是它们的稀有性。由于陈酿，他们的数量少而且只有很少人可以买到它们。非常老的葡萄酒更多的是一种历史而不是口感的享受。

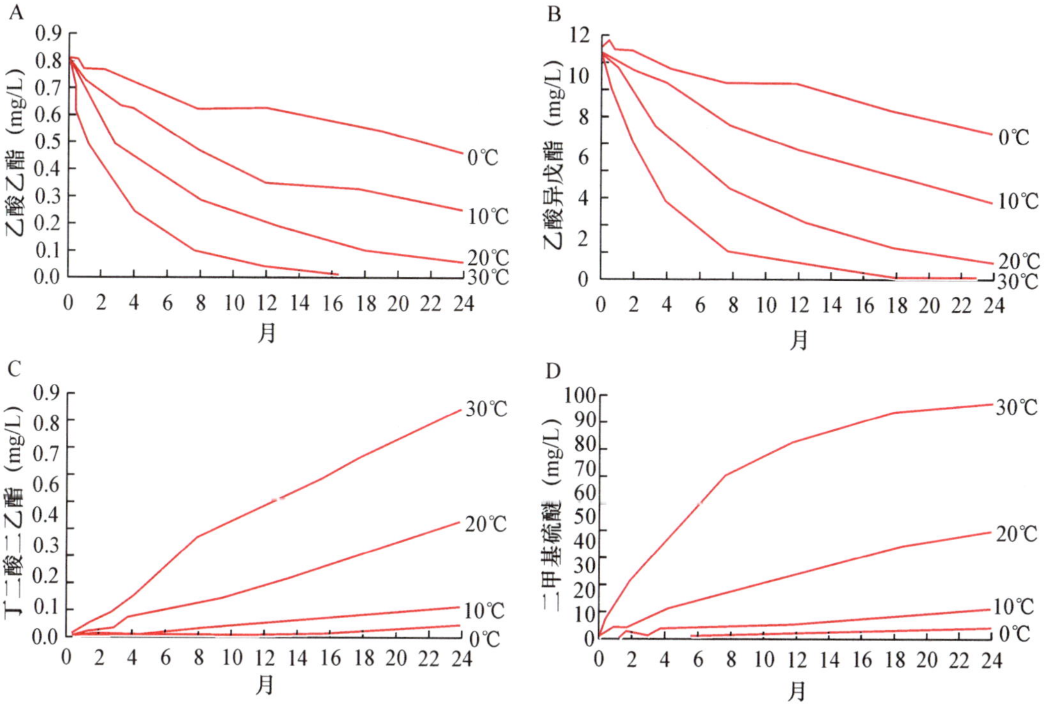

图 8.26　鸽笼(*Colombard*)白葡萄酒陈酿温度和时间对(A)乙酸乙酯,(B)乙酸异戊酯,(C)丁二酸二乙酯,(D)二甲基硫醚的影响[资料来源:Marais,1986]。

在许多情况下,根据经验可以知道葡萄酒的陈酿潜力。由于许多消费者没有机会来获得这种经验,他们必须依赖于专家建议。这种建议通常带有明显的地区偏见。早期的消费者倾向于法国专家,而英国的权威鼓励更久的陈酿。这种建议的个人相关性可以通过实验证明。

化学本质(Chemistry)

葡萄酒的质量最终归功于它的化学本质。葡萄酒中含有超过 800 种的化学物质,因此葡萄酒的化学性质是非常复杂。然而这些化合物中大部分物质的浓度都低于检测限。即使是相互促进作用可以加强它们的检测,在任何一种葡萄酒中对感官有重要作用的化合物也不会高于 50 种。在这 50 种中,只有一些类别——比较明显的是糖、酒精、碳酸和酚类——可以影响葡萄酒的基本感官特点。

糖、酸、酒精和酚类物质的相互作用被称为平衡。由于平衡作用在干型酒、甜酒、白葡萄酒、红葡萄酒、起泡酒和加烈酒中都存在,因此平衡作用在化学上是非常复杂的。例如,贵腐酒中的高糖浓度可以被酸、酒精或者这两者同时平衡。香气也可以影响葡萄酒的平衡。在干型酒中,平衡可能来自于陈酿中单宁的聚合,并且失去聚合前的苦味和涩味。红葡萄酒中的酒精浓度和适度的酸对平衡也有贡献。与陈酿的浓郁红葡萄酒丰满酒体构成不同的是,在年青的红葡萄酒中,平衡是由低酒精浓度和高酸度构成的。

可以影响葡萄酒的其他常见组分是酯类、醛类和杂醇油。这些物质构成了葡萄酒的基本香气。

其余的是可以影响葡萄酒的品种香气和某种特殊葡萄酒的典型香气的化合物，这些化合物很容易感知。这些化合物中许多都是痕量的，它们的化学成分仍然有待研究。因此，对葡萄酒化学最有趣和独特方面的理解还是处于起步阶段。一些现象，如回味和发展，可能是多糖和蛋白释放了它们结合的香气，并使它们释放到空气中(Lubbers *et al.*，1994)。不断提高的感官感知也可能在微量的香气成分表达中起了重要的作用。无论如何，化学这个词本身就意味着复杂和精细，它的本质和作用是未知的。毫无疑问，多种香味物质的相互作用有着一定功能，但是在目前这只是一个推测。要完全揭露葡萄酒质量的化学本质还需要数年时间。

阅读建议

Jackson, R. S. (2000). "Wine Science: Principles, Practice, Perception" 2nd ed. Academic Press, San Diego, CA.

Johnson, H., and Halliday, J. (1992) "The Vintner's Art." Simon & Schuster, New York.

Smart, R. E., and Robinson, M. (1991). "Sunlight into Wine. A Handbook for Winegrape Canopy Management." Winetitles, Adelaide, Australia.

参考文献

Aiken, J. W., and Noble, A. C. (1984). Comparison of the aromas of oak-and glassaged wines. *Am. J. Enol. Vitic.* **35**, 196-199.

Archer, E. (1987). Effect of plant spacing on root distribution and some qualitative parameters of vines. *In* "Proceedings of the 6th Australian Wine Industry Conference" (T. Lee, ed.), pp. 55-58. Australian Industrial Publishers, Adelaide.

Archer, E., and Strauss, H. C. (1985). Effect of plant density on root distribution of three-year-old grafted 99 Richter grapevines. *S. Afr. J. Enol. Vitic.* **6**, 25-30.

Archer, E., Swanepoel, J. J., and Strauss, H. C. (1988). Effect of plant spacing and trellising systems on grapevine root distribution. *In* "The Grapevine Root and its Environment" (J. L. van Zyl, comp.), Technical Communication No. 215, pp. 74-87. Department of Agricultural Water Supply, Pretoria, South Africa.

Arrhenius, S. P., McCloskey, L. P., and Sylvan, M. (1996). Chemical markers for aroma of *Vitis vinifera* var. Chardonnay regional wines. *J. Agric. Food. Chem.* **44**, 1085-1090.

Becker, N. (1985). Site selection for viticulture in cooler climates using local climatic information. *In* "Proceedings of the International Symposium on Cool Climat Viticulture and Enology" (D. A. Heatherbell *et al.*, eds.) pp. 20-34. Agriculture Experimental Station Technical Publication No. 7628, Oregon State University, Corvallis.

Bertuccioli, M., and Viani, R. (1976). Red wine aroma: Identification of headspace constituents. *J. Sci. Food. Agric.* **27**, 1035-1038.

Büttner, K., and Sutter, E. (1935). Die Abkühlungsgröß in den Dünen etc. *Strahlentherapie* **54**, 156-173.

Chatonnet, P. (1989). Origines et traitements des bois destinés *à* l'élevage des vins de qualité. *Rev. Oenologues* **15**, 21-25.

Chatonnet, P. (1991). Incidences de bois de chêne sur la composition chimique et les qualités organoleptiques des vins. Applications technologiques. Thesis. Univ. Bordeaux II, Talence, France.

Chatonnet, P., Boidron, J.-N., Dubourdieu, D., and Pons, M. (1994). Évolution des composés polyphénoliques de bois de chêne au cours de son séchage. Premieres résultats. *J. Intern. Sci. Vigne Vin* **28**, 337-357.

Chisholm, M. G., Guiher, L. A., and Zaczkiewicz, S. M. (1995). Aroma characteristics of aged Vidal blanc wine. *Am. J. Enol. Vitic.* **46**, 56-62.

Clary, C. D., Steinhauer, R. E., Frisinger, J. E., and Peffer, T. E. (1990). Evaluation of machine-vs. hand-harvested Chardonnay. *Am. J. Enol. Vitic.* **41**, 176-181.

de Revel, G., Martin, N., Pripis-Nicolau, L., Lonvaud-Funel, A., and Bertrand, A. (1999). Contribution to the knowledge of malolactic fermentation influence on wine aroma. *J. Agric. Food Chem.* **47**, 4003-4008.

Dumont, A., and Dulau, L. (1996). The role of yeasts in the formation of wine flavors. *In* "Proceedings of the 4th International Symposium on Cool Climate Viticulture and Enology" (T. Henick-Kling *et al.*, eds.), pp. VI-24-28. New York State Agricultural Experimental Station, Geneva, NY.

Feuillat, M., Charpentier, C., Picca, G., and Bernard, P. (1988). Production de colloïdes par les levures dans les vins mousseux élaborés selon la méthode champenoise. *Revue franç. Oenol.* **111**, 36-45.

Francis, I. L., Sefton, M. A., and Williams, J. (1992). A study by sensory descriptive analysis of the effects of oak origin, seasoning, and heating on the aromas of oak model wine extracts. *Am. J. Enol. Vitic.* **43**, 23-30.

Henick-Kling, T., Acree, T., Gavitt, B. K., Kreiger, S. A., and Laurent, M. H. (1993). Sensory aspects of malolactic fermentation. *In* "Proceedings of the 8th Australian Wine Industry Technical Conference" (C. S. Stockley *et al.*, eds.), pp. 148-152. Winetitles, Adelaide, Australia.

Henick-Kling, T., Edinger, W., Daniel, P., and Monk, P. (1998). Selective effects of sulfur dioxide and yeast starter culture addition on indigenous yeast populations and sensory characteristics of wine. *J. Appl. Microbiol.* **84**, 865-876.

Heymann, H., and Noble, A. C. (1987). Descriptive analysis of Pinot noir wines from Carneros, Napa and Sonoma. *Am. J. Enol. Vitic.* **38**, 41-44.

Hoppmann, D., and Hüster, H. (1993). Trends in the development in must quality of 'White Riesling' as dependent on climatic conditions. *Wein Wiss.* **48**, 76-80.

Iland, P. G., and Marquis, N. (1993). Pinot noir-Viticultural directions for improving fruit quality. *In*"Proc. 8th Aust. Wine Ind. Tech. Conf. Adelaide, 13-17 August, 1992. "(P. J. Williams, D. M. Davidson, and T. H. Lee, eds.) pp. 98-100. Winetitles, Adelaide, Australia.

Intrieri, C., and Poni, S. (1995). Integrated evolution of trellis training systems and machines to improve grape quality and vintage quality of mechanized Italian vineyards. *Am. J. Enol. Vitic.* **46**, 116-127.

Jackson, R. S. (2000). "Wine Science: Principles, Practice, Perception" 2nd ed. Academic Press, San Diego, CA.

Lubbers, S., Voilley, A., Feuillat, M., and Charpontier, C. (1994). Influence of mannoproteins from yeast on the aroma intensity of a model wine. *Lebensm. -Wiss. u. Technol.* **27**, 108-114.

Maujean, A. Poinsaut, P., Dantan, H., Brissonnet, F., and Cossiez, E. (1990). Étude de la tenue et de la qualité de mousse des vins effervescents. II. Mise au point d'une technique de mesure de la moussabilité, de la tenue et de la stabilité de la mousse des vins effervescents. *Bull. O. I. V.* **63**, 405-427.

Noble, A. C., and Ohkubo, T. (1989). Evaluation of flavor of California Chardonnay wines. pp. 361-370. *In* First International Symposium: Le Sostanze Aromatiche dell'Uva e del Vino, S. Michele all'Adige, 25-27 July, 1989.

Plan, C., Anizan, C., Galzy, P., and Nigond, J. (1976). Observations on the relation between alcoholic degree and yield of grapevines. *Vitis* **15**, 236-242.

Ramey, D., Bertrand, A., Ough, C. S., Singleton, V. L., and Sanders, E. (1986). Effects of skin contact temperature on Chardonnay must and wine composition. *Am. J. Enol. Vitic.* **37**, 99-106.

Rapp, A., and Güntert, M. (1986). Changes in aroma substances during the storage of white wines in bottles. *In*"The Shelf Life of Foods and Beverages"(G. Charalambous, ed.), pp. 141-167. Elsevier, Amsterdam.

Rapp, A., and Marais, J. (1993). The shelf life of wine: Changes in aroma substances during storage and ageing of white wines. *In* "Shelf Life Studies of Foods and Beverages. Chemical, Biological, Physical and Nutritional Aspects. "(G. Charakanbous, ed.), pp. 891-921. Elsevier, Amsterdam.

Ribéreau-Gayon, P. (1986). Shelf-life of wine. *In*"Handbook of Food and Beverage Stability: Chemical, Biochemical, Microbiological and Nutritional Aspects"(G. Charalambous, ed.), pp. 745-772. Academic Press, Orlando, FL.

Rous, C., and Alderson, B. (1983). Phenolic extraction curves for white wine aged in French and American oak barrels. *Am. J. Enol. Vitic.* **34**, 211-215.

Singleton, V. L. (1990). An overview of the integration of grape, fermentation, and aging flavours in wines. *In*"Proceedings of the 7th Australian Wine Industry Technical Conference"(P. J. Williams *et al.* ,eds.),pp. 96-106. Winetitles, Adelaide, Australia.

Sinton, T. H. ,Ough, C. S. ,Kissler, J. J. ,and Kasimatis, A. N. (1978). Grape juice indicators for prediction of potential wine quality, I. Relationship between crop level, juice and wine composition, and wine sensory ratings and scores. *Am. J. Enol. Vitic.* **29**, 267-271.

Smart, R. E. ,and Robinson, M. (1991). "Sunlight into Wine. A Handbook for Winegrape Canopy Management. "Winetitles, Adelaide, Australia.

Smith, S. ,Codrington, I. C. ,Robertson, M. ,and Smart, R. (1988). Viticultural and oenological implications of leaf removal for New Zealand vineyards. *In*"Proceedings of the 2nd International Symposium Cool Climate Viticulture Oenology"(R. E. Smart *et al.* , eds.),pp. 127-133. New Zealand Society of Viticulture and Oenology, Auckland, New Zealand.

Somers, T. C. ,and Evans, M. E. (1974). Wine quality: Correlations with colour density and anthocyanin equilibria in a group of young red wine. *J. Sci. Food. Agric.* **25**, 1369-1379.

Somers, T. C. ,and Evans, M. E. (1977). Spectral evaluation of young red wines: Anthocyanin equilibria, total phenolics, free and molecular SO_2 "chemical age. "*J. Sci. Food. Agric.* **28**, 279-287.

Spedding, D. J. ,and Raut, P. (1982). The influence of dimethyl sulphide and carbon disulphide in the bouquet of wines. *Vitis* **21**, 240-246.

Spillman, P. J. ,Pocock, K. F. ,Gawel, R. ,and Sefton, M. A. (1996). The influences of oak, coopering heat and microbial activity on oak-derived wine aroma. *In*"Proceedings of the 9th Australian Wine Industry Technical Conference"(C. S. Stockley *et al.* ,eds.)pp. 66-71. Winetitles, Adelaide, Australia.

9 葡萄酒—佐餐饮品
Wine as a food beverage

严格来说，食物和葡萄酒的搭配不在品酒师的职责范围内，但是这两者联系非常紧密，因此品酒师有必要对此有所认识。酿酒师知道他们的葡萄酒需要和食物协调搭配或者完美结合。大多数葡萄酒与食物搭配饮用，因此我们有必要对葡萄酒和食物搭配的历史、理论和具体实践进行简要的讨论。

人类对食物的偏爱最初以文化为基础，基本原理是由遗传编码决定的。例如，人们对滑腻奶油的普遍喜好和对苦、酸食物与生俱来的厌恶。对口感良好奶油的满意很可能是源于它们有利于进化的高热量。相反，典型的厌恶苦的东西则毫无疑问是源于它们反进化的反应。许多野生植物含有生物碱、皂角苷和其他苦味有毒物质，人们种植、栽培农作物的基本好处之一就是消除这些不利的物质。高酸食物也同样不受欢迎，这可能也是因为人类与生俱来的保护措施。无论如何，人类还是高度适应并且还对这些小时候讨厌的味道产生了感情。饮食文化也会惊人的速度进行改变，如在过去的 20 年间北美菜肴中快速接受了辣味的调料。因此，不同社会习惯、气候和地理条件导致人们对食物喜恶不同就毫不奇怪了。对于食物和葡萄酒的偏爱，实用性和个人成长经历是首要的决定因素。

由于大多数消费者对葡萄酒种类多样性存在困惑，因此有不计其数的书刊杂志介绍特定食物和葡萄酒的搭配。如果读者认同作者的观点，这些建议就是有价值的。不幸的是，很多消费者从未超越这个水平。作者和我们一样，会有偏爱，他们也同样会有守旧的趋向。他们会忽略掉新风格、新品种和新产区的葡萄酒，这些酒常常遭到忽视或者只得到很少的关注。尽管这对大多数消费者来说可以接受，但它毫无疑问会阻碍葡萄酒风味的创新和发展。由霞多丽和赤霞珠葡萄所酿的酒的品质确实让人叫绝，但是由于地理标志和葡萄酒酿造方式而使酿出的酒的多样性受到一定限制。如果要使葡萄酒的销量提高，应该增加不同风味的葡萄酒，以此来扩大消费者的购买基础。葡萄酒的市场人均份额在多数国家变化不大，而在主要的葡萄酒产地却在缩减(图 9.1)。

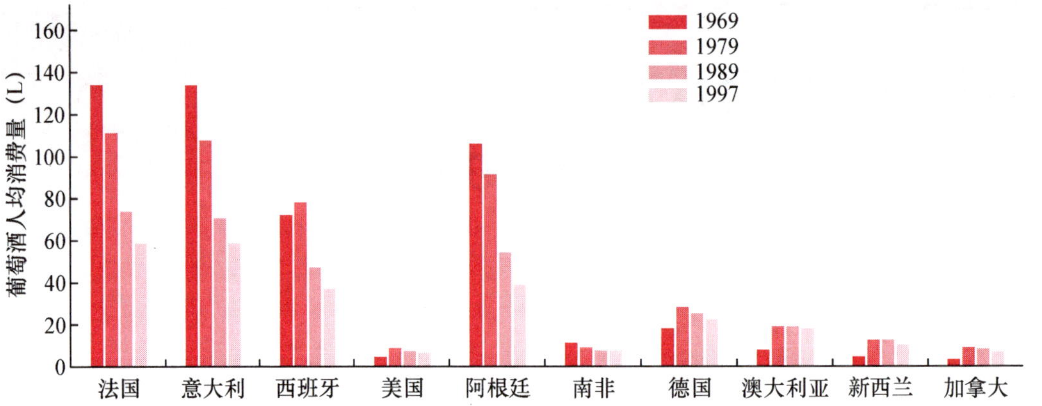

图 9.1 **一些国家在 1969—1997 年葡萄酒人均消费量的变化**[资料来源：from Jackson，2000，reproduced by permission；data from Anonymous，1990；Dutruc-Rosset，1999]。

接下来将主要介绍：现在西方饮食中被人们接受的食物和葡萄酒搭配规则是如何发展的以及为何会这样发展。

葡萄酒和食物搭配的历史起源(Historical origins of food and wine combination)

至少从古希腊和古罗马时代开始，地中海的居民就常将食物和葡萄酒一起搭配食用。随着葡萄酒鉴赏者的增多，食物与葡萄酒的搭配也日趋复杂：特定的葡萄酒被用来搭配特定的菜肴。这种对葡萄酒和食物完美搭配的追求近来成为了一种普遍现象。

不过从有限的记载可知，在古希腊、古罗马时代特定的食物和葡萄酒的搭配并未得到普遍认可。大多数情况下，葡萄酒与特定食物搭配时并没有对葡萄酒的质量提出要求。古时大多数有名的酒都是浓缩的甜酒，按照现代品尝来看，这些甜酒不能与食物进行很好的搭配。

在中世纪，葡萄酒的酿造工艺普遍低下，葡萄酒经常储存不到一年就会发生变质。为了能尽早喝到葡萄酒，常常还未等到葡萄成熟就采摘酿酒了。在当时原始的运输条件下，大多数葡萄酒不便于运输，即使是贵族也很少有渠道可以得到与精美食品搭配的和谐美酒。

只有在运输条件改进和生活水平得到提高后，食物跟葡萄酒的搭配才有了进一步的发展。随着空闲时间和可支配收入的增加，人们才可能获得多种多样的葡萄酒进行鉴赏。

在西欧经济突飞猛进的同时，人们的饮食习惯也发生了改变。在 17 世纪中期，一道道菜开始有先后次序地呈上，取代了以前那种全都一起呈上的老样式。这就给了葡萄酒机会，葡萄酒被当作一餐当中独特的一部分。与此同时，原先用于指导烹饪的希波克拉底和亚里士多德的理论开始被帕拉塞苏斯(16 世纪早期的一个德国医师)的评论所取代。在古老的营养概念里，饮食通过四种基本元素(热、冷、干燥和湿润)的平衡来影响健康。新的帕拉塞苏斯概念认为，适当的营养由三个重要的成分组成。其一是“盐”，给食物味道(如盐和面包)；其二是“汞”，给食物以气味(如酒和调味剂)；其三是“硫”，使味道和气味二者结合起来(如油和黄油)。

在古代，医生所开的处方中，食疗是少数几种令人愉悦的方法之一。富人们常常请医师们提供饮食滋补的建议。随着营养理论的变化，重口味的饮食方式消失了，糖被添加到餐后甜点中(而不再是在每一道菜中都添加)，而天然的葡萄酒则取代了那些不正宗的、大众的、辛辣的、添加了香料的红葡萄酒。当时认为一餐的精华可能集中在气味(滋补大脑)上，这促进了人们接受并喜欢上起泡酒。有关起泡酒的最早记载，是与 17 世纪晚期烹饪习惯的改变联系在一起的。同样地，烈性酒(如 *edu de vie*)有益健康的这种说法也为向葡萄酒中添加烈性酒提供了理论依据。此外，在从欧洲南部海运到北方商业中心时，烈酒被加入到低酸葡萄酒中以防止葡萄酒腐败变质。增加的酒精度同样会使葡萄酒提供额外的“温暖”效果，这在寒冷的夜晚是很必需的。科技的发展同样提高了葡萄酒的稳定性和质量。这些条件为饮食的改良以及葡萄酒应用于高雅社交提供了舞台。

葡萄酒和食物搭配指导原理(Guiding principles of food and wine combination)

大多数食物和葡萄酒搭配的主题是相似的味道之间的和谐。这个观念在谚语“红酒配红肉，白葡萄酒配鸡和鱼”得到明确体现。白葡萄酒明显要比红葡萄酒味道清淡一点，更酸一点。然而，红葡萄酒通过多酚的含量来弥补它在酸度上的不足。另一个与食物和葡萄酒和谐搭配有关的因素是颜色。白葡萄酒跟颜色淡的食物和调料一起搭配看起来好一些，同样红葡萄酒跟深色的肉和调料在一起会更加吸引人。

在这个基础上，要理解风味协调一致性的概念就容易了。然而，基于风味强度来考虑食物和葡萄酒的准确搭配远谈不上容易。因为没有任何一种方法可以轻易准确判断味道的强度。Rietz 曾试图去定量不同食物与风味相关的物质，通过从不同食物的种类里选择，菜肴就可以做成与香味物质协调一致，或者去改变预先确定的一餐的香味强度。有趣的是，各种因素都容易引起香味物质发生重大改变，如原材料的烹调技术(如在水中煮、烘烤、烧烤等)、香味物质的复杂性、用餐时的温度，当然还有葡萄酒的选择。因此建立一个评价香味物质的方法是相当复杂的，甚至难度更大。图 9.2 可以说明几种葡萄酒的风味相似程度。然而对于许多葡萄品种来说，所酿造的葡萄酒风味强度变化很大。琼瑶浆酿制的葡萄酒口感可以从清淡微甜到风味浓郁、结构感强，前者可以和炖鸡肉很好搭配，后者则适合与填塞香料的烤火鸡搭配。但把食物和葡萄酒结合起来品尝是唯一可以准确评价风味的方法。在大多数情况下单独品尝葡萄酒，要么是不可能、不切实际的，要么是经济上无法承受的。经验和个人喜好又一次成为唯一可肯定的指导。尽管完美的搭配是很罕见的，但也很少出现严重的失误。

白葡萄酒WHITE WINES	酒体瘦弱	较瘦弱	中等	较饱满	饱满
霞多丽(*Chardonnay*)		夏布利	勃艮第	加利福尼亚	澳大利亚
白诗南(*Chenin Blanc*)		卢瓦尔河谷			
琼瑶浆(*Gewürztraminer*)			新世界	阿尔萨斯	
米勒—士高(*Müller-Thurgau*)			莱茵普法兹	莱茵黑森	
灰比诺(*Pinot Cris*)		威尼托区	阿尔萨斯		
帕雷亚达(*Parallada*)			加泰罗尼亚		
雷司令(*Riesling*)		摩泽尔	新世界	德国莱茵	
长相思(*Sauvignon Blanc*)		卢瓦尔河谷	波尔多	新世界	
赛美容(*Sémillon*)		波尔多	新世界		
西万尼(*Sylvaner*)		法兰科尼亚			
特莱比亚诺(*Trebbiano*)	苏维	奥维多			
维尤拉(*Viura*)		里奥哈（新风格）		里奥哈（旧风格）	
红葡萄酒 RED WINES	**酒体瘦弱**	**较瘦弱**	**中等**	**较饱满**	**饱满**
巴贝拉(*Barbera*)			皮埃蒙特		
赤霞珠(*Carbernet Sauvignon*)			波尔多	新世界	
卡诺那乌(*Cannonau*)			西西里岛		
科维纳(*Corvina*)		瓦尔波利塞拉		阿玛罗尼	
黑佳美(*Gamay Noir*)		博若莱			
马雷夏尔·弗什(*Maréchal Foch*)			Eastem N.A.地区		
美乐(*Merlot*)			波尔多/新世界		
内比奥罗(*Nebbiolo*)			巴巴莱斯科	巴洛洛	
黑比诺(*Pinot Noir*)		勃艮第	俄勒冈州		
桑娇维塞(*Sangiovese*)			基安蒂	布鲁奈罗	
西拉(*Shiraz*(*Syrah*))			罗纳河谷	教皇新堡	澳大利亚
坦普拉尼罗(*Tempranillo*)			里奥哈		
增芳德(*Zinfandel*)		白增芳德		红增芳德	
	酒体瘦弱	**较瘦弱**	**中等**	**较饱满**	**饱满**
气泡酒 SPARKLING	葡萄牙绿酒	卡瓦	香槟区	年份香槟	亚士提斯起泡酒
雪莉酒 SHERRIES	曼查尼拉	淡色雪利酒	淡色甜酒	阿芒提拉多雪利酒	深色雪利酒
波特酒 PORTS		白波特酒	褐红波特酒	宝石红波特酒	年份波特酒

图 9.2　不同品种、地域和风格葡萄酒的相对风味强度[资料来源：Jackson，2000]。

虽然精美协调的搭配是优雅的一餐必不可少的，但相对而言，风味经常可以给一餐带来充满动态的活力。这种效果经常是由一些外加的调味品带来的，如选择奶油面粉糊或者辣沙司(salsa)调味品可以使我们得到想要的浓郁香味。葡萄酒有时也能增添人们所期望的浓郁味道，比如一款红酒与禽肉的搭配。相反地，清淡葡萄酒可以使肉的风味更加柔和。

少数情况下，由于食物和葡萄酒风味的冲突，使得这些搭配看起来并不协调，但实际上它们的结合却具有动态平衡。这些广为人知的极端搭配包括：如波特酒与斯提尔顿奶酪、苏玳葸贵腐酒与罗克福奶酪(Roquefort cheese)、鹿肉与精选雷司令葡萄酒、桑塞白葡萄酒(Sancerre)与山羊奶酪、蟹与夏布利的搭配。那些芳香浓郁的甜酒（如波特酒、苏玳葸贵腐酒)与那些咸的、油腻的蓝色奶酪(如斯提尔顿奶酪和罗克福奶酪)相搭配的基本原理可能是它们相似的浓郁度和咸甜的混合。它们复杂的香味结合,增加了彼此的悦人感。在德国,通过搭配有丰富香味的,且完全成熟的甜的精选雷司令葡萄酒来消除成熟鹿肉本身所带的气味。在卢瓦尔河谷,那些高酸的桑塞尔(Sancerre)酒可以消除山羊奶酪的刺鼻味。最后,夏布利拥有的足够的酸度被认为与具有香甜风味的蟹搭配俱佳。无限的创造力是给美食带来新意和意外惊喜的源泉。

接下来,将解释那些几乎没有共同风味特点的葡萄酒和食物的搭配。比如,葡萄酒中占主导地位的典型香味是水果香和花香,蔬菜味和橡木香。而这些香味很难在一餐的主要食品中发现。相对地一般食物的香味也很难在葡萄酒中发现。偶然地,雪莉酒可以补充核桃甜点的坚果香和奶油香味,或者具有橡木香味的葡萄酒可与在木炭上烧烤且具有烟熏味的肉很好地搭配。因此,葡萄酒被认为是一种常用的液体调味品,被视为是一餐中的香味成分的替代品。

奶酪与葡萄酒的搭配非常典型。然而,香味非常浓郁的奶酪很容易占优势,并且掩盖一款好酒的细致之处,相反稍清淡的奶酪有助于增加葡萄酒的魅力,但是咸奶酪是有好处的,因食盐中的钠能够奇迹般地减少红酒单宁带来的苦味和收敛性(Breslin and Reauchamp,1995)。此外,风味好的奶酪能明显地提高低劣葡萄酒的质量。在一些古老的谚语中也蕴含一些基本理论,“卖时备奶酪,买时则备水”(Sell wine over cheese,but buy it over water,这个说法最先在法国葡萄酒业出现,由于奶酪可以掩盖葡萄酒的味道,使一些质量差的葡萄酒很容易卖出去;而专业的品尝者更喜欢在饮用葡萄酒时用水或面包来清洁味蕾)。

在西方国家的饮食中,一个更令人感兴趣的现象是近来广泛地在食品中添加辣椒。辣椒燃烧般的感觉和咖喱味掩盖了精细葡萄酒的口感。这可能导致人们重新开始追捧那些口感强劲的葡萄酒,因为只有它们才可以与辣椒匹敌。另外一个现象是,甜酱的使用,一些具有特色的中国菜肴重新受到重视,这样那些半甜酒在西方也将再次受到重视。

应用(Use)

基本角色(Basic roles)

葡萄酒最简单的作用是可以使口腔清洁和味觉清新,这也是葡萄酒作为饮品最主要的功效。在富含单宁的葡萄酒中,酚类物质还有促进唾液分泌的作用(Hyde and Pangborn,1978),乙醇也可以增加唾液的产生(Martin and Pangborn,1971)。由于葡萄酒和食物香味的交替混合,可以使味觉清新,从而使感官器官疲乏的程度降到最低,这样食物就可以保持它的风味,并且整个用餐过程都毫不减弱,相应地,食物也为葡萄酒保持了风味,使其相得益彰。

葡萄酒常被认为是一餐的衬托,用来补充来自食物的主要香气。很少有人知道食物可以改善葡萄酒的品质。比如,食物中的蛋白质可结合白葡萄酒和红葡萄酒中大部分的酸和单宁物质而使酸味和苦涩味减弱，口感变得柔和。因此，相对葡萄酒对食物的增效作用而言，食物更是能经常增加葡萄酒的魅力。在这个过程中，白葡萄酒的酸度可以使口腔保持清新，减少油腻的感觉，红葡萄酒中适度的苦涩感和收敛性可以增加大部分红肉的风味。延长浸渍和在橡木桶中的陈酿时间可以给白葡萄酒带来更丰富的香味和更强烈苦涩感，更好地补充那些风味强烈的食物。

葡萄酒也有很重要的增溶作用，葡萄酒中的酸和乙醇可以使食物中的风味物质增溶或者挥发出来，这样一来，葡萄酒可以使食物的诱惑力更大。相对地，被食物成分稀释了的乙醇也能增加葡萄酒中香味物质的释放(Fischer *et al*. 1996；图 3.12)，这可能是葡萄酒余味的来源之一。

尽管如此，人们在吃饭时饮用葡萄酒的主要原因却很简单，他们喜欢这种搭配。葡萄酒减缓饮食速度，使每一口美食得到最大程度的享用。葡萄酒有助于促进餐桌上的会谈与社交，一款好的葡萄酒的出现，有助于增强人们追求美好事物的身心需要。

食物的配料(In food preparation)

长久以来，葡萄酒由于它对进餐的相辅能力而备受欢迎，葡萄酒作为一种食物配料也有着悠久的历史，最古老的可能要数腌鱼了。葡萄酒的酸可以水解蛋白质，从而使肉更加鲜嫩。葡萄酒的酸度也能够暂时地让食物保鲜，这种作用的一个典型例子是使用葡萄醋浸泡。葡萄酒还可以用来萃取或者掩盖一些野味肉类所具有的不好的风味。葡萄酒几乎不会很严重地改变食物的风味，但它作为腌泡汁使用之后一般就被扔掉了。

葡萄酒的另外一些烹调用途是煮、炖、焖食物。但好的葡萄酒很少如此使用，因为烹调能明显地改变葡萄酒的香味，而且尤其重要的是，葡萄酒并不能对食物的风味很有利，并且，葡萄酒的颜色也对食物没有价值，因长时间加热可使其颜色变为棕褐色。

煮或炖食物时，葡萄酒也可以作为一种调味品。有时候也可以加入葡萄酒稀释肉汁做高汤。当制做高汤时葡萄酒受热时间较短时，就可以保持葡萄酒的自然风味和颜色。如果想保持葡萄酒在食物中原有风味的话，就应该晚一些或者菜肴出锅的时候再添加葡萄酒。同样要注意选择葡萄酒的种类。

干型酒可以用作水果腌汁，也可用来煮坚硬的水果，或混合到清凉饮料中，或作为奶油蛋糕等甜点混合中间物。否则，只有甜葡萄酒才可以与甜点相搭配，尤其是新鲜的、完全成熟的低酸水果，比如草莓、桃和杏等。

二氧化碳在葡萄酒中比在酒精中逸出更快，因此，没有必要用起泡酒代替静止酒，煮可以促使乙醇蒸发，但是酒精逸出的速度比一般人们认为的要慢得多(表 9.1)。

表 9.1 比较采用不同的食物准备方法时葡萄酒中的酒精损失[资料来源：Data From Augustin *et al*. (1992)]

准备方法	酒精剩余量(%)
在火上烧	75
腌泡(一整夜)	70
慢炖(15 min)	45
慢炖(30 min)	35
慢炖(1 h)	25
慢炖(2 h)	10

葡萄酒在不同的场合选择(Types of occasions)

不同场合需要不同质量、不同风格的葡萄酒。不言而喻,独特的一餐需要选择好的酒来搭配。精美的味道也需要一款优美的葡萄酒,同样,精致的半甜葡萄酒是夏天的宠儿,而不适宜冬天。然而,人们更多的时候是根据习惯而不是根据适合程度来选择葡萄酒。如与单独饮用相比,干型酒与食物搭配后更能达到它的平衡,然而,这种葡萄酒却经常被用来单独饮用。在食物选择上,文化习惯经常起主要决定性作用,在葡萄酒的选择上也同样如此。

上酒顺序(Presentation sequence)

由于在一餐中感官的敏感性是趋向于下降的,因此在进餐时选择的一系列葡萄酒的香味强度应该越来越强烈。这个规则有个例外:在进餐开始时可以选择干型雪莉酒,这是一个很明智的选择,因它可以刺激食欲和促进消化液的分泌。不过在用餐前,更多时候是喜欢按照强度增强的顺序先选择一款口感较清淡的干白或者是一款起泡酒为开场,它们同样可以刺激消化液的分泌,同时它们淡雅的香味也不会使味觉迟钝。一款香味更强烈的白葡萄酒或者红酒是主餐的经典搭档,这也取决于它主要成分的特点。在一餐的最后,一款香味浓郁的加烈葡萄酒,比如波特酒或者奥罗若索(Oloroso)雪莉酒,可以在甜点前后饮用。

一般最好的酒放在最后才饮用,这也是约定俗成的传统,这种理论原则是基于好酒应该在众多比较之后才出现的这个观点,但是这样也冒很大的风险,那就是在酒足饭饱后,感官可能已经不那么敏锐了,而是变得迟钝了,从而大大降低了对好葡萄酒的感知。

这也有另外一个传统,就是客人应该懂得酒的乐趣在于珍藏,这样可以增加期待感,但也提高了人们的期望值。如果酒的表现确实出色,那很好。否则,它虽然得到大家的夸赞,但是给人的感官结果却令人失望。不提供葡萄酒的相关信息可以避免这种情况出现。如果客人们赏识这款酒的质量,大家获得的愉悦之情就更深刻。就我自己而言,葡萄酒给我带来记忆最深的乐趣是,事先没有预料到,当一款天使般的葡萄酒呈现在眼前时,这种藏酒就带来了极大的快乐。

阅读建议

Kiple,K. F. ,and Ornelas,K. C. (2000). “The Cambridge World History of Food. ”Cambridge University Press,Cambridge.

Laudan,R. (2000). Birth of the modern diet. *Sci. Am.* **283**(2),76-81.

McGee,H. (1984). “On Food and Cooking—The Science and Lore of the Kitchen. ”Scribners,New York.

Rietz,C. A. (1961). “A Guide to the Selection,Combination and Cooking of Food,”Vols 1 and 2. AVI. ,Westport,CT.

Rozin,E. (1983). "Ethnic Cuisine:The Flavor-Principle Cookbook." Stephen Green,Brattleboro,VI.

Tannahill,R. (1973). "Food in History." Stein & Day,New York.

参考文献

Anonymous. (1990). The world viticultural situation in 1989. *Bull. O. I. V.* **63**,913-974.

Augustin,J. ,Augustin,E. ,Cutrufelli,R. L. ,Hagen,S. R. ,and Teitzel,C. (1992). Alcohol retention in food preparation. *J. Am. Diet. Assoc.* **92**,486-488.

Breslin,P. A. S. ,and Beauchamp,G. K. (1995). Suppression of bitterness by sodium:variation among bitter taste stimuli. *Chem. Senses* **20**,609-623.

Dutruc-Rosset,G. (1999). The state of vitiviniculture in the world and the statistical information in 1997. *Bull. O. I. V.* **72**(Suppl),1-78.

Fischer,C. ,Fischer,U. ,and Jakob,L. (1996). Impact of matrix variables,ethanol,sugar,glycerol,pH and temperature on the partition coefficients of aroma compounds in wine and their kinetics of volatization. *In*"Proc. 4th Int. Symp. Cool Climate Vitic. Enol. ,Rochester,NY,July 16-20,1996."(T. Henick-Kling,T. E. Wolf,and E. M. Harkness,eds.),pp. VII 42-46. NY State Agricultural Experimental Station,Geneva,New York.

Gilbertson,T. A. ,Fontenot,D. T. ,Liu,L. ,Zhang,H. ,and Monrot,W. T. (1997). Fatty acid modulation of K^+ channels in taste receptor cells:gustatory cues for dietary fat. *Am. J. Physiol.* **272**,C1203-1210.

Hyde,R. J. ,and Pangborn,R. M. (1978). Parotid salivation in response to tasting wine. *Am. J. Enol. Vitic.* **29**,87-91.

Jackson,R. S. (2000). "Wine Science:Principles,Practice,Perception" 2nd ed. Academic Press,San Diego,CA.

Laudan,R. (2000). Birth of the modern diet. *Sci. Am.* **283**(2),76-81.

Martin,S. ,and Pangborn,R. M. (1971). Human parotid secretion in response to ethyl alcohol. *J. Dental Res.* **50**,485-490.

Rietz,C. A. (1961). "A Guide to the Selection,Combination and Cooking of Food,"Vols 1 and 2. AVI. ,Westport,CT.

术语表
Glossary

外观(Appearance)——葡萄酒的视觉感受。

澄清度(Clarity)——葡萄酒的明亮程度(没有胶体或者微粒导致的混浊),可以分为清澈透明(clear)、昏暗浑浊(dull)、雾状沉淀(cloudy)等。

颜色(Color)——对葡萄酒中黄色、红色和褐色粒子含量的存在感知。

气泡(Sparkle)——葡萄酒中连串的二氧化碳气泡。静止(still):没有气泡产生;珍珠状(pearl):轻微的冒泡现象;起泡(sparkling):明显而持久的起泡现象。

微气泡(Spritz)——在酒杯底部或者壁上形成的少量气泡,可以在舌尖产生短暂的刺痛感。

平衡性(Balance)——对口腔中甜味、酸味、苦味和收敛性的协调性和显著性感知,并受到葡萄酒香气强度的影响。平衡性是一种被高度评价的葡萄酒特性。

后味(Finish)——葡萄酒被咽下或者吐出后口腔中残留的感觉。

余香(After-smell)——余味中的香气感知,也是一种高度评价的特性。

余味(After-taste)——余味中的口感感知。

口感(Mouth-feel)——来自于口腔中三叉神经感受器的感觉。

酒精味(Alcoholic)——相对于其他感官特点,这是一个负面的表达,表示酒精过量。

收敛性(Astringency)——指在口腔中感受到的一系列干燥、麻涩和粗糙的感觉,主要由葡萄酒中的多酚化合物引起,但是也受到酸的影响。平滑(smooth):具有适宜的收敛性;粗糙(rough):具有过度的收敛性。

酒体(Body)——主要由酒精存在引起的触感,但是也受到糖、甘油(高含量)和多酚物质的影响。丰满(full-bodied):较强的骨架感,是一种正面感觉;平淡(watery):酒体没有骨架感,是一种负面的感觉。

灼烧感(Burning)——由高酒精或者高糖含量引起的强烈热感。

热感(Heat)——由乙醇引起的一种温暖的感觉。

痛感(Pain)——由较高的单宁含量或者低温下高二氧化碳引起的一种疼痛感。

刺感(Prickling)——在舌头上由二氧化碳气泡破裂引起的令人愉悦的刺痛感。

气味(Odor)——嗅闻葡萄酒(鼻腔)或者口腔中通过鼻通道的气体(后鼻腔)引起的嗅觉感知。

香气(Aroma)——来自于葡萄果实的香气,主要是果香、花香、香料和药草香味的混合,详细描述见图1.3。

醇香(Bouquet)——来自于酒精发酵(如水果香、酵母香),酿造过程(如黄油味、坚果味、橡木味、马德拉味),或者陈酿(如氧化味、皮革味、雪茄味)的香味。

复杂性(Complexity)——描述质量或者数量的词汇,指对众多香气化合物及其愉悦感的感知,是一种令人愉悦的特性。

发展(Development)——葡萄酒倒入酒杯后的香气变化,是一种受到高度关注的葡萄酒特性。

持续性(Duration)——指葡萄酒能够维持其典型特点的时间。持续时间长的葡萄酒受到评价高。

表现(Expression)——香气的相关变化。闭塞(closed-in):指年青葡萄酒中还没有表现的香气;挥散(opening):香气浓度的增加;衰退(faded):指陈酒减弱的香气;充分发展(well developed):所有香气都得到表现。

不良气味(Off-odors)——不可接受或者是非典型气味的化合物,具体例子见图1.4。

风格(Stylistic):特定的酿造工艺产生的特殊香气(如二氧化碳浸渍、晾干葡萄、贵腐菌感染、酒花薄膜形成、焙烤)。

品种香(Varietal)——单个葡萄品种或者一组葡萄变种具有的独特香气,见表7.2和7.3。

味道(Taste)——来自于味蕾的感知。

酸味(Acidity)——对有机酸、葡萄酒的pH值的复杂感知,酸味也受到其他呈味物质的影响,如糖、乙醇和酚类化合物。平淡(flat)指葡萄酒缺少足够的酸度,相对的是酸的(acidic)。酸(tart)的通常是指一种适当的令人愉快的酸度感知。

苦味(Bitter)——一种主要由于低分子量的酚类化合物引起的感觉,受到糖、乙醇和酸的影响。

甜味(Sweet)——甜的感觉。是对葡萄酒中存在的糖、甘油和乙醇等化合物的综合感觉,受到酸和酚类化合物的影响。甜腻(cloying)是指一种强烈的令人恶心的甜味,与之相对的是干(dry)。

索引
Index

图书在版编目(CIP)数据

葡萄酒的品尝——一本专业的学习手册/[加]杰克逊著;王君碧等译.
—北京:中国农业大学出版社,2009.6
书名原文:Wine Tasting
ISBN 978-7-81117-790-9

Ⅰ.葡… Ⅱ.①杰… ②王… Ⅲ.葡萄酒-品鉴 Ⅳ.TS262.6

中国版本图书馆 CIP 数据核字(2009)第 099442 号

书　名　葡萄酒的品尝——一本专业的学习手册
作　者　[加] Ronald S. Jackson　著
王君碧　罗　梅　主译
黄卫东　张　平　邱迪文　审校

策划编辑　梁爱荣　　**责任编辑**　梁爱荣
封面设计　郑　川　　**责任校对**　陈　莹　王晓凤
出版发行　中国农业大学出版社
社　址　北京市海淀区圆明园西路 2 号　　**邮政编码**　100193
电　话　发行部 010-62731190,2620　　读者服务部 010-62732336
编辑部 010-62732617,2618　　出　版　部 010-62733440
网　址　http://www.cau.edu.cn/caup　　**e-mail**:cbsszs @ cau.edu.cn
经　销　新华书店
印　刷　涿州星河印刷有限公司
版　次　2009 年 9 月第 1 版　2015 年 1 月第 4 次印刷
规　格　787×1 092　16 开本　19.25 印张　436 千字
定　价　78.00 元

图书如有质量问题本社发行部负责调换